国产数据库达梦丛书

达梦数据库运维实战

张守帅　戴明明　主　编

陈　琦　严　恒　胡青李　副主编

電子工業出版社

Publishing House of Electronics Industry

北京 • BEIJING

内 容 简 介

本书以 DM8 为对象，系统介绍了 DM8 数据库的安装和维护，以及达梦数据库主流的两大解决方案：达梦数据守护和 DMDSC 高可用集群方案，完善了达梦数据库的运维体系。本书从达梦数据库的实际使用和维护角度出发，演示了基于中标麒麟 Linux 平台的大量实战操作。通过本书的学习，读者可以掌握达梦数据库的安装和基础操作，如用户、表空间、普通表、分区表、索引、参数、统计信息的管理操作；也可以系统地掌握达梦数据库的备份和还原功能，如逻辑备份与还原、联机备份与还原、脱机备份与还原。本书是读者从零开始、理论结合实战、全面掌握达梦数据库的运维和管理的参考指南。

图书在版编目（CIP）数据

达梦数据库运维实战 / 张守帅，戴明明主编. —北京：电子工业出版社，2021.8
（国产数据库达梦丛书）
ISBN 978-7-121-41701-6

Ⅰ. ①达… Ⅱ. ①张… ②戴… Ⅲ. ①关系数据库系统 Ⅳ. ①TP311.132.3

中国版本图书馆 CIP 数据核字（2021）第 153849 号

责任编辑：李　敏　　文字编辑：李筱雅
印　　刷：北京天宇星印刷厂
装　　订：北京天宇星印刷厂
出版发行：电子工业出版社
　　　　　北京市海淀区万寿路 173 信箱　邮编 100036
开　　本：787×1 092　1/16　印张：17.25　字数：408 千字
版　　次：2021 年 8 月第 1 版
印　　次：2025 年 4 月第 9 次印刷
定　　价：89.00 元

凡所购买电子工业出版社图书有缺损问题，请向购买书店调换。若书店售缺，请与本社发行部联系，联系及邮购电话：（010）88254888，88258888。

质量投诉请发邮件至 zlts@phei.com.cn，盗版侵权举报请发邮件至 dbqq@phei.com.cn。

本书咨询联系方式：010-88254753 或 limin@phei.com.cn。

序一

数据库已成为现代软件生态的基石之一。遗憾的是，国产数据库的技术水平与国外一流水平相比还有一定的差距。同时，国产数据库在关键领域的应用普及度相对较低，应用研发人员规模还较小，大力推动和普及国产数据库的应用是当务之急。

由电子工业出版社策划，国防科技大学信息通信学院和武汉达梦数据库股份有限公司等单位多名专家联合编写的“国产数据库达梦丛书”，聚焦数据库管理系统这一重要基础软件，以达梦数据库系列产品及其关键技术为研究对象，翔实地介绍了达梦数据库的体系架构、应用开发技术、运维管理方法，以及面向大数据处理的集群、同步、交换等一系列内容，涵盖了数据库管理系统及大数据处理的多个关键技术和运用方法，既有技术深度，又有覆盖广度，是推动国产数据库技术深入广泛应用、打破国外数据库产品垄断局面的重要工作。

“国产数据库达梦丛书”的出版，预期可以缓解国产数据库系列教材和相关关键技术研究专著匮乏的问题，能够发挥出普及国产数据库技术、提高国产数据库专业化人才培养效益的作用。此外，丛书对国产数据库相关技术的应用方法和实现原理进行了深入探讨，也将会吸引更多的软件开发人员了解、掌握并运用国产数据库，同时可促进研究人员理解实施原理、加快相关关键技术的自主研发水平。

倪光南

中国工程院院士

2020 年 7 月

序 二

作为现代软件开发和运行的重要基础支撑之一，数据库技术在信息产业中得到了广泛应用。如今，即使进入人人联网、万物互联的网络计算新时代，持续成长、演化和发展的各类信息系统，仍离不开底层数据管理技术特别是数据库技术的支撑。数据库技术从关系型数据库到非关系型数据库、分布式数据库、数据交换等不断迭代更新，很好地促进了各类信息系统的稳定运行和广泛应用。但是，长期以来，我国信息产业中的数据库大量依赖国外产品和技术，特别是一些关系国计民生的重要行业信息系统也未摆脱国外数据库产品。大力发展国产数据库技术，夯实研发基础、吸引开发人员、丰富应用生态，已经成为我国信息产业发展和技术研究中一项重要且急迫的工作。

武汉达梦数据库股份有限公司研发团队和国防科技大学信息通信学院，长期从事国产数据库技术的研制、开发、应用和教学工作。为了助推国产数据库生态的发展，扩大国产数据库技术的人才培养规模与影响力，电子工业出版社在前期与团队合作的基础上，策划出版“国产数据库达梦丛书”。该套丛书以达梦数据库 DM8 为蓝本，全面覆盖了达梦数据库的开发基础、性能优化、集群、数据同步与交换等一系列关键问题，体系设计科学合理。

“国产数据库达梦丛书”不仅对数据库对象管理、安全管理、作业管理、开发操作、运维优化等基础内容进行了详尽说明，同时也深入剖析了大规模并行处理集群、数据共享集群、数据中心实时同步等高级内容的实现原理与方法。特别是针对 DM8 融合分布式架构、弹性计算与云计算的特点，介绍了其支持超大规模并发事务处理和事务分析混合型业务处理的方法，实现动态分配计算资源，提高资源利用精细化程度，体现了国产数据库的技术特色。相关内容既有理论和技术深度，又可操作实践，其出版工作是国产数据库领域产学研紧密协同的有益尝试。

中国科学院院士

2020 年 7 月

序 三

习近平总书记指出，“重大科技创新成果是国之重器、国之利器，必须牢牢掌握在自己手上，必须依靠自力更生、自主创新。”基于此，实现关键核心技术创新发展，构建安全可控的信息技术体系非常必要。

数据库作为科技产业和数字化经济中三大底座（数据库、操作系统、芯片）技术之一，是信息系统的中枢，其安全、可控程度事关我国国计民生、国之重器的重大战略问题。但是，数据库技术被国外数据库公司垄断达几十年，对我国信息安全造成了一定的安全隐患。

以武汉达梦数据库股份有限公司为代表的国产数据库企业，坚持 40 余年的自主原创技术路线，经过不断打磨和应用案例的验证，已在我国关系国计民生的银行、国企、政务等重大行业广泛应用，突破了国外数据库产品垄断国内市场的局面，保障了我国基本生存领域和重大行业的信息安全。

为了助推国产数据库的生态发展，推动国产数据库管理系统的教学和人才培养，国防科技大学信息通信学院与武汉达梦数据库股份有限公司，在总结数据库管理系统长期教学和科研实践经验的基础上，以达梦数据库 DM8 为蓝本，联合编写了“国产数据库达梦丛书”。该套丛书的出版一是推动国产数据库生态体系培育，促进国产数据库快速创新发展；二是拓展国产数据库在关系国计民生业务领域的应用，彰显国产数据库技术的自信；三是总结国产数据库发展的经验教训，激发国产数据库从业人员奋力前行，创新突破。

华中科技大学软件学院院长、教授

2020 年 7 月

前言

教育是国之大计、党之大计，应紧扣党和国家中心工作办教育，优化与新发展格局相适应的教育结构、学科专业结构、人才培养结构；立足服务国家区域发展战略，优化区域教育资源配置，提升教育服务区域发展战略水平。“十四五”时期经济社会发展的紧迫任务，正是人才培养的重点方向。当前，软件国产化及自主可控的重要性再次凸显。实现自主可控意味着产品和服务一般不存在“他控性”的恶意后门，并可持续升级和修补漏洞，也不会受制于人。这对我国软件国产化提出了更高的要求。达梦数据库经过多年发展，在技术、产品、市场等方面已经取得一定的突破，在产品成熟度、易用性和性价比方面达到了一定的水平，已经具备了较完整的使用能力，能满足各领域的业务需求。

本书分 6 章，以 DM8 为蓝本，全面、系统地介绍了达梦数据库安装部署、达梦数据库体系架构、达梦数据库基本操作、达梦数据库的备份与还原、DM8 数据守护、达梦共享存储数据库集群。本书结合具体示例，详细阐述了达梦数据库各功能组件的操作使用，同时介绍了达梦数据库集群等高级内容，适合不同学习进度的读者使用。

本书的编写定位和要求由戴明明确定，大纲由张守帅、陈琦拟制。第 1 章由张守帅执笔，第 2 章和第 6 章由戴明明执笔，第 3 章由陈琦执笔，第 4 章由严恒执笔，第 5 章由胡青李执笔。全书由张守帅主审，戴明明、陈琦、严恒、胡青李、李梦等同志在本书编写过程中承担了大量工作，统稿由张守帅、戴明明完成。

在本书编写过程中，编者参考了武汉达梦数据库股份有限公司提供的相关技术资料，在此表示衷心的感谢。由于编者水平有限，加之时间仓促，书中难免有错误与不妥之处，敬请读者批评指正。读者在学习过程中有任何疑问，可发送邮件至 zss@dameng.com 与我们交流，也欢迎访问达梦数据库官网、达梦数据库官方微信公众号“达梦大数据”，或者拨打服务热线 400-991-6599 获取更多达梦数据库资料和服务。

编　者

2021 年 6 月于武汉

目　　录

第1章 达梦数据库安装部署

1.1 安装

达梦数据库（也称为DM数据库）支持不同的硬件平台和软件平台。硬件平台，这里指的是CPU类型，如英特尔、飞腾、龙芯、申威等；软件平台，这里指的是操作系统类型，如Windows、Linux和UNIX等。用户可以根据硬件平台和软件平台的不同组合，从达梦数据库官网下载对应的安装介质。

本节将演示如何在中标麒麟 6.7系统上安装DM8。

1.1.1 安装前的准备工作

1. 安装Linux操作系统

在对应服务器上安装Linux操作系统，操作系统版本为中标麒麟 6.7，具体查看命令如下。

（1）查看Linux的发行版本。

```
[root@dw1 ~]# cat /etc/issue
NeoKylin Linux Advanced Server release 6.7 (Magnesium)
Kernel \r on an \m
```

（2）查看Linux的内核版本，安装达梦数据库要求内核版本为2.4以上。

```
[root@dw1 ~]# uname -r
2.6.32-573.el6.x86_64
```

（3）检查磁盘的分区使用情况。

```
[root@dw1 ~]# df
文件系统          1K-块       已用       可用        已用%   挂载点
/dev/sda1         18577148    5797072    11836412    33%     /
tmpfs             1019740     88         1019652     1%      /dev/shm
```

（4）检查系统内存的分配情况。

```
[root@dw1 ~]# free
             total       used       free     shared    buffers     cached
Mem:       2039480     482200    1557280          0      32508     245864
-/+ buffers/cache:     203828    1835652
Swap:      2097144          0    2097144
```

（5）检查 glibc 的版本，安装达梦数据库要求版本在 2.6 以上。

```
[root@dw1 ~]# rpm -q glibc
glibc-2.12-1.25.el6.ns6.01.x86_64
```

2. 操作系统前置配置

在安装达梦数据库之前，还需要为操作系统做一些前置配置，具体内容如下。

（1）创建用户。

```
[root@dw1 ~]# groupadd dinstall //创建dinstall组
[root@dw1 ~]# useradd -g dinstall dmdba //创建dmdba用户
[root@dw1 ~]# passwd dmdba //设置dmdba用户的密码
```

（2）创建目录。

```
[root@dw1 ~]# mkdir /dm //创建路径/dm
[root@dw1 ~]# chown dmdba:dinstall /dm //将路径/dm的所属用户和所属组分别改为dmdba和dinstall
[root@dw1 ~]# chmod 755 /dm //将路径/dm的权限更改为755
```

（3）配置系统限制，在/etc/security/limits.conf 文件中添加如下内容。

```
dmdba   soft   nofile   4096
dmdba   hard   nofile   65536
```

1.1.2 安装达梦数据库

下面为达梦数据库软件包的安装步骤，读者可以参考对应命令依次执行。

（1）将 DM8 的 ISO 上传到 Linux 系统并挂载。

```
[root@dw1 ~]# mount -o loop dm8_setup_rh6_64_ent_8.1.0.147_20190327.iso /media/
```

（2）将安装文件复制到/opt 目录下并修改安装文件权限。

```
[root@dw1 ~]# cd /media   //切换到路径/media
[root@dw1 media]# cp DMInstall.bin /opt //将文件DMInstall.bin复制到/opt路径下
[root@dw1 media]# chown dmdba:dinstall /opt/DMInstall.bin //更改/opt/DMInstall.bin的所属用户和所属组分别为dmdba和dinstal
```

（3）用 dmdba 用户执行./DMInstall.bin 程序，为了看起来更直观一些，此处选择图形界面安装。

步骤一：语言与时区选择。

根据系统配置选择相应的语言与时区，单击“确定”按钮继续安装，如图 1-1 所示。

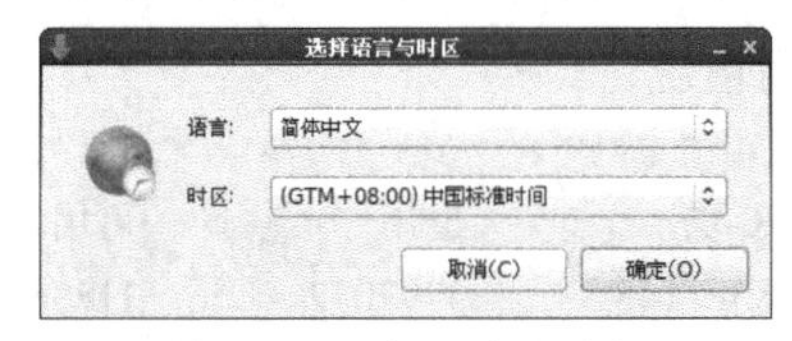

图 1-1　语言与时区选择

步骤二：安装向导。

单击“下一步”按钮继续安装，如图 1-2 所示。

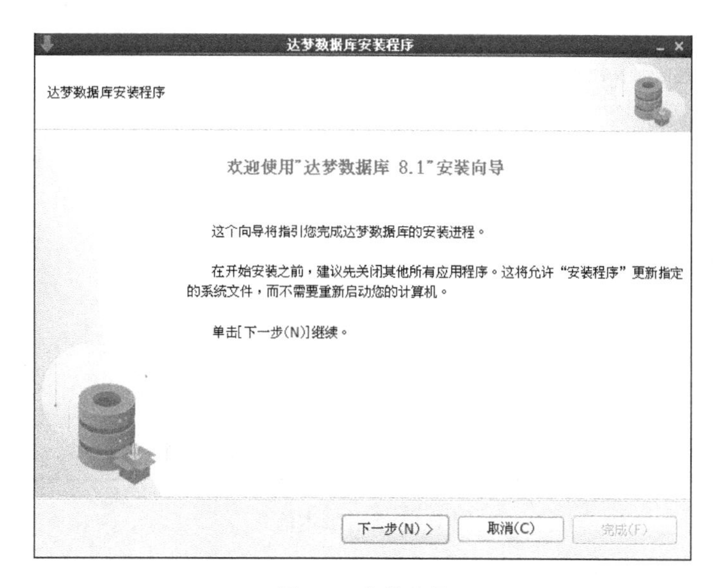

图 1-2　安装向导

步骤三：许可证协议。

在安装和使用达梦数据库之前，该安装程序需要用户阅读许可证协议条款，用户若接受该协议，则选中“接受”，并单击“下一步”继续安装；用户若选中“不接受”，将无法进行安装，如图 1-3 所示。

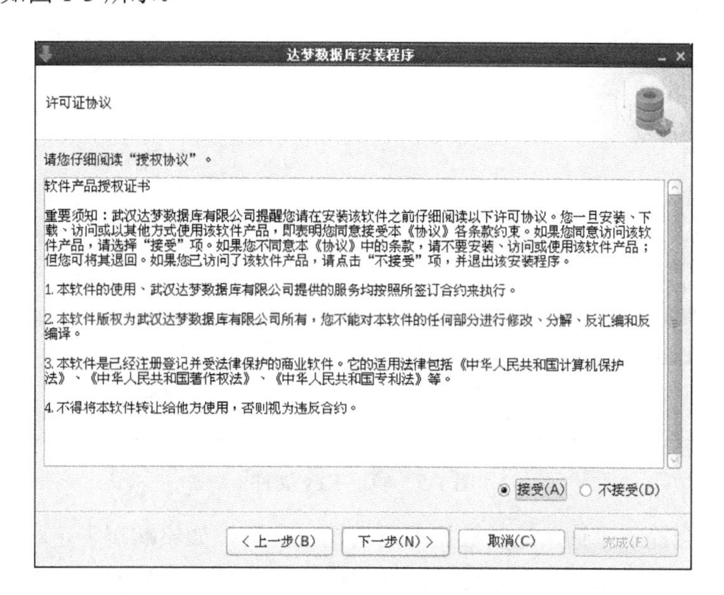

图 1-3　许可证协议

步骤四：查看版本信息。

用户可以查看达梦数据库服务器、客户端等各组件相应的版本信息，如图 1-4 所示。

图 1-4　查看版本信息

步骤五：验证 Key 文件。

用户单击“浏览”按钮，选取Key文件，安装程序将自动验证Key文件信息。如果是合法且在有效期内的 Key 文件，用户可以单击“下一步”继续安装，如图 1-5 所示。

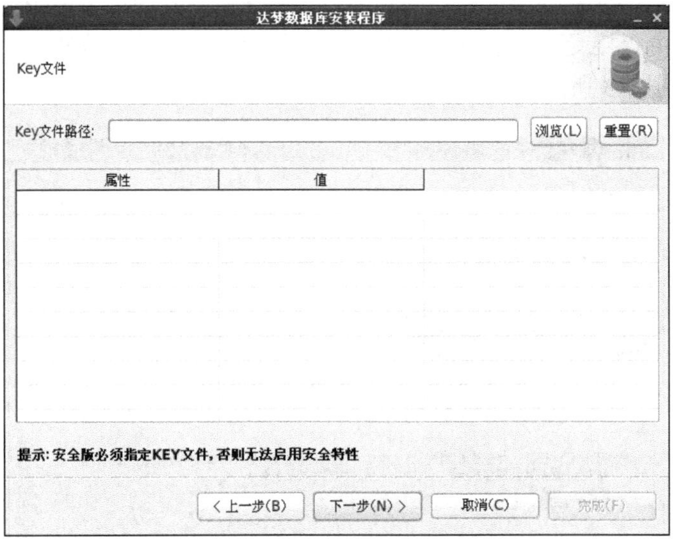

图 1-5　验证 Key 文件

注意：这里会提示“输入达梦数据库的密钥文件”，如果购买了正版的达梦数据库，原厂会提供 Key 文件，如果没有，这里可以忽略，在没有指定 Key 文件的情况下，达梦数据库也可以使用一年。这里的一年是从软件发布时间开始计算的，而不是从安装日期开始计算的。

步骤六：安装组件。

达梦数据库安装组件提供 4 种安装方式，包括典型安装、服务器安装、客户端安装和自定义安装，用户可根据实际情况灵活地选择，如图 1-6 所示。

（1）典型安装：包括服务器、客户端、驱动、用户手册、数据库服务。

（2）服务器安装：包括服务器、驱动、用户手册、数据库服务。

（3）客户端安装：包括客户端、驱动、用户手册。

（4）自定义安装：用户根据需求勾选组件，可以是服务器、客户端、驱动、用户手册、数据库服务中的任意组合。

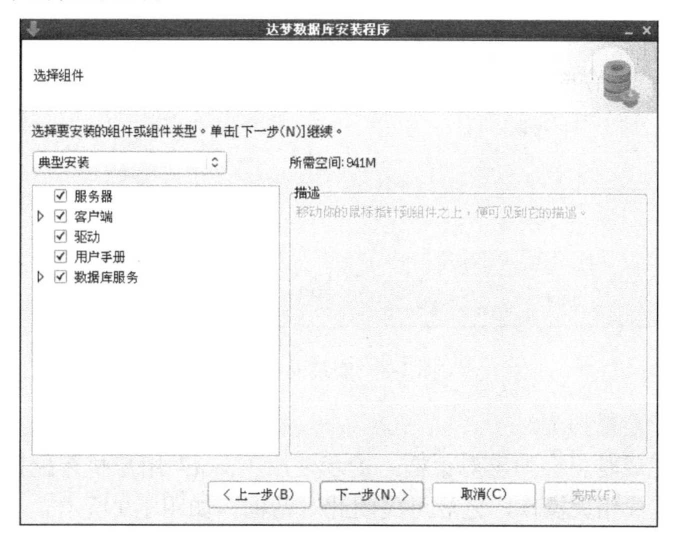

图 1-6 安装组件

步骤七：选择安装目录，如图 1-7 所示。

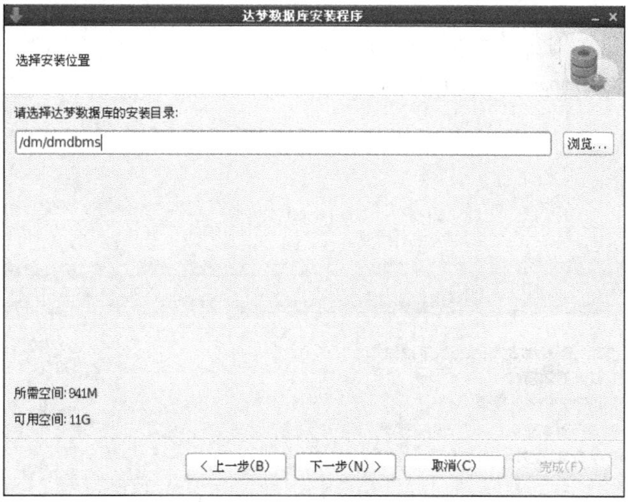

图 1-7 选择安装目录

步骤八：安装前小结。

显示用户即将进行安装的有关信息，如产品名称、安装类型、安装目录、所需空间、可用空间、可用内存等，用户检查无误后单击“安装”按钮进行达梦数据库的安装，如

图 1-8 所示。

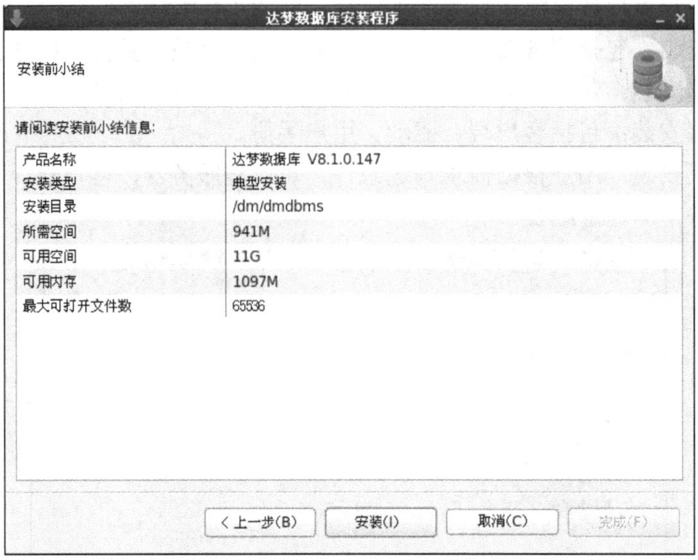

达梦数据库安装程序

安装前小结

请阅读安装前小结信息:

产品名称	达梦数据库 V8.1.0.147
安装类型	典型安装
安装目录	/dm/dmdbms
所需空间	941M
可用空间	11G
可用内存	1097M
最大可打开文件数	65536

< 上一步(B)　安装(I)　取消(C)　完成(F)

图 1-8　安装前小结

步骤九：执行配置脚本。

当安装进度完成时将会弹出对话框，提示使用“root”用户执行配置脚本。用户可根据对话框的说明完成相关操作，之后可关闭此对话框，如图 1-9 所示。

执行配置脚本

以下配置脚本需要以"root"用户的身份运行.

要执行以下脚本命令:

执行命令

/dm/dmdbms/script/root/root_installer.sh

要执行配置脚本,请执行以下操作:

1. 打开终端窗口

2. 以"root"身份登录

3. 运行脚本命令

4. 单击确定,关闭对话框

确定

图 1-9　执行配置脚本

提示使用“root”用户执行 root_installer.sh 脚本，该脚本会创建达梦服务文件、创建

DMAP 服务并启动。

```
[root@dw1 /]# /dm/dmdbms/script/root/root_installer.sh //执行脚本文件
```

步骤十：初始化数据库。

如果用户在选择安装组件时选中服务器组件，那么当达梦数据库安装过程结束时，将会提示是否初始化数据库，如图 1-10 所示。如果用户未安装服务器组件，那么当达梦数据库安装过程结束时，单击“完成”按钮将直接退出，单击“取消”按钮将完成安装，关闭对话框。

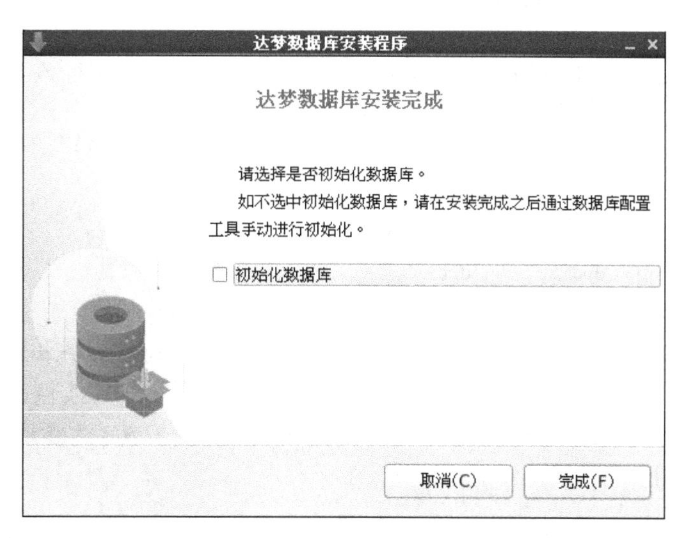

图 1-10　初始化数据库

1.1.3　添加 PATH 环境变量

安装好达梦数据库软件后，为了更方便地使用达梦数据库的相关工具，用户需要配置达梦数据库的环境变量。

```
[dmdba@dw1 ~]$ vim ~/.bash_profile   //编辑文件.bash_profile
[dmdba@dw1 ~]$ source ~/.bash_profile //让修改的文件.bash_profile生效
[dmdba@dw1 ~]$ cat ~/.bash_profile   //查看文件.bash_profile
# .bash_profile
# Get the aliases and functions
if [ -f ~/.bashrc ]; then
. ~/.bashrc
fi
# User specific environment and startup programs
PATH=$PATH:$HOME/bin
export PATH
export LD_LIBRARY_PATH= " $LD_LIBRARY_PATH:/dm/dmdbms/bin "
export DM_HOME= " /dm/dmdbms "
export PATH=$PATH:$DM_HOME/bin
```

1.2　创建实例

达梦数据库创建实例有以下两种方法。

（1）图形界面：使用 DBCA 工具。

（2）命令行的方式：使用 DMINIT 工具。

1.2.1　使用 DBCA 工具创建实例

DBCA 工具是一个 shell 脚本，在/dm/dmdbms/tool 目录下，运行该工具可以通过图形化界面的方式创建达梦数据库实例。

```
[dmdba@dw1 ~]$ cd /dm/dmdbms/tool/ //切换路径至/dm/dmdbms/tool/
[dmdba@dw1 tool]$ ll dbca.sh //查看文件dbca.sh的权限
-rwxr-xr-x 1 dmdba dmdba 618 12月  17 20:40 dbca.sh
[dmdba@dw1 tool]$ ./dbca.sh //调用dbca.sh工具
```

步骤一：选择操作方式。

用户可选择创建数据库实例、删除数据库实例、注册数据库服务和删除数据库服务 4 种操作方式，本节详细介绍了创建数据库实例的步骤，删除数据库实例、注册数据库服务和删除数据库服务的详细操作请参见《达梦数据库联机帮助》或《达梦系统管理员手册》。选择操作方式如图 1-11 所示。

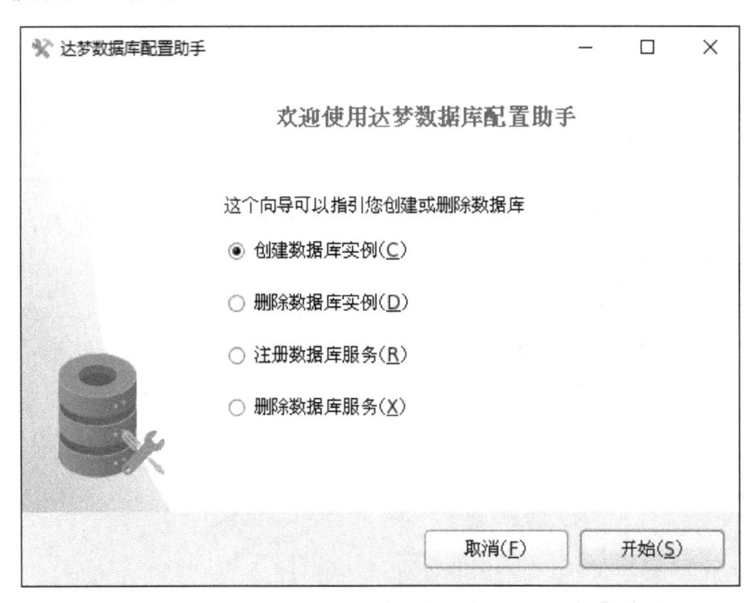

图 1-11　选择操作方式

步骤二：创建数据库模板。

系统提供 3 套数据库模板供用户选择：一般用途、联机分析处理和联机事务处理，用户可根据需求选择相应的模板，如图 1-12 所示。

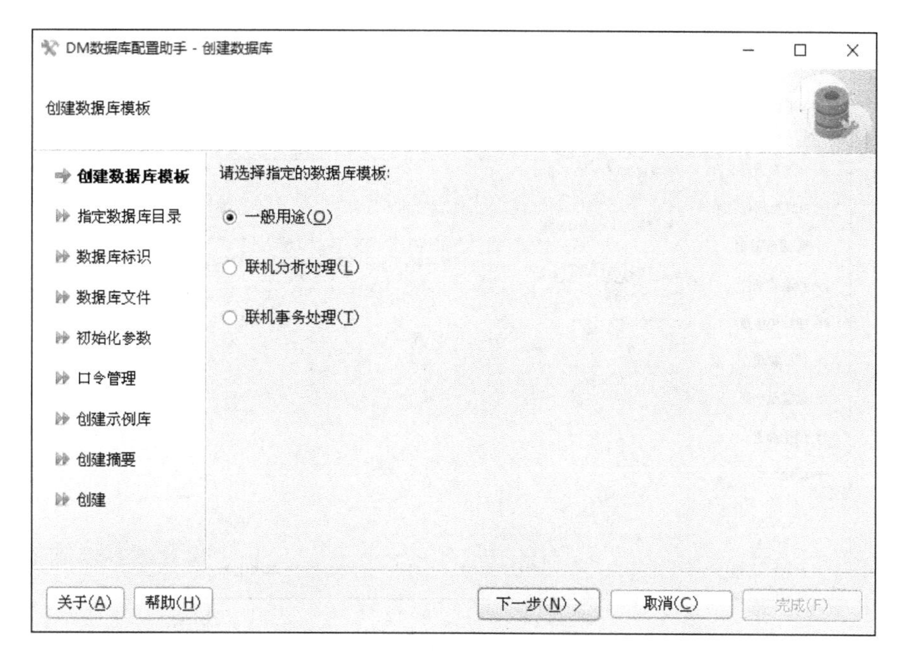

图 1-12　创建数据库模板

步骤三：指定数据库目录。

用户可通过浏览或输入的方式设定数据库目录，如图 1-13 所示。

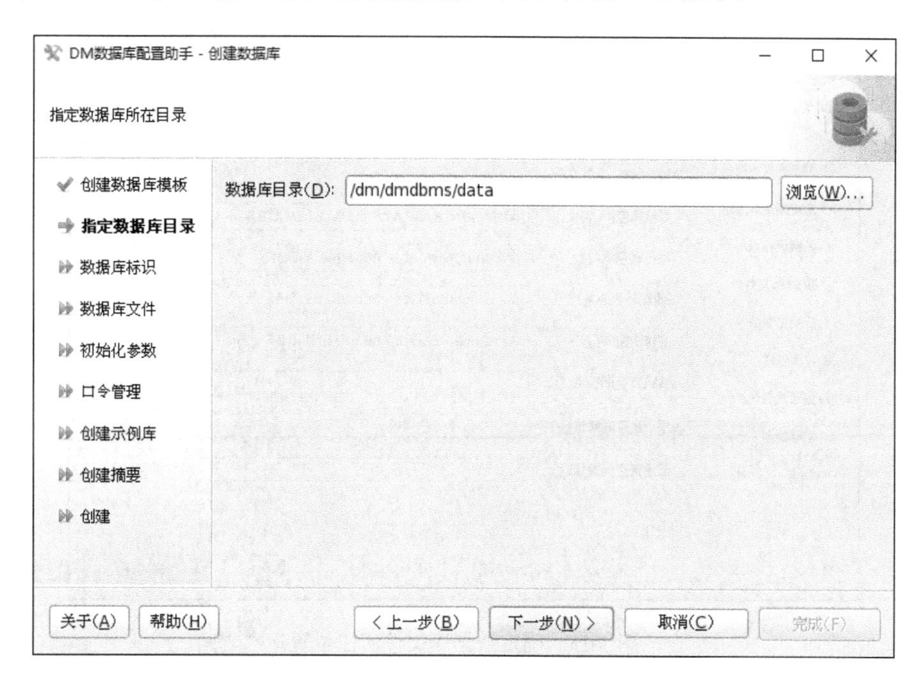

图 1-13　指定数据库目录

步骤四：输入数据库标识。

用户可输入数据库名、实例名、端口号等参数，如图 1-14 所示。

DM数据库配置助手 - 创建数据库
数据库标识
创建数据库模板
指定数据库目录
数据库标识
数据库文件
初始化参数
口令管理
创建示例库
创建摘要
创建
数据库名(D):
cndba
实例名(I):
dave
端口号(P):
5236
关于(A)
帮助(H)
< 上一步(B)
下一步(N) >
取消(C)
完成(F)

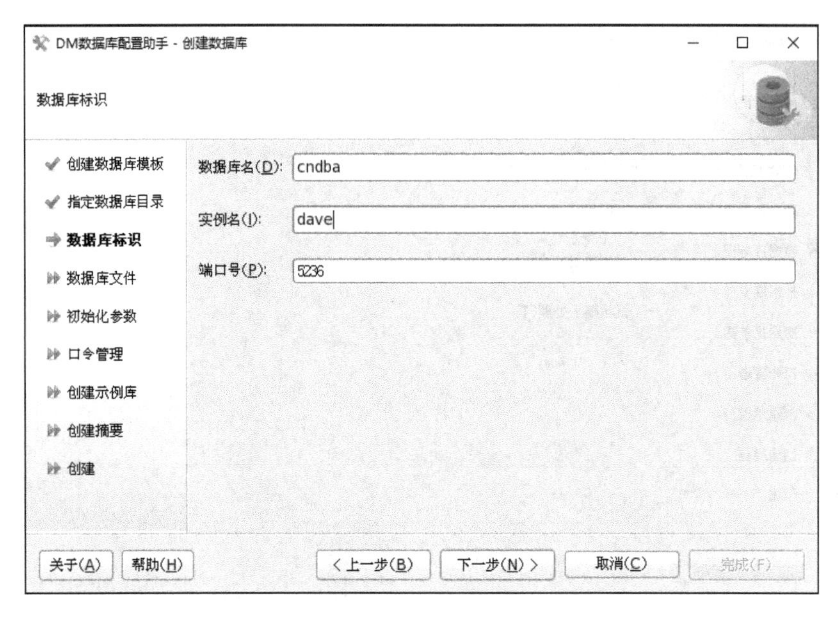

图 1-14 输入数据库标识

步骤五：确定数据库文件所在位置。

用户可通过浏览或输入的方式确定数据库的控制文件、数据文件、日志文件及初始化文件的所在位置，如图 1-15 所示。

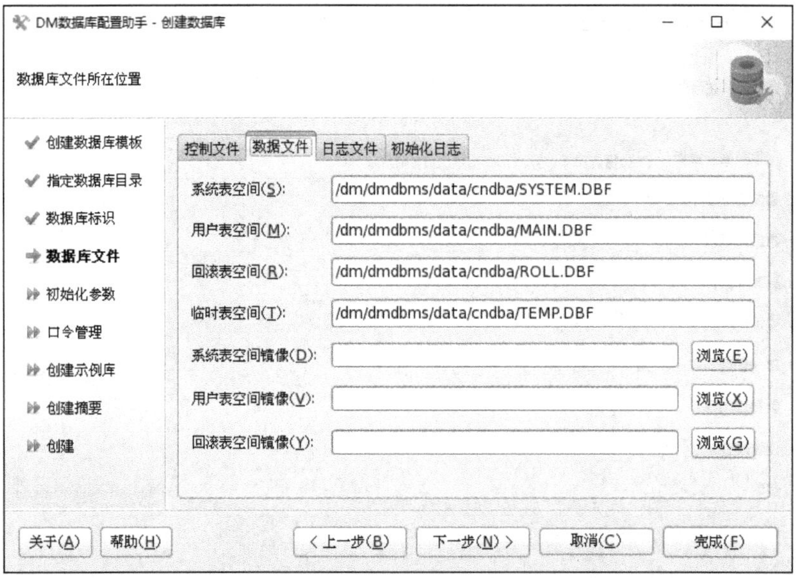

DM数据库配置助手 - 创建数据库
数据库文件所在位置
创建数据库模板
指定数据库目录
数据库标识
数据库文件
初始化参数
口令管理
创建示例库
创建摘要
创建
控制文件
数据文件
日志文件
初始化日志
系统表空间(S):
/dm/dmdbms/data/cndba/SYSTEM.DBF
用户表空间(M):
/dm/dmdbms/data/cndba/MAIN.DBF
回滚表空间(R):
/dm/dmdbms/data/cndba/ROLL.DBF
临时表空间(T):
/dm/dmdbms/data/cndba/TEMP.DBF
系统表空间镜像(D):
浏览(E)
用户表空间镜像(V):
浏览(X)
回滚表空间镜像(Y):
浏览(G)
关于(A)
帮助(H)
< 上一步(B)
下一步(N) >
取消(C)
完成(F)

图 1-15 确定数据库文件所在位置

步骤六：数据库初始化参数。

用户可输入或选择数据库相关参数，如簇大小、页大小、日志文件大小、字符集、字符串比较大小写敏感等，如图 1-16 所示。

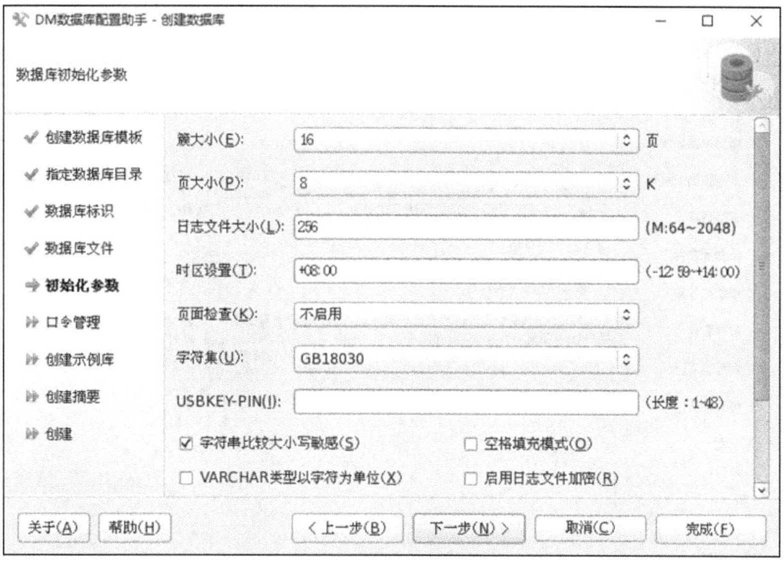

图 1-16　数据库初始化参数

步骤七：口令管理。

用户可输入 SYSDBA、SYSAUDITOR 的密码，对默认口令进行更改，如果安装版本为安全版，将会增加对 SYSSSO 用户的密码修改，如图 1-17 所示。

注意：如果未设置口令，那么选择使用默认口令，默认口令和用户名相同（大写）；如果修改了口令，那么要注意，达梦数据库不支持在操作系统级别直接修改口令，若忘记口令只能联系原厂进行处理，否则无法登录数据库系统。

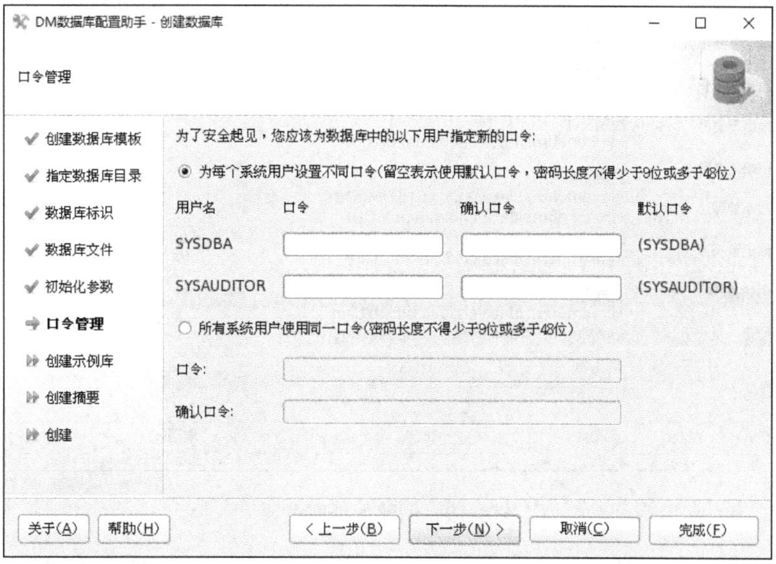

图 1-17　口令管理

步骤八：选择创建示例库。

用户可选择是否创建示例库 BOOKSHOP 和 DMHR，如图 1-18 所示。

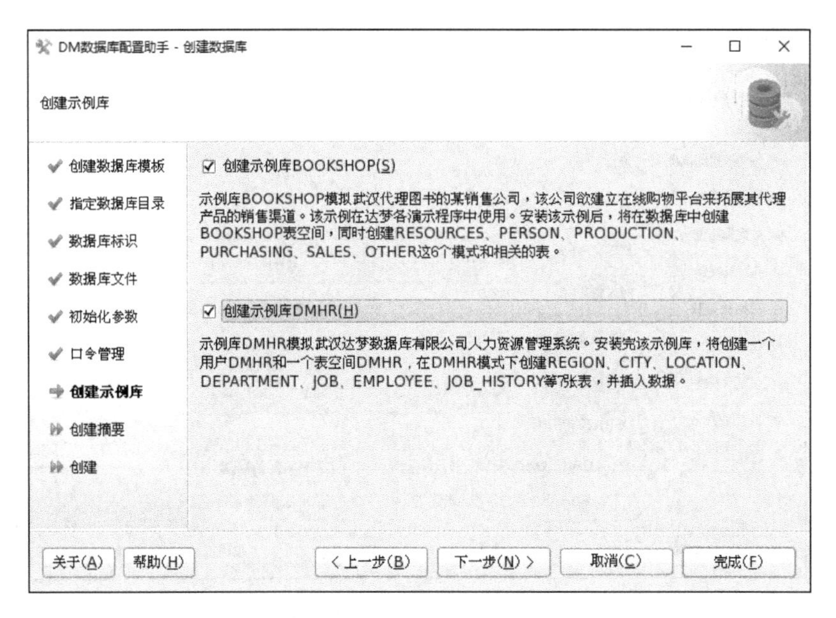

图 1-18　选择创建示例库

步骤九：创建数据库概要。

在安装数据库之前，将显示用户通过数据库配置工具设置的相关参数，如图 1-19 所示。

图 1-19　创建数据库概要

步骤十：数据库配置工具运行在 Linux（Unix）系统中，在使用非“root”用户完成初始化数据库操作时，将弹出提示框，提示应使用“root”用户执行脚本命令，以及执行数据库的开机自启动脚本，如图 1-20 所示。

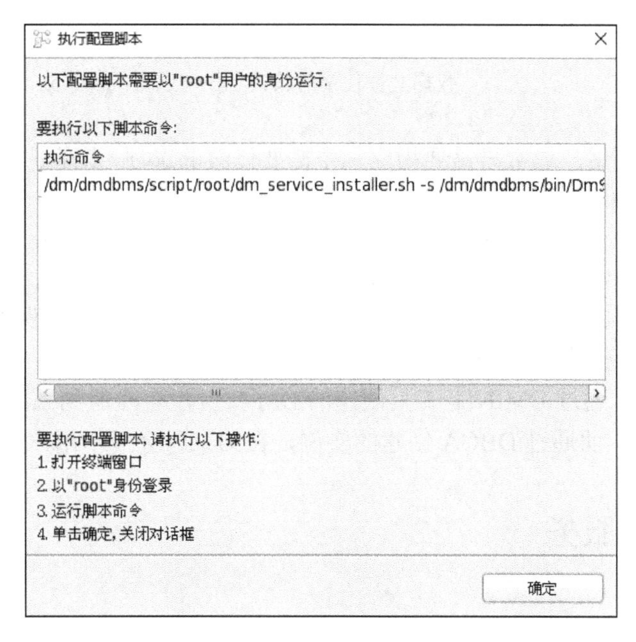

图 1-20 执行开机启动脚本

提示应使用“root”用户执行创建服务脚本。

```
[root@dw1 ~]# /dm/dmdbms/script/root/dm_service_installer.sh -s /dm/dmdbms/bin/DmServicedave
```

至此，结束实例创建，使用 DISQL 工具连接实例进行验证。

```
[dmdba@dw1 /]$ disql SYSDBA/SYSDBA //用SYSDBA用户连接数据库
SQL> select * from v$version; //查看数据库的版本信息
行号        BANNER
---------- ------------------------------------------------------------
1          DM Database Server x64 V8.1.0.147-Build(2019.03.27-104581)ENT
2          DB Version: 0x7000a
```

1.2.2 使用 DMINIT 工具创建实例

DMINIT 工具是创建 DM 实例的命令行工具，在该工具中可以设置数据库的存放路径、页大小、簇大小、是否对大小写敏感等选项。在使用选项时要注意 dminit 的参数、等号和值之间不能有空格，例如，PAGE_SIZE=16。DMINIT 工具的选项较多，可以通过 dminit help 命令查看具体的帮助，命令如下。

```
[dmdba@dw1 /]$ dminit help //查看DMINIT工具的帮助手册
格式: ./dminit      KEYWORD=value
例程: ./dminit      PATH=/public/dmdb/dmData PAGE_SIZE=16
关键字                          说明(默认值)
--------------------------------------------------------------------------
INI_FILE                        初始化文件dm.ini存放的路径
PATH                            初始数据库存放的路径
CTL_PATH                        控制文件路径
```

```
LOG_PATH                     日志文件路径
EXTENT_SIZE                  数据文件使用的簇大小，可选值：16、32，单位：页
……
```

在实际使用中，用户通常只需要指定几个需要修改的选项，其他选项使用默认值即可。创建 USTC 的实例如下。

```
[dmdba@dw1 /]$ dminit path=/dm/dmdbms/data db_name=USTC instance_name=USTC port_num=6236
//使用dminit工具手动建库，在建库时指定路径、数据库名、实例名和端口号
```

这里的几个选项都比较重要，因为之前通过 DBCA 工具创建的实例使用了默认的 5236 端口，所以这里指定的端口是 6236。

另外需要注意，通过 DMINIT 工具创建的 DM 实例没有注册到系统的服务中，还需要单独进行服务注册。而通过 DBCA 创建的实例，在结束时会提示用户执行脚本服务。

1.3 注册实例服务

1.3.1 服务说明

达梦数据库管理系统 DM8 中默认有 12 个功能模块，每个模块都有对应的服务脚本。将这些模块注册成服务后，可以使用服务来管理这些功能，命令如下。

```
[dmdba@dw1 /]$ ll /dm/dmdbms/bin/Dm* //查看服务权限
-rwxr-xr-x 1 dmdba dmdba 11307 12月  17 20:40 /dm/dmdbms/bin/DmAuditMonitorService
-rwxr-xr-x 1 dmdba dmdba 10913 12月  17 20:40 /dm/dmdbms/bin/DmInstanceMonitorService
-rwxr-xr-x 1 dmdba dmdba 11199 12月  17 20:40 /dm/dmdbms/bin/DmJobMonitorService
[dmdba@dw1 /]$ ll /dm/dmdbms/bin/service_template/ //查看服务权限
总用量 112
-rwxr-xr-x 1 dmdba dmdba 11097 12月  17 20:40 DmASMSvrService
-rwxr-xr-x 1 dmdba dmdba 11103 12月  17 20:40 DmCSSMonitorService
-rwxr-xr-x 1 dmdba dmdba 10751 12月  17 20:40 DmCSSService
-rwxr-xr-x 1 dmdba dmdba 11095 12月  17 20:40 DmMonitorService
-rwxr-xr-x 1 dmdba dmdba 11091 12月  17 20:40 DmRWWatchService
-rwxr-xr-x 1 dmdba dmdba 13257 12月  17 20:40 DmService
-rwxr-xr-x 1 dmdba dmdba 11095 12月  17 20:40 DmWatcherService
-rwxr-xr-x 1 dmdba dmdba 11121 12月  17 20:40 DmWatchMonitorService
-rwxr-xr-x 1 dmdba dmdba 11093 12月  17 20:40 DmWatchService
```

在使用这些服务脚本前，需要根据实际的情况对这些脚本进行修改，服务说明如表 1-1 所示。

表 1-1 服务说明

服 务 名	对应参数	说 明
DmAPService	dfs.ini	DMAP 辅助插件服务
DmAuditMonitor	dmamon.ini	DMAMON 实时审计监控服务

（续表）

服　务　名	对应参数	说　　明
DmJobMonitor		DMJMON 实时作业监控
DmInstanceMonitor		DMIMON 实例实时监控服务
DmService	dm.ini	DMSERVER 实例服务
DmWatcherService	dmwatcher.ini	DM 守护进程服务，DMWATCHER 对应的服务脚本模板
DmMonitorService	dmmonitor.ini	DM 守护监视器服务，DMMONITOR 对应的服务脚本模板
DmASMSvrService	dmdcr.ini	DM 自动存储管理器服务，DMASMSVR 对应的服务脚本模板
DmCSSService	dmdcr.ini，dmdfs.ini	DM 集群同步服务，DMCSS 对应的服务脚本模板
DmCSSMonitorService	dmcssm.ini	DM 集群同步监控服务，DMCSSM 对应的服务脚本模板
DmDRSService	drs.ini	分布式日志服务器服务，DMDRS 对应的服务脚本模板
DmDCSService	dcs.ini	分布式目录服务器服务，DMDCS 对应的服务脚本模板
DmDSSService	dss.ini	分布式存储服务器服务，DMDSS 对应的服务脚本模板
DmDRASService	dras.ini	分布式日志归档服务器服务，DMDRAS 对应的服务脚本模板

1.3.2　命令行注册和删除服务

1．注册服务

DM 服务注册和卸载脚本在/dm/dmdbms/scripts/root 目录下进行，查看当前路径下的文件的命令如下。

```
[root@dw1 ~]# cd /dm/dmdbms/script/root //切换路径
[root@dw1 root]# ls //查看当前路径下的文件
dm_service_installer.sh   dm_service_uninstaller.sh   root_installer.sh
```

需要使用“root”用户执行注册。在脚本后加“-h”可以查看脚本的帮助，命令如下。

```
[root@dw1 root]# ./dm_service_installer.sh -h
Usage: dm_service_installer.sh -t service_type [-p service_name_postfix] [-i ini_file] [-d dcr_ini_file] [-m
open|mount] [-y dependent_service]
   or dm_service_installer.sh [-s service_file_path]
   or dm_service_installer.sh -h
    -t       服务类型，包括DMIMON，DMAP，DMSERVER，DMWATCH，DMRWW，DMWMON，
             DMWATCHER，DMMONITOR，DMCSS，DMCSSM，DMASMSVR
    -p       服务名后缀，对于DMIMON，DMAP服务类型无效
    -i       ini文件路径，对于DMIMON，DMAP服务类型无效
    -d       dmdcr.ini文件路径，只针对DMSERVER服务类型生效，可选
    -m       设置服务器启动模式OPEN或MOUNT，只针对DMSERVER服务类型生效，可选
    -y       设置依赖服务，此选项只对SYSTEMD服务环境下的DMSERVER和DMASMSVR服务生效
    -s       服务脚本路径，忽略除“-y”外的其他参数选项
    -h       帮助
```

注意，服务注册脚本在不同版本中有区别，在实际使用中以 help 中的说明为准。

（1）注册前创建的 USTC 实例。

```
[root@dw1 root]# ls //查看当前路径下的文件
```

```
dm_service_installer.sh    dm_service_uninstaller.sh    root_installer.sh
[root@dw1 root]# ./dm_service_installer.sh -t dmserver –dm_ini /dm/dmdbms/data/USTC/dm.ini -p USTC
//把数据库注册到服务中
```

（2）通过服务启动和关闭 USTC 实例。

```
[root@dw1 root]# service DmServiceUSTC start //启动USTC实例
Starting DmServiceUSTC:                                            [ OK ]
[root@dw1 root]# service DmServiceUSTC stop //关闭USTC实例
Stopping DmServiceUSTC:                                            [ OK ]
```

2. 删除服务

服务删除脚本为 dm_service_uninstaller.sh，直接调用该脚本并指定服务名即可，举例如下。

```
[root@dw1 root]# ./dm_service_uninstaller.sh -h //查看删除服务的帮助手册
Usage: dm_service_uninstaller.sh [-n service_name]
    -n        服务名，删除指定服务
    -h        帮助
[root@dw1 root]# ./dm_service_uninstaller.sh -n DmServiceUSTC //执行删除服务脚本
是否删除服务(DmServiceUSTC)?(Y/y:是  N/n:否): Y
```

1.3.3 DBCA 工具中的注册和删除服务

除了使用脚本，DBCA 工具还提供了注册和删除服务。

使用 dmdba 用户执行 dbca 命令。

```
[dmdba@dw1 tool]$ ./dbca.sh //调用达梦数据库配置助手
```

1. 数据库配置助手

在“达梦数据库配置助手”界面，选择“注册数据库服务”，将数据库实例注册到 Linux 系统中，如图 1-21 所示。

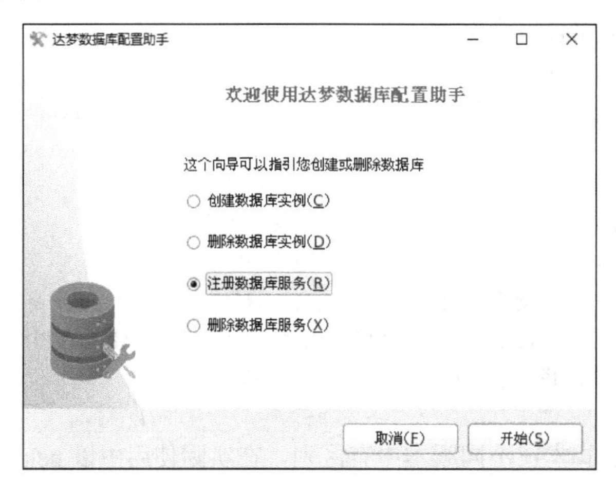

图 1-21 数据库配置助手

2．注册数据库服务

选择数据库实例所对应的 dm.ini 文件，如图 1-22 所示。

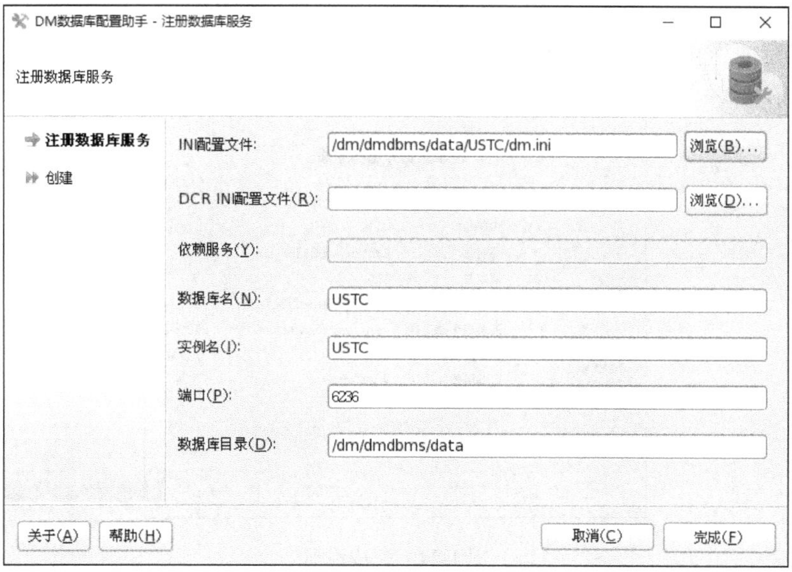

DM数据库配置助手 - 注册数据库服务
注册数据库服务
注册数据库服务
创建
INI配置文件:
/dm/dmdbms/data/USTC/dm.ini
浏览(B)...
DCR INI配置文件(R):
浏览(D)...
依赖服务(Y):
数据库名(N):
USTC
实例名(I):
USTC
端口(P):
6236
数据库目录(D):
/dm/dmdbms/data
关于(A)
帮助(H)
取消(C)
完成(F)

图 1-22　注册数据库服务

3．执行配置脚本

注册中会提示应使用“root”用户执行配置脚本，如图 1-23 所示。

执行配置脚本
以下配置脚本需要以"root"用户的身份运行.
要执行以下脚本命令:
执行命令
/dm/dmdbms/script/root/dm_service_installer.sh -s /dm/dmdbms/bin/Dm
要执行配置脚本,请执行以下操作:
1. 打开终端窗口
2. 以"root"身份登录
3. 运行脚本命令
4. 单击确定,关闭对话框
确定

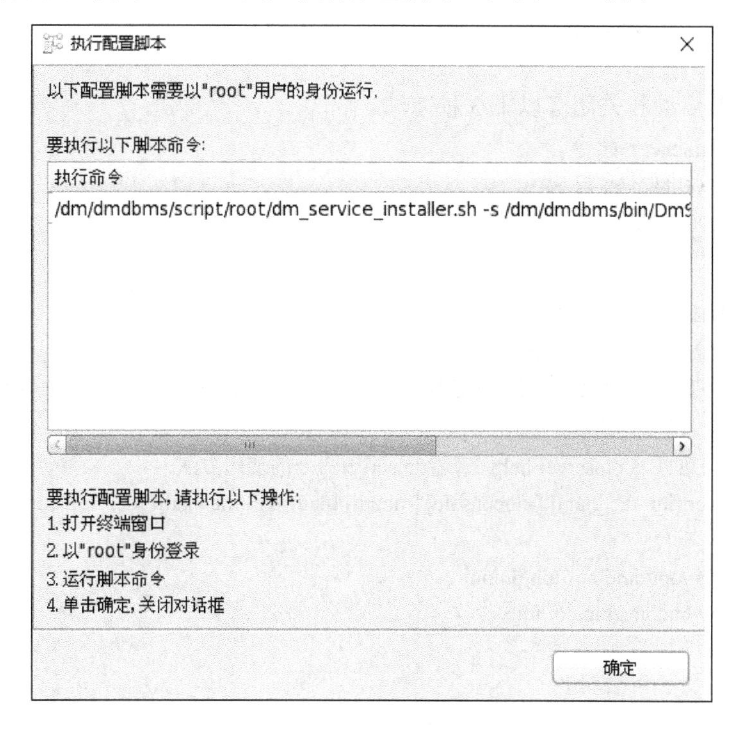

图 1-23　执行配置脚本

```
[root@dw1 root]# /dm/dmdbms/script/root/dm_service_installer.sh -s /dm/dmdbms/bin/DmServiceUSTC //运行脚本文件
```

4．完成注册

单击“完成”按钮，完成数据库实例的注册，如图 1-24 所示。

图 1-24　完成注册

删除数据库和注册数据库类似，在第一步操作时，选择“删除数据库服务”即可，这里不再描述。

1.4　实例的启动与关闭

DM 实例的启动和关闭有以下 3 种方法。

（1）通过 dmserver 命令。

（2）通过 DM 服务查看器。

（3）通过系统服务。

1.4.1　通过 dmserver 命令

在没有配置服务的情况下，只能通过 dmserver 命令来启动实例，该命令在/opt/dmdbms/bin 目录下执行。命令帮助如下。

```
[dmdba@dw1 USTC]$ dmserver help //查看dmserver命令的使用方法
格式: ./dmserver [ini_file_path] [-noconsole] [mount] [path=ini_file_path] [dcr_ini=dcr_path]
例程:
./dmserver path=/opt/dmdbms/bin/dm.ini
./dmserver /opt/dmdbms/bin/dm.ini

关键字                    说明
--------------------------------------------------------------------------------
path                      dm.ini绝对路径或者DMSERVER当前目录的dm.ini
```

```
dcr_ini               如果使用CSS集群环境，指定dmdcr.ini文件路径
-noconsole            以服务方式启动
mount                 配置方式启动
help                  打印帮助信息
```

使用 dmserver 命令启动实例需要指定 dm.ini 参数和启动状态。

注意：对于“-noconsole”选项，启动时若添加了该选项，则以服务的方式启动，DMSERVER 不接受任何输入的指令，如果未添加该选项，那么可以在 DMSERVER 控制台输入 dmserver 操作命令，如表 1-2 所示。

表 1-2　dmserver 操作命令

命　令	操　作
EXIT	退出服务器
LOCK	打印锁系统信息
TRX	打印等待事务信息
CKPT	设置检查点
BUF	打印内存池中缓冲区的信息
MEM	打印服务器占用内存大小
SESSION	打印连接个数
DEBUG	打开 DEBUG 模式

启动 DM 实例的操作如下。

```
[dmdba@dw1 USTC]$ service DmServiceUSTC stop //关闭USTC服务
Stopping DmServiceUSTC:                                    [ OK ]
[dmdba@dw1 USTC]$ dmserver /dm/dmdbms/data/USTC/dm.ini   //以前台形式启动DM实例
file dm.key not found, use default license!
version info: develop
Use normal os_malloc instead of HugeTLB
Use normal os_malloc instead of HugeTLB
DM Database Server x64 V8.1.0.147-Build(2019.03.27-104581)ENT   startup...
License will expire on 2020-03-27
ckpt lsn: 46660
ndct db load finished
ndct fill fast pool finished
iid page's trxid[1214]
NEXT TRX ID = 1215
pseg_collect_items, collect 0 active_trxs, 0 cmt_trxs, 0 pre_cmt_trxs, 0 active_pages, 0 cmt_pages, 0
pre_cmt_pages
pseg_process_collect_items end, 0 active trx, 0 active pages, 0 committed trx, 0 committed pages
total 0 active crash trx, pseg_crash_trx_rollback begin ...
pseg_crash_trx_rollback end
purg2_crash_cmt_trx end, total 0 page purged
set EP[0]'s pseg state to inactive
pseg recv finished
nsvr_startup end.
```

```
aud sys init success.
aud rt sys init success.
systables desc init success.
ndct_db_load_info success.
nsvr_process_before_open begin.
nsvr_process_before_open success.
total 0 active crash trx, pseg_crash_trx_rollback begin ...
pseg_crash_trx_rollback end
SYSTEM IS READY.
```

启动完成后，用户可以在控制台执行 lock 命令，查看当前实例锁的信息，操作如下所示。

```
lock
----------------- object lock info ---------------
     addr          objid          mode          trx          wait
>> 0 object locks.

------------------- tid lock info ----------------
     addr          objid          mode          trx          wait
>> 0 object locks.

-----------------outer object lock info(dbms_lock)---------------
     addr          objid          mode          sess          wait_sess
```

注意：通过 dmserver 命令启动 DM 实例时，DMSERVER 的窗口不能关闭，若窗口关闭，则 DM 实例也就停止了。如果要停止所有 DM 实例，只需要在 DMSERVER 控制台输入 exit 指令，或者直接按“Ctrl + C”即可。

1.4.2 通过 DM 服务查看器

在 Linux 平台下，运行/dm/dmdbms/tool/dmservice.sh 脚本可以启动 DM 服务查看器。在服务查看器中直接右击对应的服务，可以启动和停止服务，如图 1-25 所示。

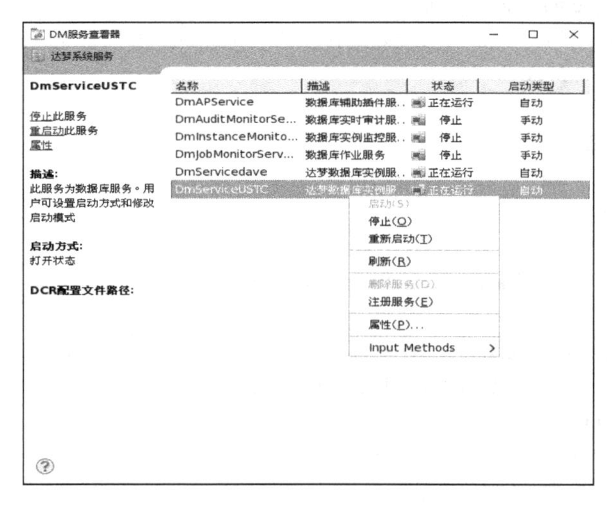

图 1-25　DM 服务查看器

1.4.3 通过系统服务

如果注册了数据库服务，用户可以在操作系统上直接使用服务来进行操作。

```
[root@dw1 root]# service DmServiceUSTC start //启动服务USTC
Starting DmServiceUSTC:                                          [ OK ]
[root@dw1 root]# service DmServiceUSTC stop  //关闭服务USTC
Stopping DmServiceUSTC:                                          [ OK ]
[root@dw1 root]# service DmServiceUSTC restart //重启服务USTC
Stopping DmServiceUSTC:                                          [ OK ]
Starting DmServiceUSTC:                                          [ OK ]
```

1.4.4 DM 实例的状态和模式

DM 实例有 5 种状态，可以通过 V$DATABASE 视图查看当前的状态。查看数据库状态的命令如下。

```
[dmdba@dw1 USTC]$ disql SYSDBA/SYSDBA //用SYSDBA用户连接数据库

SQL> select status$ from v$database;      //查看数据库状态
行号        STATUS$
---------- -----------
1          4
```

这里显示的是数据库状态对应的数字，数据库状态与数字的对应关系如表 1-3 所示。

表 1-3 数据库状态与数字的对应关系

数 字	状 态
1	启动，REDO 完成
2	配置状态（MOUNT）
3	打开状态（OPEN）
4	挂起状态（SUSPEND）
5	关闭

这 5 种状态中，可以进行转换的有以下 3 种。

（1）配置状态（MOUNT）：不能对外提供服务，只能进行维护控制文件、配置归档、修改数据库模式等操作。

（2）打开状态（OPEN）：可以对外提供服务，但不能进行控制文件维护、归档配置等操作。

（3）挂起状态（SUSPEND）：此状态与 OPEN 状态类似，唯一的区别是限制了磁盘的写入功能；一旦修改了数据页，触发了 REDO 日志、数据页刷盘，当前用户将被挂起。

可以通过 V$INSTANCE 视图的 MODE$列查看实例的当前模式。

```
SQL> select mode$ from v$instance; //查看实例的当前模式
行号        MODE$
---------- ------
1          NORMAL
```

达梦数据库实例的模式有以下 3 种。

（1）普通模式（NORMAL）：默认模式，用户可以正常访问数据库，操作没有限制。

（2）主库模式（PRIMARY）：在数据守护（DW）环境下，用户可以正常访问数据库，所有对数据库对象的修改将强制生成 REDO 日志，在归档有效时，发送 REDO 日志到备库。

（3）备库模式（STANDBY）：在数据守护（DW）环境下，接收主库发送的 REDO 日志并重做。数据对用户只读。

可以在 MOUNT 状态下对这 3 种模式进行切换。注意这 3 种模式的启动状态的区别。

（1）NORMAL 模式：如果不指定 MOUNT 状态启动，那么自动启动到 OPEN 状态。

（2）非 NORMAL 模式（PRIMARY、STANDBY 模式）：无论是否指定启动状态，服务器启动时自动启动到 MOUNT 状态。

DM 实例切换状态示例如下。

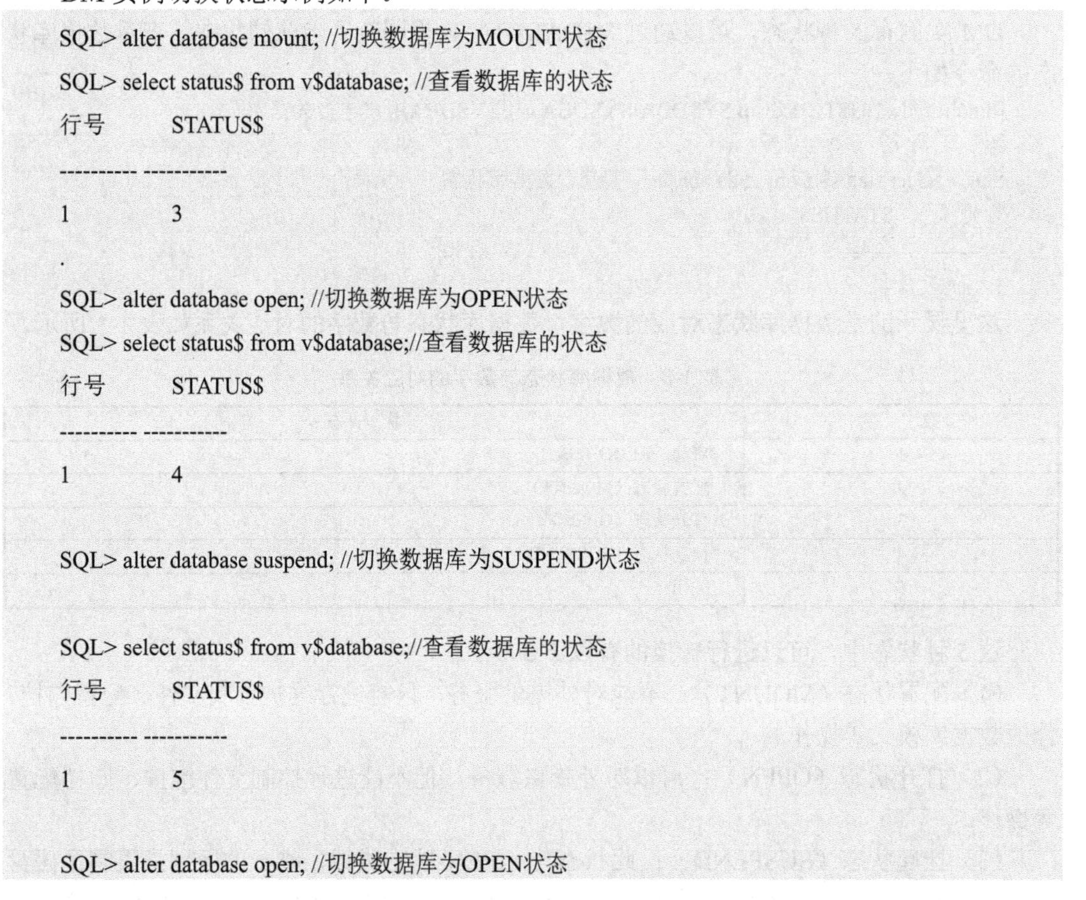

```
SQL> alter database mount; //切换数据库为MOUNT状态
SQL> select status$ from v$database; //查看数据库的状态
行号        STATUS$
---------- ----------
1          3
.
SQL> alter database open; //切换数据库为OPEN状态
SQL> select status$ from v$database;//查看数据库的状态
行号        STATUS$
---------- ----------
1          4

SQL> alter database suspend; //切换数据库为SUSPEND状态

SQL> select status$ from v$database;//查看数据库的状态
行号        STATUS$
---------- ----------
1          5

SQL> alter database open; //切换数据库为OPEN状态
```

1.5　DISQL 工具的使用

DISQL 工具是达梦数据库自带的一个命令行客户端工具，通过该工具可以和达梦数据库实例进行交互。可以通过 disql help 命令查看 DISQL 工具的使用。

1.5.1　连接默认的达梦数据库实例

在数据库服务端连接默认 5236 端口的达梦数据库实例，命令如下。

```
[dmdba@dw1 USTC]$ disql SYSDBA/SYSDBA //用SYSDBA用户连接数据库
disql V8.1.0.147-Build(2019.03.27-104581)ENT
```

如果达梦数据库实例使用的是默认的用户名和密码，可以通过直接输入 disql 命令，并输入两次回车来登录，如果修改过密码，这种登录方式就会报错。

```
[dmdba@dw1 USTC]$ disql //运行DISQL工具
disql V8.1.0.147-Build(2019.03.27-104581)ENT
用户名:
密码:
```

1.5.2　使用 IP 地址和端口连接

在 1.5.1 节说明了连接默认端口实例的方法，如果要连接其他 DM 实例，或者非默认的 5236 端口的实例，那么必须指定 IP 地址和端口号，命令如下。

```
[dmdba@dw1 USTC]$ disql SYSDBA/SYSDBA@192.168.74.100:6236  //用SYSDBA连接数据库时指定IP地址和端口号
SQL> conn SYSDBA/SYSDBA@192.168.74.100:5236  //用SYSDBA连接数据库时指定IP地址和端口号
```

1.5.3　使用 service name 连接

在 DISQL 中每次指定 IP 地址和端口号的过程较为复杂，此时可以通过服务名来连接。在 DM 实例配置文件/etc/dm_svc.conf 中添加对应的服务名即可，命令如下。

```
[root@dw1 root]# cat /etc/dm_svc.conf  //查看文件内容
TIME_ZONE=(480)
LANGUAGE=(cn)

ustc=(192.168.74.100:6236)

[dmdba@dw1 USTC]$ disql SYSDBA/SYSDBA@ustc //用SYSDBA用户通过服务连接数据库


服务器[192.168.74.100:6236]:处于普通打开状态
登录使用时间: 5.597(毫秒)
disql V8.1.0.147-Build(2019.03.27-104581)ENT
```

1.5.4 执行脚本

在 DM 实例中使用如下方式执行 SQL 脚本。

在调用命令时直接指定 SQL 脚本，在 Linux 系统中需要使用\`进行转义，在 Windows 系统不需要进行转义。

```
[dmdba@dw1 USTC]$ disql SYSDBA/SYSDBA
\`/dm/dmdbms/samples/instance_script/dmhr/JOB_HISTORY.sql //连接数据库执行脚本
```

如果 DISQL 工具已经连接，那么使用以下两种方法执行脚本。

方法 1：使用`在 DISQL 工具中执行脚本时，不需要进行转义。

```
SQL> `/dm/dmdbms/samples/instance_script/dmhr/JOB_HISTORY.sql //执行脚本
```

方法 2：使用 start 命令执行脚本。

```
SQL> start /dm/dmdbms/samples/instance_script/dmhr/JOB_HISTORY.sql   //执行脚本
```

1.5.5 执行系统命令

在 DISQL 工具中，可以在不退出 DISQL 的情况下执行操作系统命令。示例如下。

```
SQL> host //退出至操作系统界面
[dmdba@dw1 USTC]$ exit //退出至操作系统界面
exit
SQL> host df -lh //在数据库中查看服务器磁盘使用情况
```

1.5.6 环境变量的设置

DISQL 工具的主要环境变量设置如表 1-4 所示。

表 1-4 DISQL 工具的主要环境变量设置

环境变量	说　明
AUTO［COMMIT］	当前会话是否自动提交修改的数据
DEFINE	是否使用 DEFINE 定义本地变量
ECHO	在用 start 命令执行一个 SQL 脚本时，是否显示脚本中正在执行的 SQL 语句
FEED［BACK］	是否显示当前 SQL 语句查询或修改的总行数
HEA［DING］	是否显示列标题
LINESHOW	设置是否显示行号
NEWPAGE	设置页与页之间的分隔
PAGES［IZE］	设置一页有多少行数
TIMING	显示每个 SQL 语句花费的执行时间
TIME	显示系统的当前时间
VER［IFY］	是否列出环境变量被替换前、后的控制命令文本。默认值为 ON，表示列出命令文本
LONG	设置 BLOB、CLOB、CHAR、VARCHAR、BINARY、VARBINARY、CLASS 等类型一列能显示的最大字节数
LINESIZE	设置屏幕上一行显示的宽度

（续表）

环境变量	说　明
SERVEROUT [PUT]	在块中有打印信息时，是否打印，以及打印的格式。设置之后，可以使用 DBMS_OUTPUT 包打印（认为 DBMS_OUTPUT 包已经创建）
SCREENBUFSIZE	设置屏幕缓冲区的长度。用来存储屏幕上显示的内容
CHAR_CODE	设置 SQL 语句的编码方式
CURSOR	设置 DPI 语句句柄中游标的类型
AUTOTRACE	设置执行计划和统计信息的跟踪
DESCRIBE	设置 DESCRIBE 对象结构信息的显示方式
COLSEP	设置列之间的分割符
KEEPDATA	是否优化数据对齐，或者保持数据的原始格式

可以通过 show 命令查看这些环境变量的当前值，通过 set 命令修改对应的环境变量。示例如下。

```
SQL> show lineshow   //查看行号是否启用
SHOW LINE ON
SQL> select name from dave limit 5; //查询表dave，返回前5行
行号          NAME
---------- ---------------------------
1           ##TMP_TBL_FOR_DBMS_LOB_BLOB
2           ##TMP_TBL_FOR_DBMS_LOB_CLOB
3           ALL_ALL_TABLES
4           ALL_COL_COMMENTS
5           ALL_COL_PRIVS
SQL> set lineshow off //设置不启用行号
SQL> select name from dave limit 5; //查询表dave，返回前5行
NAME
---------------------------
##TMP_TBL_FOR_DBMS_LOB_BLOB
##TMP_TBL_FOR_DBMS_LOB_CLOB
ALL_ALL_TABLES
ALL_COL_COMMENTS
ALL_COL_PRIVS
```

更多 set 命令的使用方法参考帮助如下。

```
SQL> help set
```

1.6 DM 管理工具的使用

除了使用 DISQL 工具来操作实例，还可以使用图形化的 DM 管理工具来管理 DM 实例。DM 管理工具是达梦数据库自带的图形化工具，在安装达梦数据库后会自动安装。

1.6.1 连接 DM 管理工具

对于 Windows 系统，可以在程序中直接打开 DM 管理工具。对于 Linux 系统，则需要执行 manager 程序来调用，该命令在/dm/dmdbms/tool 目录下执行。

```
[dmdba@dw1 tool]$ pwd //查看当前路径
/dm/dmdbms/tool
[dmdba@dw1 tool]$ ./manager //调用DM管理工具
```

启动 DM 管理工具后单击工具左侧的“新建连接”图标，输入对应 DM 实例的主机名和端口信息，并登录，如图 1-26 所示。

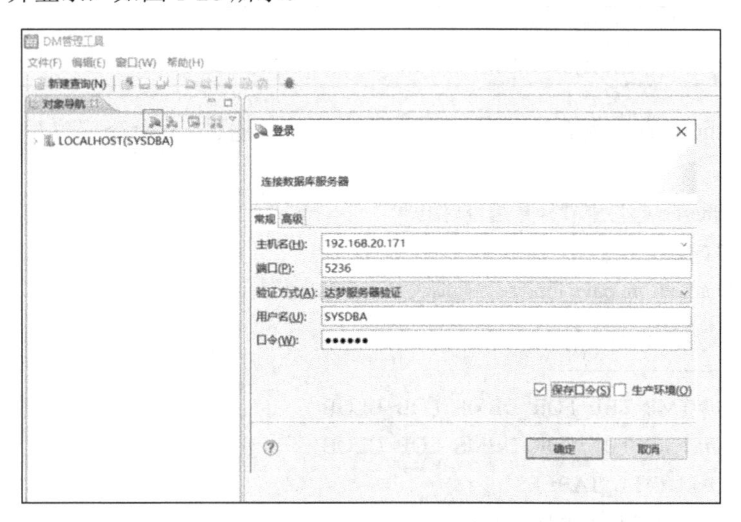

图 1-26 DM 管理工具登录窗口

登录成功后可以进行相关操作，DM 管理工具执行 SQL 窗口如图 1-27 所示。

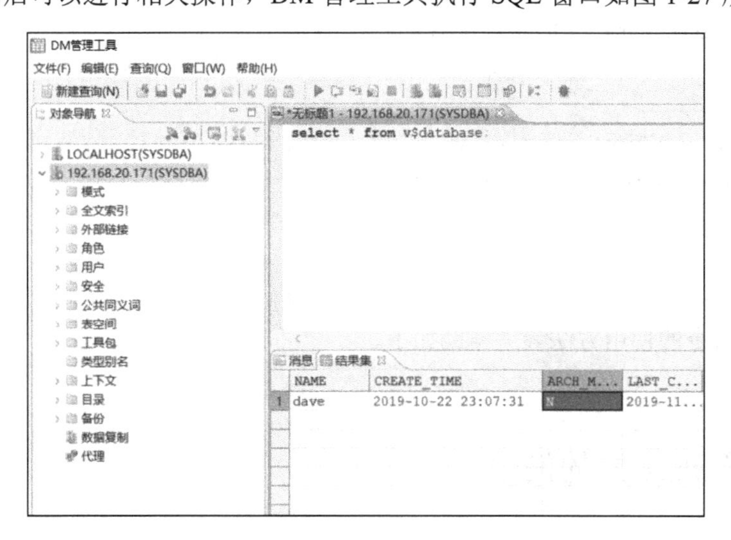

图 1-27 DM 管理工具执行 SQL 窗口

通过上述方式可以连接到数据库（以下简称“DB”），但是当重启 DM 管理工具后，之前登录的信息不会再显示。 因此，对于需要经常使用的 DB，可以注册到 DM 管理工具中，这样即使重启 DM 管理工具，登录信息也会一直保留，保存的登录信息如图 1-28 所示。

注册完成之后，在启动 DM 管理工具时，主机信息会在工具左侧显示，利用保存的登录信息连接 DB，如图 1-29 所示。

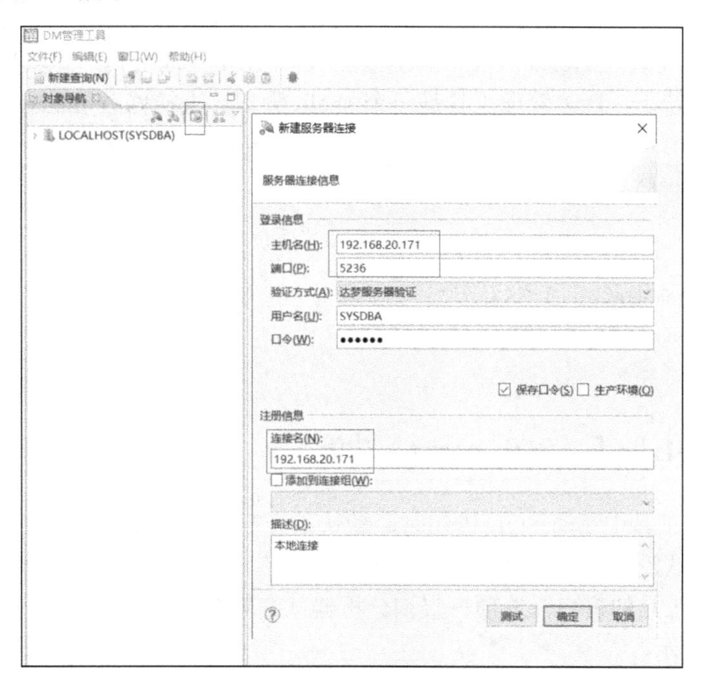

图 1-28 保存的登录信息

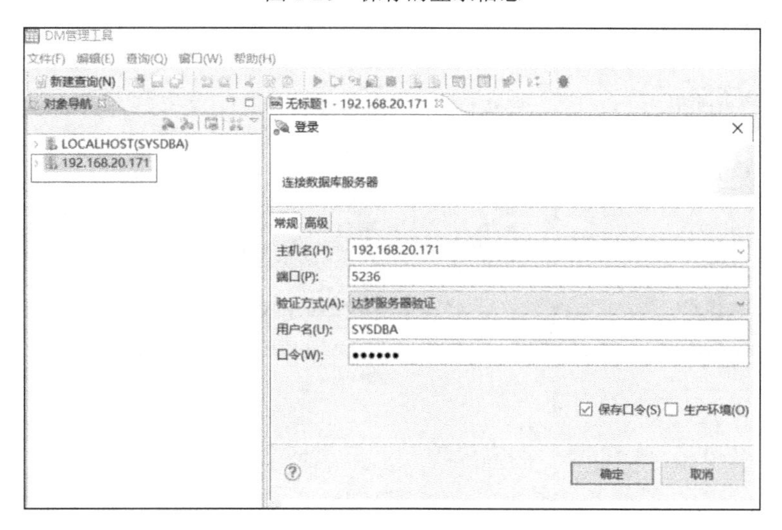

图 1-29 利用保存的登录信息连接 DB

单击对应的连接，会在右侧自动弹出连接的信息，单击“确定”按钮即可连接到 DB。

在 DM 管理工具中可以进行大部分的数据库操作，比如执行 DMSQL 语句、创建和管理对象、备份恢复等。具体操作可以在 DM 管理工具中进行练习。

1.6.2 修改 DM 管理工具的显示语言

如果在安装系统时选择的语言是英文，那么达梦数据库的工具也会默认用英文显示。如果想改为中文，在 DM 管理工具中并没有对应的选项，需要修改 DM 管理工具的配置文件。

在 Windows 系统下，DM 管理工具的配置文件是/dm/dmdbms/tool/manager.ini。将参数从-Dosgi.nl=en_US 改为-Dosgi.nl=zh_CN，然后重启 DM 管理工具，即可显示中文。

在 Linux 系统下，DM 管理工具是一个 shell 脚本，直接修改 manager 脚本文件，将 INSTALL_LANGUAGE 改为 zh_CN 即可。查看 manager 脚本文件的命令如下。

```
[dmdba@dw1 tool]$ cat manager    //查看manager脚本文件
#!/bin/sh
……
#INSTALL_LANGUAGE=en_US
INSTALL_LANGUAGE=zh_CN
……
```

1.6.3 启用 SQL 助手（SQL Assist）功能

在 DM 管理工具中编写 SQL 语句时，默认不会提示列或表名。虽然 DM 管理工具支持该功能，但默认没启用，需要在 DM 管理工具中启用 SQL 助手后才会显示。

在 DM 管理工具的窗口→选项→查询分析器→编辑器下启用 DM 管理工具配置助手功能，如图 1-30 所示。

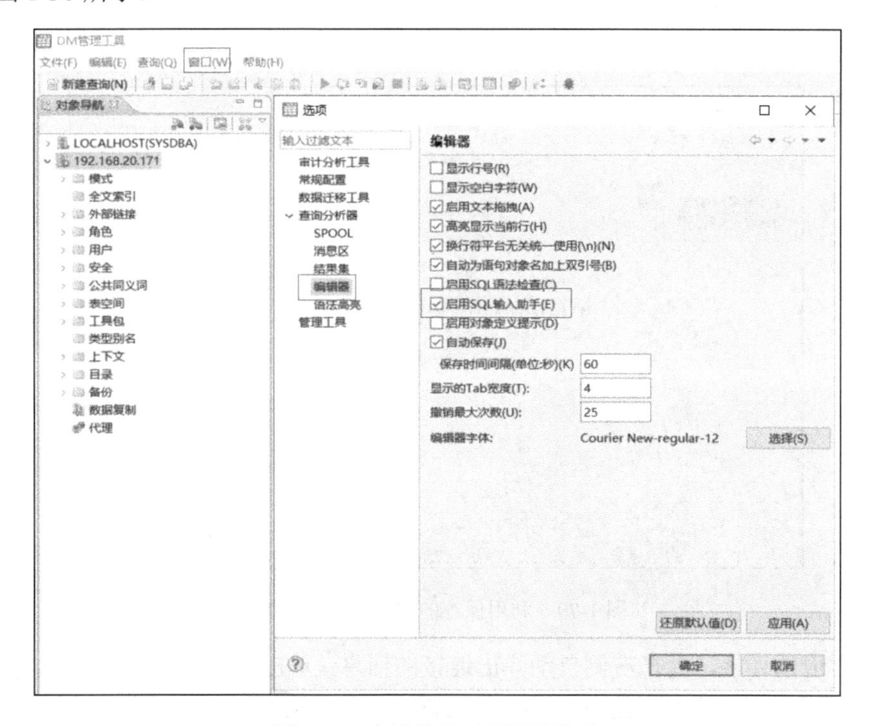

图 1-30 启用管理工具配置助手

1.7　DEM 安装部署

DM 企业管理器（Dameng Enterprise Manager，DEM）是一个 Web 的数据库监控系统，通过 DEM 可以同时对多套达梦数据库环境进行监控。DEM 环境需要一台 Web 服务端，然后在每个达梦数据库端安装 DEM 代理。下面介绍 DEM 的搭建过程。

1.7.1　DEM 服务端操作

1．安装达梦数据库软件并创建实例

这里创建的 DM 实例用来存放 DEM 的数据，DM 实例的创建过程参考之前的章节。

2．修改 DM 参数并执行 DEM 脚本

（1）修改 DEM 后台数据库参数配置文件 dm.ini，推荐配置如下。

```
MEMORY_POOL        =  200
BUFFER             =  1000
KEEP               =  64
SORT_BUF_SIZE      =  50
```

（2）在该数据库中执行以下 SQL 脚本 dem_init.sql。

```
SQL> set define off   //关闭define
SQL> set char_code utf8 //设置字符集
SQL> start /dm/dmdbms/web/dem_init.sql //运行脚本
```

3．配置 tomcat

（1）DEM 的 Web 环境是运行在 tomcat 上的，所以需要先安装好 tomcat，tomcat 的安装部署可以参考 CNDBA 社区中的相关文章。

（2）安装之后修改 tomcat 的配置，这里将 tomcat 部署到/dm 目录下。

```
[root@dm8 tomcat]# pwd //查看当前路径
/dm/tomcat
[root@dm8 tomcat]# cp bin/catalina.sh /etc/init.d/tomcat //复制文件至路径/etc/init.d/tomcat
```

（3）编辑 tomcat 文件。

```
#vi tomcat
```

（4）在 tomcat 文件的第 2 行输入如下内容。

```
#chkconfig: 2345 10 90
#description:Tomcat service
CATALINA_HOME=/dm/tomcat
JAVA_HOME=/usr/lib/jvm/java-1.8.0-openjdk-1.8.0.181-7.b13.el7.x86_64
JAVA_OPTS= " -server -Xms256m -Xmx1024m -XX:MaxPermSize=512m
-Djava.library.path=/dm/dmdbms/bin "
```

（5）修改 tomcat 的 server.xml 文件。

```
[root@dm8 conf]# pwd   //查看当前路径
/dm/tomcat/conf
[root@dm8 conf]# ls //查看当前路径下的文件
Catalina   catalina.policy   catalina.properties   context.xml   logging.properties   server.xml
tomcat-users.xml   web.xml
```

```
[root@dm8 conf]# vi server.xml
<Connector port= " 8080 "  protocol= " HTTP/1.1 " ... 追加属性字段  maxPostSize= " -1 "
```

（6）复制 DEM 的 war 包到 tomcat 目录。

```
[root@dm8 conf]# cp /dm/dmdbms/web/dem.war /dm/tomcat/webapps/ //复制文件至路径至
/dm/tomcat/webapps
```

（7）启动 tomcat。

```
[root@dm8 conf]# service tomcat start
```

注意这里必须先启动 tomcat，因为启动之后才会解压缩 war 包，用户需要修改 DEM 中的后台数据库连接信息。

（8）修改 DB 配置文件，这里修改 DEM 后台数据库的 IP 地址和端口，其他信息不变。

```
[root@dm8 WEB-INF]# pwd //查看当前路径
/dm/tomcat/webapps/dem/WEB-INF
[root@dm8 WEB-INF]# cat db.xml   //查看db.xml文件内容
<?xml version= " 1.0 "  encoding= " UTF-8 " ?>
<ConnectPool>
<Dbtype>dm8</Dbtype>
<Server>192.168.1.100</Server>
<Port>5236</Port>
<User>SYSDBA</User>
<Password>SYSDBA</Password>
……
```

（9）重启 tomcat，使修改生效。

```
[root@dm8 conf]#  service tomcat stop //关闭tomcat
[root@dm8 conf]#  service tomcat start//启动tomcat
```

4. 登录 DEM 系统

DEM 的访问地址为 http://192.168.56.3:8080/dem/，默认用户名和密码为 admin/888888，通过之前的配置，现已可以正常登录 DEM 系统，如图 1-31 所示。

图 1-31　DEM 登录界面

由于代理还没有部署，此时还无法监控达梦数据库。

1.7.2 监控代理部署

达梦数据库软件的安装目录中已经包含了 dmagent，直接进行配置操作即可。agent 的安装必须以“root”用户来执行。

这里需要注意，dmagent 端的时间与服务端的时间要保持一致（可以设置时间同步服务器，同步所有涉及的机器的时间），否则添加客户端后将无法识别。

1．修改 agent 配置参数

dmagent 在/dm/dmdbms/tool/dmagent 目录下，在进入 dmagent 目录后，修改 agent 的配置文件 config.properties 中 DEM 服务端的 IP 地址。

```
[root@dm8 dmagent]# cat config.properties //查看文件内容
……
#[DEM]
center.url=http://192.168.1.100:8080/dem
center.agent_servlet=dem/dma_agent
```

2．安装并启动 agent

（1）agent 配置文件修改后，用“root”用户执行安装操作。

```
[root@dm8 dmagent]# /dm/dmdbms/tool/dmagent/DMAgentService.sh install
```

（2）启动 dmagent。

```
[root@dm8 dmagent]# /dm/dmdbms/tool/dmagent/DMAgentService.sh start
```

3．查看监控

DEM 服务端和客户端配置后，达梦数据库主机会自动显示在 DEM 监控中，DEM 监控界面如图 1-32 所示。

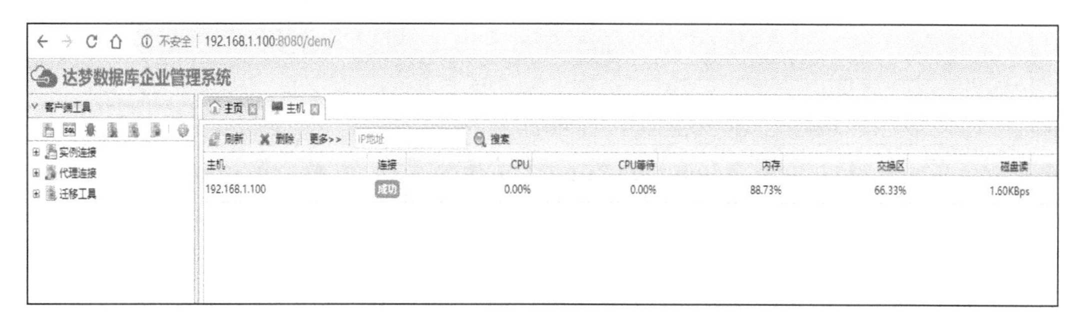

图 1-32　DEM 监控界面

若要监控其他机器，只需要部署代理即可。

在 DEM 监控的主机项中会显示监控主机的运行情况，DEM 监控主机列表如图 1-33 所示。

达梦数据库管理系统

admin

主机	连接	CPU	CPU等待	内存	交换区	磁盘读	磁盘写	网络发送	网络接收	警告	操作
192.168.20.190		10.53%	9.05%	98.61%	0.00%	25.83MBps	28.39KBps	8.69KBps	13.30KBps		
192.168.20.185		0.53%	0.00%	86.60%	0.05%	0.00Bps	1.20KBps	614.70Bps	1.31KBps		
192.168.20.183		0.00%	0.00%	87.08%	0.05%	0.00Bps	0.00Bps	531.30Bps	1.27KBps		
192.168.20.181		0.00%	0.00%	59.13%	0.01%	0.00Bps	2.80KBps	487.40Bps	1.28KBps		
192.168.20.182		0.00%	0.00%	96.33%	0.01%	0.00Bps	1.20KBps	485.40Bps	1.27KBps		
192.168.20.184		0.00%	0.00%	85.96%	0.04%	0.00Bps	1.20KBps	609.60Bps	1.33KBps		
192.168.20.191		0.50%	0.00%	95.82%	0.07%	0.00Bps	6.79KBps	3.82KBps	3.77KBps		

图 1-33　DEM 监控主机列表

在数据库选项卡中，会显示 DM 实例的相关信息，用户可以对单个 DM 实例进行一些运维操作，比如 AWR 报告查看、表空间分析、SQL 分析等，DEM 监控工具和 DEM 性能监控界面分别如图 1-34、图 1-35 所示。

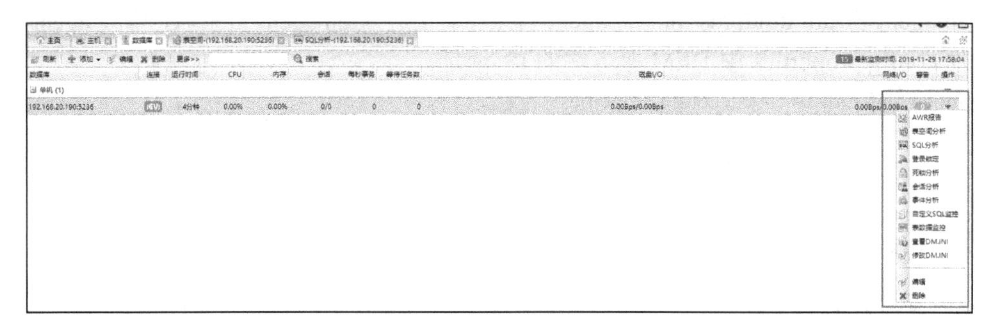

图 1-34　DEM 监控工具

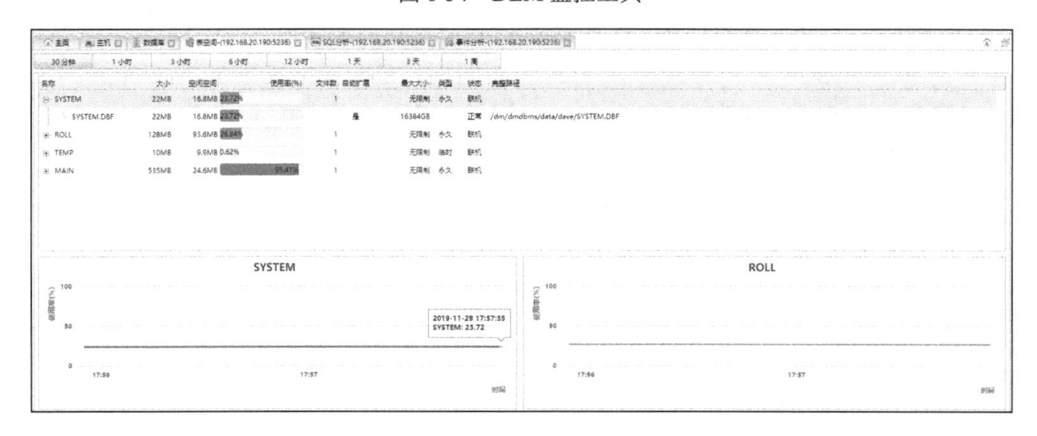

图 1-35　DEM 性能监控界面

2

第 2 章 达梦数据库体系架构

2.1 物理结构

达梦数据库的结构可以分为物理结构和逻辑结构。物理结构主要指达梦数据库对应的物理文件，包括配置文件、控制文件、数据文件、REDO 日志文件、归档日志文件、备份文件、跟踪日志文件等。

2.1.1 配置文件

达梦数据库的配置文件都以 ini 为扩展名，用来存储功能选项的配置值。配置文件存放在数据文件的目录下。查看文件及文件路径的命令如下。

```
[dmdba@dm8 dave]$ pwd   //查看当前路径
/dm/dmdbms/data/dave
[dmdba@dm8 dave]$ ll *.ini //查看当前路径下以.ini结尾的文件
-rw-rw-r--. 1 dmdba dmdba 907   Oct 22 23:07 dmarch_example.ini
-rw-rw-r--. 1 dmdba dmdba 2147  Oct 22 23:07 dmdcr_cfg_example.ini
-rw-rw-r--. 1 dmdba dmdba 631   Oct 22 23:07 dmdcr_example.ini
-rw-rw-r--. 1 dmdba dmdba 46765 Nov 5 04:25  dm.ini
-rw-rw-r--. 1 dmdba dmdba 1537  Oct 22 23:07 dminit_example.ini
-rw-rw-r--. 1 dmdba dmdba 2070  Oct 22 23:07 dmmal_example.ini
-rw-rw-r--. 1 dmdba dmdba 1277  Oct 22 23:07 dmmonitor_example.ini
-rw-rw-r--. 1 dmdba dmdba 288   Oct 22 23:07 dmmpp_example.ini
-rw-rw-r--. 1 dmdba dmdba 1679  Oct 22 23:07 dmtimer_example.ini
-rw-rw-r--. 1 dmdba dmdba 2146  Oct 22 23:07 dmwatcher_example.ini
-rw-rw-r--. 1 dmdba dmdba 635   Oct 22 23:07 sqllog_example.ini
```

```
-rw-rw-r--. 1 dmdba dmdba      479 Oct 22 23:07 sqllog.ini
[dmdba@dm8 dave]$ ll *.ini | wc -l //统计当前路径下以.ini结尾文件的数量
12
```

下面介绍 4 个主要的文件。

（1）dm.ini：DM 实例的配置参数，在创建 DM 实例时自动生成。

（2）dmmal.ini：MAL 系统的配置文件。在配置达梦数据库高可用解决方案时（DMDW，DMDSC）需要用到该配置文件。

（3）dmarch.ini：归档配置文件，启用数据库归档后，在该文件中配置归档的相关属性，如归档类型、归档路径、归档可使用的空间大小等。

（4）dm_svc.conf：该文件中包含达梦数据库各个接口及客户端所需要的配置信息，在安装达梦数据库时自动生成。

配置文件和功能模块对应，具体参数的解释说明可以参考示例文件。

2.1.2 控制文件

每个 DM 实例都有一个二进制的控制文件，默认文件和数据文件存放在同一个目录下，扩展名为 ctl。

```
[dmdba@dm8 dave]$ pwd    //查看当前路径
/dm/dmdbms/data/dave
[dmdba@dm8 dave]$ ll *.ctl //查看以.ctl结尾的文件
-rw-rw-r--. 1 dmdba dmdba 5632 Nov 29 03:18 dm.ctl
```

控制文件中记录了数据库必要的初始信息，主要包含以下内容。

（1）数据库名称。

（2）数据库服务器模式。

（3）OGUID 唯一标识。

（4）数据库服务器版本。

（5）数据文件版本。

（6）数据库的启动次数。

（7）数据库最近一次的启动时间。

（8）表空间信息。

（9）控制文件校验码，于每次修改控制文件后生成，保证控制文件的合法性，防止文件损坏及手工修改。

第一次初始化新库时，会在控制文件同级目录的 CTL_BAK 目录下对原始的 dm.ctl 执行一次备份。在修改控制文件时，比如添加数据文件时，也会执行一次备份。备份的路径和备份保留数是由 dm.ini 参数文件中的 CTL_BAK_PATH 参数和 CTL_BAK_NUM 参数决定的。

```
[dmdba@dm8 dave]$ cat dm.ini|grep CTL_ //查看dm.ini文件中关于CTL_相关的信息
        CTL_PATH = /dm/dmdbms/data/dave/dm.ctl          #ctl文件的路径
        CTL_BAK_PATH = /dm/dmdbms/data/dave/ctl_bak        #dm.ctl备份路径
        CTL_BAK_NUM = 10        #dm.ctl文件的备份数量，允许在指定数量的基础上再增加一个备份
                                #文件
```

控制文件是二进制文件，可以使用 dmctlcvt 命令将控制文件转存（dump）为文本文件，来查看控制文件里的信息。

```
[dmdba@dm8 ~]$ cd /dm/dmdbms/bin //切换路径
[dmdba@dm8 ~]$ ./dmctlcvt type=1 src=/dm/dmdbms/data/dave/dm.ctl dest=/tmp/cmctl.txt //将控制文件内容以文本形式输出到文件中
DMCTLCVT V8
convert ctl to txt success!

[dmdba@dm8 ~]$ cat /tmp/cmctl.txt |more //查看cmctl.txt文件
##########################################################################
##请不要调整参数顺序，要确保ctl无变化###
##########################################################################

# database name
dbname=dave
# server mode
svr_mode=0
#OGUID
oguid=0
# db server version
version=117507783
# database version
db_version=458762
# pseg version
pseg_version=458762
#SGUID
sguid=1212887263
#NEXT_TS_ID
next_ts_id=7
#RAC_NODES
rac_nodes=1
……
```

2.1.3 数据文件

一个表空间至少包含一个数据文件，数据文件扩展名为 DBF。表空间中数据文件的总数不得超过 256。

数据文件可以配置成是否自增，每次自增的范围为 0～2048MB。数据文件的大小范围为 4096×页大小～2147483647×页大小。达梦数据库页大小可选值有 4KB、8KB（默认值）、16KB、32KB。在达梦数据库页大小为 8KB 时，数据文件大小的范围为 32MB～16384GB。

```
[dmdba@dw1 USTC]$ pwd //查看当前路径
/dm/dmdbms/data/USTC
[dmdba@dw1 USTC]$ ll *.DBF   //查看当前路径下以.DBF结尾的文件
-rw-rw-r-- 1 dmdba dmdba 134217728 12月  17 21:09 MAIN.DBF
-rw-rw-r-- 1 dmdba dmdba 134217728 12月  17 22:16 ROLL.DBF
-rw-rw-r-- 1 dmdba dmdba   22020096 12月  17 23:16 SYSTEM.DBF
-rw-rw-r-- 1 dmdba dmdba   10485760 12月  17 22:01 TEMP.DBF
```

2.1.4 REDO日志文件

REDO 日志文件记录数据库实例的 DDL 和数据更新操作。这些操作执行的结果按照特定的格式写入当前的 REDO 日志文件中。REDO 日志文件以 log 为扩展名。每个数据库实例至少有两个 REDO 日志文件，默认日志名称是数据库名加编号，两个日志文件循环使用。

```
[dmdba@dm8 dave]$ pwd      //查看当前路径
/dm/dmdbms/data/dave
[dmdba@dm8 dave]$ ll -lh *.log   //查看当前路径下通过时间降序，以.log结尾的文件
-rw-rw-r--. 1 dmdba dmdba 256M Nov 29 10:08 dave01.log
-rw-rw-r--. 1 dmdba dmdba 256M Nov 29 03:18 dave02.log
-rw-rw-r--. 1 dmdba dmdba   792 Oct 22 23:07 dminit20191022230729.log
-rw-rw-r--. 1 dmdba dmdba    12 Oct 22 23:07 rep_conflict.log
```

REDO 日志文件主要用于数据库的备份与恢复。在异常情况下，比如服务器异常断电的情况，数据库缓冲区中的数据页未能及时写入数据文件中，在下次启动 DM 实例时，通过 REDO 日志文件中的数据，可以将实例恢复到发生意外前的状态。

2.1.5 归档日志文件

REDO 日志是循环使用的，当 REDO 日志文件被写满后，数据库会根据检查点覆盖之前的内容。为了保证数据库备份恢复操作正常执行，需要启动归档模式，并且将 REDO 日志中的数据复制到归档日志中。归档日志文件以归档时间命名，扩展名也是 log。REDO 日志文件非常重要，虽然其以".log"结尾，但是它们在任何时候都不可以被删除。

归档文件除了在备份恢复时会用到，在达梦数据库的数据守护中，备库也是通过 REDO 日志来完成与主库的数据同步的。

归档文件的保存目录由 dmarch.ini 中的 ARCH_DEST 参数控制。

```
[dmdba@dm8 dave]$ cat dmarch.ini //查看文件内容
……
[ARCHIVE_LOCAL1]
ARCH_TYPE = LOCAL
ARCH_DEST = /dm/dmarch
ARCH_FILE_SIZE = 128
ARCH_SPACE_LIMIT = 0
```

```
[dmdba@dm8 ~]$ ll /dm/dmarch/ //查看该文件的详细信息
total 656
-rw-r--r--. 1 dmdba dmdba 670720 Nov 29 10:24 ARCHIVE_LOCAL1_0x9630415[0]_2019-11-29_10-24-01.log
```

2.1.6　备份文件

备份文件是数据库备份恢复过程中使用的文件，扩展名为 bak。在执行 SQL 备份或 DMRMAN 备份时会生成备份文件。

备份文件中记录备份的名称、数据库、备份类型和备份时间等信息。备份文件是数据库备份恢复操作的基础，也可以通过备份恢复的方式进行数据迁移。

2.1.7　跟踪日志文件

跟踪日志文件记录了系统各会话执行的 SQL 语句、参数信息、错误信息等，主要用于分析错误和性能。启用跟踪日志对系统的性能会有较大影响，默认情况下跟踪日志是关闭的，仅在查错和调优时才会打开。

将 dm.ini 中的 SVR_LOG 参数修改为 1 即可打开跟踪日志。跟踪日志文件是一个纯文本文件，以“dm_commit_日期_时间”命名，默认在达梦数据库安装目录的 log 子目录下生成，可以通过 ini 参数 SVR_LOG_FILE_PATH 设置其生成路径。

2.1.8　事件日志文件（告警日志）

事件日志文件记录了数据库运行期间的关键事件，如启动、关闭、内存申请失败、I/O 错误等一些致命错误。当数据库出现异常时，可以查看事件日志文件进行分析。事件日志文件记录的是中间步骤的信息，所以出现部分缺失属于正常现象。

事件日志文件在/dm/dmdbms/log 目录下，命名格式是“dm_实例名_日期”。

```
[dmdba@dm8 log]$ pwd //查看当前路径
/dm/dmdbms/log
[dmdba@dm8 log]$ ll -lh dm_DAVE* //查看当前路径下通过时间降序，以.dm_DAVE开头的文件
-rw-rw-r--. 1 dmdba dmdba 681K Oct 31 23:55 dm_DAVE_201910.log
-rw-r--r--. 1 dmdba dmdba 2.3M Nov 29 10:48 dm_DAVE_201911.log
 [dmdba@dm8 log]$ tail -3 dm_DAVE_201911.log //查看该文件的前3行
2019-11-29 10:43:35.399 [INFO] database P0000006027 T0000140228498941696 ckpt2_log_adjust: ckpt_lsn(163438), ckpt_fil(0), ckpt_off(26318336), cur_lsn(163438), l_next_seq(3989), g_next_seq(3989), cur_free(26318336), total_space(536862720), free_space(536862720)
2019-11-29 10:48:35.037 [INFO] database P0000006027 T0000140228498941696 ckpt2_log_adjust: ckpt_lsn(163438), ckpt_fil(0), ckpt_off(26318336), cur_lsn(163438), l_next_seq(3989), g_next_seq(3989), cur_free(26318336), total_space(536862720), free_space(536862720)
2019-11-29 10:53:35.319 [INFO] database P0000006027 T0000140228498941696 ckpt2_log_adjust:
```

```
ckpt_lsn(163438), ckpt_fil(0), ckpt_off(26318336), cur_lsn(163438), l_next_seq(3989), g_next_seq(3989), cur_free(26318336), total_space(536862720), free_space(536862720)
```

2.2 逻辑结构

数据库一般指数据文件的集合，包括数据文件、日志文件、控制文件等。实例指数据库的后台进程/线程和内存的组合。数据库存储在服务器的磁盘上，而实例则存储于服务器的内存中。通过运行 DM 实例，可以操作达梦数据库中的数据，实例仅在启动后才存在。

一般情况下，一个数据库与一个实例对应，但在 DMDSC 环境下，一个数据库对应多个实例。

在达梦数据库中存储层次结构如下。

（1）数据库由 1 个或多个表空间组成。

（2）表空间由 1 个或多个数据文件组成。

（3）数据文件由 1 个或多个簇组成。

（4）段是簇的上级逻辑单元，1 个段可以跨多个数据文件。

（5）簇由磁盘上连续的页组成，1 个簇总是在 1 个数据文件中。

（6）页是数据库中最小的分配单元，也是数据库中使用的最小的 I/O 单元。

2.2.1 表空间

数据库中的所有对象在逻辑上都存放在表空间中，而物理上都存储在所属表空间对应的数据文件中。

创建数据库时会自动创建 5 个表空间：SYSTEM 表空间、ROLL 表空间、MAIN 表空间、TEMP 表空间和 HMAIN 表空间。

（1）SYSTEM 表空间：即系统表空间，存放了有关数据库的字典信息，用户不能在该表空间中创建表和索引。

（2）ROLL 表空间：即回滚表空间，存储事务执行修改操作之前的值，从而保证数据的读一致性。该表空间由数据库自动维护。

（3）MAIN 表空间：是默认的用户表空间，创建用户时如果没有指定默认表空间，则使用该表空间为默认的表空间。

（4）TEMP 表空间：即临时表空间，当 SQL 语句需要磁盘空间来完成某个操作时，会从该表空间分配临时段。该表空间由数据库自动维护。

（5）HMAIN 表空间：是 HTS 表空间，创建 HUGE 表时，如果没有指定 HTS 表空间，默认使用 HTS 表空间存储。

SYS、SYSSSO、SYSAUDITOR 用户的默认用户表空间是 SYSTEM 表空间，SYSDBA 用户的默认表空间是 MAIN 表空间，新创建的用户如果没有指定默认表空间，则使用 MAIN 表空间为用户的默认表空间。

可以通过 V$TABLESPACE 视图查看表空间相关的信息，SQL 语句如下。

```
SQL> select id,name,type$,total_size from v$tablespace;

行号       ID          NAME      TYPE$      TOTAL_SIZE
---------- ---------- ------ ---------- --------------------
1          0           SYSTEM    1          2944
2          1           ROLL      1          16384
3          3           TEMP      2          1280
4          4           MAIN      1          16384
5          6           DMHR      1          16384

已用时间: 1.895(毫秒). 执行号:27.
```

如果是 HUGE 表空间，查询 V$HUGE_TABLESPACE 视图，SQL 语句如下。

```
SQL> select * from v$huge_tablespace;

行号       ID          NAME      PATHNAME                       DIR_NUM
---------- ---------- ----- ------------------------- -----------
1          0           HMAIN     /dm/dmdbms/data/dave/HMAIN     1

已用时间: 1.729(毫秒). 执行号:28.
```

2.2.2　记录

达梦数据库表中的每一行数据就是一条记录。除了 HUGE 表，数据库中的其他表都是以记录的形式将数据存储在数据页中的。

数据页中除了存储记录的数据，还包含了页头控制信息等空间，而记录又不能跨数据页存储，因此记录的长度受到数据页大小的限制。在达梦数据库中，每条记录的总长度不能超过页面大小的一半（如果超过页面大小的一半，可以在表中设置启用“超长列”）。

2.2.3　页

数据页（Page）也称为数据块，是达梦数据库中最小的数据存储单元。达梦数据库中页大小可以设置为 4KB、8KB（默认值）、16KB、32KB。在创建数据库时指定其大小，数据库建好后，页大小不能修改。

数据页包含 4 个部分：页头控制信息、数据、空闲空间、行偏移数组。

页头控制信息包含页类型、页地址等信息。页中部存储的是记录的数据，页尾部专门留出了部分空闲空间存放行偏移数组，行偏移数组用于标识页上的空间占用情况，以便管理数据页自身的空间。

在正常情况下，用户不用干预数据库对页的管理。但在创建表或索引时也可以指定该对象的存储属性，FILLFACTOR。该属性控制存储数据时每个数据页和索引页的充满程度，取值范围为 0～100，默认值为 0，等价于 100，表示全满填充。

填充比例决定了页内的可用空间，当填充比例较低时，页内有更多的可用空间，可以避免在增加列或者更新列时因为空间不足导致的页分裂，即一部分保留在当前数据页中，另一部分存入一个新页中。

使用 FILLFACTOR 要平衡性能和空间，设置较低的 FILLFACTOR 可以避免频繁的页分裂，降低 I/O 操作，从而提升性能，但是需要更多的空间来存储数据。

2.2.4 簇

簇（Extent）由同一个数据文件中 16 个或 32 个连续的数据页组成。该大小在创建数据库时指定，默认为 16 个。比如数据文件大小为 32MB，页大小为 8KB，则共有 32MB/8KB/16=256 个簇，每个簇的大小为 8KB×16=128KB。簇的大小只能在创建数据库时指定，之后不能修改。

1. 分配簇

在创建表或索引时，对应的数据段至少分配一个簇，同时数据库会根据簇大小，自动生成对应数量的空闲数据页。当初始分配的簇中所有数据页都已经用完，或者新插入/更新数据需要更多的空间，数据库会自动分配新的簇。

初始簇数量和下次分配簇数量由对象的存储属性，INITIAL 和 NEXT 决定。这两个属性的默认值都是 1，最大可以设置为 256。

在表空间中为新的簇分配空闲空间时，按如下步骤进行。

（1）查找空闲簇：在表空间中按数据文件从小到大的顺序在各个数据文件中查找可用的空闲簇，找到后进行分配。

（2）格式化簇：若表空间中所有的数据文件都没有空闲簇，则首先在各数据文件中查找需要的空闲空间，其次将需要的空间格式化，最后进行分配。

（3）扩展数据文件：若所有数据文件中的空闲空间都不够，则首先选一个数据文件进行扩展，其次进行格式化，最后进行分配。

2. 释放数据簇

在数据表空间中，当删除表中的记录时，数据库通过修改数据文件中的位图来释放簇，释放后的簇被视为空闲簇，可以供其他对象使用。若删除了表中所有的记录，数据库仍然会为该表保留 1～2 个簇供后续使用。若删除（drop）表或索引对象，则该表或索引对应的簇会全部收回，供其他对象使用。

删除表中的记录后，最小的保留簇数目由对象的存储属性 MINEXTENTS 决定，该选项的默认值为 1，最大值为 256。

对于临时表空间，达梦数据库会自动释放在执行 SQL 过程中产生的临时段，并将属于此临时段的簇空间还给临时表空间。但临时表空间文件在磁盘中所占大小并不会因此而缩减，可以通过系统函数 SF_RESET_TEMP_TS 来进行磁盘空间的清理。

对于回滚表空间，达梦数据库将定期检查回滚段，并确定是否需要从回滚段中释放 1 个或多个簇。

2.2.5 段

段（Segment）由表空间中的一组簇组成，这些簇可以来自不同的数据文件，而簇只能由同一个数据文件中连续的 16 个或 32 个数据页组成。因为簇的数量根据对象的数据量来分配，所以段中的簇不一定是连续的。

1. 数据段

段是特定对象的数据结构，如表数据段、索引数据段。表中的数据以表数据段结构存储，索引中的数据以索引数据段结构存储。达梦数据库以簇为单位给每个数据段分配空间。

在使用 CREATE 语句创建表或索引时，数据库会创建相应的数据段。簇的分配数量由对象的存储属性决定。

对于分区表和分区索引，每个分区都是独立的数据段。

2. 临时段

数据库在执行事务操作，比如排序操作时，有时会产生一些临时的数据，在这种情况下，数据库会自动在临时表空间中创建临时段。临时段的分配和释放完全由数据库自动控制，不需要 DBA 干预，而将临时段创建到临时表空间中，可以分散 I/O，也可以减少其他数据表空间因频繁创建临时段造成的碎片。

3. 回滚段

回滚段中存储的是修改数据的前镜像，在回滚表空间中分配。回滚段主要用于事务回滚，以保证读一致性。回滚空间及回滚段由数据库自动管理，不需要 DBA 干预。但 DBA 也可以通过修改相关的参数来控制回滚段的分配和保留时间，如 UNDO_EXTENT_NUM、UNDO_RETENTION、ROLL_ON_ERR。

2.3 内存结构

数据库实例由内存结构和一系列的线程组成，内存结构主要包括内存池、缓冲区、排序区、哈希区等。

2.3.1 内存池

达梦数据库的内存池包括共享内存池和运行时内存池。可以通过 V$MEM_POOL 视图查看所有内存池的状态和使用情况。

```
SQL> select distinct name,is_shared from V$MEM_POOL order by 2;
```

```
行号        NAME                    IS_SHARED
---------- -------------------- ---------
1          CHECK POINT             N
2          PURG_POOL               N
3          RT_HEAP                 N
4          RT_MEMOBJ_VPOOL         N
5          SESSION                 N
6          VIRTUAL MACHINE         N
7          BACKUP POOL             Y
8          CYT_CACHE               Y
9          DBLINK POOL             Y
10         DICT CACHE              Y
11         DSQL STAT HISTORY       Y
12         FLASHBACK SYS           Y
13         HUGE AUX                Y
14         LARGE_MEM_SQL_MONITOR   Y
15         MEM FOR PIPE            Y
16         MON ITEM ARR            Y
17         NSEQ CACHE              Y
18         POLICY GRP              Y
19         SHARE POOL              Y
20         SQL CACHE MANAGERMENT   Y

20 rows got
```

根据查询结果，可以发现内存池分为两种类型：共享内存池和运行时内存池，实际上在该视图里还记录了不同内存池的大小及扩展情况。

1. 共享内存池

在实例运行期间，需要经常申请或释放小片内存，而向操作系统申请或释放内存时需要进行系统调用，此时可能会引起线程切换，降低系统运行效率。

因此，实例在启动时会从操作系统中申请一大片内存，即内存池。当实例在运行中需要内存时，可在共享内存池内申请或释放内存。

共享内存池可以在实例的配置文件（dm.ini）中进行配置。

```
MAX_OS_MEMORY = 95              #操作系统内存的最大百分比
MEMORY_POOL = 73                #兆字节的内存池大小
MEMORY_TARGET = 0               #兆字节的内存共享池目标大小
MEMORY_EXTENT_SIZE = 1          #兆字节的内存扩展大小
MEMORY_LEAK_CHECK = 0           #内存池泄漏检查标志
MEMORY_MAGIC_CHECK = 2          #内存池磁盘检查标志
MEMORY_BAK_POOL    = 4          #兆字节的内存备份池大小
```

MEMORY_POOL 参数指定的是共享内存池大小，64 位系统的取值范围是 64～67108864MB。 在实例运行时，如果需要的内存大于共享池的配置值，则共享内存池会自动进行扩展，每次扩展的大小由 MEMORY_EXTENT_SIZE 参数决定。该参数的有效范围是 1～10240MB。

MEMORY_TARGET 参数控制的是共享内存值可使用的最大值，该值的取值范围在 32 位平台中是 0～2000MB，在 64 位平台中是 0～67108864MB，0 表示不限制。此时可使用的最大内存值是由 MAX_OS_MEMORY 参数指定的，即操作系统内存的百分比。

2. 运行时内存池

除了共享内存池，实例的一些功能模块在运行时还会使用自己的运行时内存池。这些运行时内存池从操作系统申请一片内存作为本功能模块的内存池来使用，如会话内存池、虚拟机内存池等。

2.3.2 缓冲区

1. 数据缓冲区

数据缓冲区保存的是数据页，包括用户更改的数据页和查询时从磁盘读取的数据页。该区域大小对实例性能的影响较大，设定过小会导致缓冲页命中率低，磁盘 I/O 频繁；设定过大会导致内存资源的浪费。

实例在启动时，根据配置文件中参数指定的数据缓冲区大小，向操作系统申请一片连续的内存，并将其按数据页大小进行格式化，最后置入“自由”链中。

数据缓冲区有 3 条链来管理被缓冲的数据页。

（1）“自由”链，用于存放目前尚未使用的内存数据页。

（2）“LRU”链，用于存放已被使用的内存数据页（包括未修改和已修改的内存数据页）。

（3）“脏”链，用于存放已被修改过的内存数据页。

“LRU”链对系统当前使用的页按其最近是否被使用的顺序进行了排序。这样当数据缓冲区中的“自由”链被用完时，从“LRU”链中淘汰部分最近未使用的数据页，能够较大程度地保证被淘汰的数据页在最近不会被用到，从而减少物理 I/O 操作。

如果某些数据页访问非常频繁，可以将它们存放到缓冲区中的特定区域 KEEP 缓冲区中，从而保证这些数据页一直留在数据缓冲区中。

可以通过以下视图查看缓冲区的相关信息。

（1）V$BUFFERPOOL：页面缓冲区动态性能表，用来记录页面缓冲区结构的信息。

（2）V$BUFFER_LRU_FIRST：显示所有缓冲区“LRU”链首页信息。

（3）V$BUFFER_LRU_LAST：显示所有缓冲区“LRU”链末页信息。

1）缓冲区类型

通过如下 SQL 语句查询 V$BUFFERPOOL 视图，可以看出 DM 实例的内存数据缓冲区有 5 种类型：NORMAL、KEEP、FAST、RECYCLE 和 ROLL。

```
SQL>  select distinct name,count(*) from V$BUFFERPOOL group by name order by 2 desc;
```

```
行号        NAME        COUNT(*)
---------- ------- -------------------
1          NORMAL      19
2          RECYCLE     6
3          FAST        1
4          ROLL        1
5          KEEP        1
```

在创建表空间或修改表空间时，可以指定表空间属于 NORMAL 缓冲区或 KEEP 缓冲区。

NORMAL 缓冲区主要存储实例正在处理的数据页，在没有特别指定缓冲区的情况下，默认缓冲区为 NORMAL；KEEP 缓冲区用来存储很少淘汰或几乎不淘汰的数据页。

RECYCLE 缓冲区供临时表空间使用；ROLL 缓冲区供回滚表空间使用；FAST 缓冲区根据 FAST_POOL_PAGES 参数指定的大小由系统自动管理，用户不能指定使用 RECYCLE、ROLL、FAST 缓冲区的表或表空间。

在 dm.ini 配置文件中，有以下对应参数来控制缓冲区的大小。

```
HUGE_MEMORY_PERCENTAGE = 50          #在HUGE缓冲区中可以用作常规内存的分配空间百分比
HUGE_BUFFER = 80                     #兆字节的初始HUGE缓冲区的大小
HUGE_BUFFER_POOLS = 4                #HUGE缓冲池的数量
BUFFER = 615                         #兆字节的初始系统缓冲区的大小
BUFFER_POOLS = 19                    #缓冲池的数量
FAST_POOL_PAGES = 3000               #快速缓冲区页数的数量
FAST_ROLL_PAGES = 1000               #快速回滚页的数量
KEEP = 8                             #兆字节的系统KEEP缓冲区大小
RECYCLE   = 147                      #兆字节的系统RECYCLE缓冲区大小
RECYCLE_POOLS = 19                   #RECYCLE缓冲池的数量
ROLLSEG = 1                          #兆字节的系统ROLLSEG缓冲区大小
ROLLSEG_POOLS = 19                   #ROLLSEG缓冲池的数量
```

参数的相关说明如下。

（1）HUGE_MEMORY_PERCENTAGE：该参数指定在 HUGE 缓冲区中可以用作常规内存的分配空间百分比，有效值为 0～100。

（2）HUGE_BUFFER：指定 HUGE 缓冲区的大小，供 HUGE 表使用，有效值为 8～1048576MB。

（3）BUFFER：系统缓冲区大小，有效值为 8～1048576MB。该值推荐设置为可用物理内存的 60%～80%。

（4）BUFFER_POOLS：设置缓冲区的分区数，每个缓冲区分区的大小为 BUFFER/BUFFER_POOLS，有效值范围为 1～512。

（5）FAST_POOL_PAGES：快速缓冲区页数，有效值范围为 0～99999。FAST_POOL_PAGES 的值最多不能超过缓冲区总页数的一半，如果超过，系统会自动调整为 BUFFER 总页数的一半。

（6）KEEP：KEEP 缓冲区大小，有效值范围是 8～1048576MB。

（7）RECYCLE：RECYCLE 缓冲区大小，有效值范围是 8～1048576MB。

（8）RECYCLE_POOLS：RECYCLE 缓冲区分区数，每个 RECYCLE 分区的大小为 RECYCLE/RECYCLE_POOLS，有效值范围是 1～512。

注意，以上参数都是静态参数，修改这些值需要重启实例。因此要提前规划好，以免影响业务。

2）读多页

在实例处理事务时，有时需要读取大量的数据页，DM 实例默认 I/O 操作每次只读取一个数据页。在这种情况下，为了完成事务，就会执行多次 I/O 操作，效率较低。因此 DM 实例允许用户修改每次 I/O 操作读取的数据页的数量，对应的参数是 MULTI_PAGE_GET_NUM，有效值范围为 1～128，该参数也是静态参数，修改需要重启实例。可以根据实际情况，在 dm.ini 文件中进行修改，使一次性 I/O 能读取多个数据页，从而减少 I/O 次数，提高数据的处理效率。

注意 MULTI_PAGE_GET_NUM 的值并不是越大越好，如果设置过大，每次读取的页可能大多都不是需要的数据页，这样不仅会增加 I/O 的读取次数，而且每次都会做一些无用的 I/O，降低了效率。

同时还要注意，在使用数据库加密或者启用 SSD 缓冲区（SSD_BUF_SIZE>0）的情况下，不支持多页读取，此时即使在 dm.ini 中做了修改也无效。

2. 日志缓冲区

日志缓冲区用于存放 REDO 日志的内存缓冲区。为了避免直接的磁盘 I/O 对实例性能造成影响，实例在运行过程中产生的日志并不会立即被写入磁盘，而是和数据页一样，先将其放置到日志缓冲区中。

将日志缓冲区与数据缓冲区分开主要基于以下原因。

（1）REDO 日志的格式与数据页不同，无法进行统一管理。

（2）REDO 日志具备连续写的特点。

（3）在逻辑上，写 REDO 日志比写数据页的 I/O 优先级更高。

在 dm.ini 配置文件中相关的参数如下。

```
RLOG_BUF_SIZE = 1024          #单个日志缓冲区的日志页数量
RLOG_POOL_SIZE = 256          #兆字节的REDO日志缓冲池的大小
```

可以通过 RLOG_BUF_SIZE 参数对单个日志缓冲区大小进行控制，日志缓冲区所占用的内存是从共享内存池中申请的，单位为日志页数量，且大小必须为 2 的 n 次方，最小值为 1，最大值为 20480。

RLOG_POOL_SIZE 参数控制的是最大日志缓冲区大小，有效值范围为 1～1024MB。

3. 字典缓冲区

字典缓冲区主要存储一些数据字典信息，如模式信息、表信息、列信息、触发器信息等。每个事务操作都会涉及到数据字典信息，访问数据字典信息的效率直接影响到相应的操作效率，如执行查询时需要获取表的信息、列的信息等，从字典缓冲区中读取这些信息的效率要高于磁盘 I/O 读取。

DM 实例在启动时会将部分数据字典信息加载到字典缓冲区中，并采用 LRU 算法进行字典信息的控制。可以修改配置文件中的 DICT_BUF_SIZE 参数来控制字典缓冲区的大小，该参数是静态参数，默认值为 5MB。该缓冲区从内存池中申请。

可以通过以下两个视图查看字典缓冲区的情况。

（1）V$DICT_CACHE_ITEM：显示字典缓存中的字典对象信息。

（2）V$DICT_CACHE：显示字典缓存信息。

```
SQL>    select * from v$dict_cache; //字典缓存信息

行号      ADDR                POOL_ID      TOTAL_SIZE   USED_SIZE    DICT_NUM
---------- --------------- ---------- ---------- ---------- ----------
1         0x0x7f3f0b7437d0    0            5242880      312318       153

已用时间: 4.665(毫秒). 执行号:256.

SQL>    select count(1) from v$dict_cache_item; //统计该表的行数

行号      COUNT(1)
---------- --------------------
1         153

已用时间: 3.458(毫秒). 执行号:273.
SQL>    select type,name from v$dict_cache_item limit 10; //查看该表的前10行数据

行号      TYPE                NAME
---------- ------------ ------------------------
1         USER                SYSDBA
2         SYS PRIVILEGE       NULL
3         USER                SYS
4         SYNOM               V$DICT_CACHE_ITEM
5         INDEX               SYSINDEXV$DICT_CACHE_ITEM
6         SCHEMA              SYS
7         TABLE               V$DICT_CACHE_ITEM
8         SCHEMA              SYSDBA
9         INDEX               SYSINDEXSYSDUAL
10        TABLE               SYSDUAL

10 rows got

已用时间: 2.957(毫秒). 执行号:274.

SQL> select distinct type, count(1) from v$dict_cache_item group by type; //按照类型分组并统计行数
```

```
行号        TYPE              COUNT(1)
---------- ------------ -------------------
1           USER              3
2           SYS PRIVILEGE     1
3           SYNOM             15
4           INDEX             65
5           SCHEMA            5
6           TABLE             59
7           CONSTRAINT        1
8           ROLE              4

8 rows got

已用时间: 9.073(毫秒). 执行号:302.
```

4．SQL 缓冲区

SQL 缓冲区提供 SQL 语句执行过程中需要的内存（在内存池中申请），包括执行计划、SQL 语句和结果集缓存。当重复执行相同的 SQL 语句时，可以直接使用缓冲区保存的这些语句和对应的执行计划，从而提升了 SQL 语句的执行效率。

重用执行计划由 USE_PLN_POOL 参数控制，该参数是静态参数，参数有以下值。

（1）0：禁止执行计划的重用。

（2）1：启用执行计划的重用功能。

（3）2：对不包含显式参数的语句进行常量参数化优化。

（4）3：即使对包含显式参数的语句，也进行常量参数化优化。

可以通过设置 CACHE_POOL_SIZE 参数来控制 SQL 缓冲区大小，该参数也是静态参数，64 位平台下的有效值范围为 1～67108864MB。

结果集缓存配置由静态参数 RS_CAN_CACHE 控制，该参数有以下值。

（1）0：禁止重用结果集。

（2）1：强制模式，此时默认缓存所有结果集，但可通过 RS_CACHE_TABLES 参数和 HINT 语句进行手动设置。

（3）2：手动模式，此时默认不缓存结果集，但可通过 HINT 语句对必要的结果集进行缓存。

结果集缓存包括 SQL 查询结果集缓存和 DMSQL 程序函数结果集缓存，仅当参数 RS_CAN_CACHE=1 且 USE_PLN_POOL !=0 时，DM 实例才会缓存结果集。

可以设置 CLT_CACHE_TABLES 参数来控制单独对哪些表的结果集进行缓存，当 RS_CAN_CACHE=1 时，只有查询涉及的所有基表全部在此参数指定范围内，该查询才会缓存结果集。当参数值为空串时，此参数失效。

可以通过 V$SQLTEXT 视图查看缓冲区中的 SQL 语句信息。在启用执行计划重用的情况下（即 USE_PLN_POOL !=0），还可以通过以下视图查询。

（1）V$SQL_PLAN：显示缓冲区中的执行计划信息。

（2）V$CACHEITEM：显示缓冲区中缓冲项的相关信息。

（3）V$CACHERS：显示结果集缓冲区的相关信息。

（4）V$CACHESQL：显示 SQL 缓冲区中 SQL 语句的信息。

2.3.3 排序区

排序区提供数据排序所需要的内存空间。在 SQL 语句需要进行排序时，所使用的内存就是排序区提供的。在每次排序过程中，都首先申请内存，排序结束后再释放内存。

在 dm.ini 中有如下参数与排序区有关。

```
SORT_BUF_SIZE = 36                  #兆字节的最大排序缓冲区大小
SORT_BLK_SIZE = 1                   #兆字节的最大排序分片空间大小
SORT_BUF_GLOBAL_SIZE = 1000         #兆字节的最大全局排序缓冲区大小
SORT_FLAG = 0                       #选择排序的方法
```

参数说明如下。

SORT_FLAG ：动态参数，控制排序机制，设置为 0 表示原排序机制（默认值）；1 表示使用新排序机制。

SORT_BUF_SIZE：动态参数，在原排序机制下排序缓冲区的最大值，有效值范围为 1～2048MB。

SORT_BLK_SIZE：动态参数，在新排序机制下每个排序分片空间的大小，有效值范围为 1～50MB。

SORT_BUF_GLOBAL_SIZE：动态参数，在新排序机制下排序全局内存的使用上限，有效值范围为 10～4294967294MB。

2.3.4 哈希区

达梦数据库为哈希连接设定的缓冲区，该缓冲区是虚拟缓冲区，在系统中没有真正创建特定哈希缓冲区的内存，而是在进行哈希连接时，对排序的数据量进行了计算。若计算出的数据量大小超过了哈希缓冲区的大小，则使用外存哈希方式；若没有超过哈希缓冲区的大小，则还是使用内存池来进行哈希操作。

配置文件 dm.ini 中与哈希区有关的参数如下。

```
HJ_BUF_GLOBAL_SIZE = 500            #所有哈希连接操作符的兆字节的最大哈希缓存大小
HJ_BUF_SIZE = 50                    #单个哈希连接操作符的兆字节的最大缓存大小
HJ_BLK_SIZE = 1                     #哈希连接操作符每次分配的兆字节的哈希缓存大小
```

参数说明如下。

（1）HJ_BUF_GLOBAL_SIZE：动态参数，哈希连接操作符的数据总缓存大小（>=

HJ_BUF_SIZE），有效值范围为 10～500000MB。

（2）HJ_BUF_SIZE：动态参数，单个哈希连接操作符的数据总缓存大小，有效值范围为 2～100000MB。

（3）HJ_BLK_SIZE：动态参数，哈希连接操作符每次分配缓存（BLK）大小，必须小于 HJ_BUF_SIZE，有效值范围为 1～50MB。

2.3.5　SSD 缓冲区

固态硬盘（SSD）采用闪存作为存储介质，因没有机械磁头的寻道时间，在读写效率上比机械磁盘更具有优势。达梦数据库可以将 SSD 文件作为内存缓存与普通磁盘之间的缓冲层，称为 SSD 缓冲区。

默认情况下 SSD 缓冲区是关闭的，如果要启用该功能，需要在 dm.ini 中设置如下参数。

（1）SSD_BUF_SIZE：静态参数，SSD 缓冲区大小，取值范围为 0～4294967294MB，0 表示关闭。

（2）SSD_FILE_PATH：静态参数，SSD 缓冲区文件所在的文件夹路径，要保证其在 SSD 分区上。

（3）SSD_REF_BUF_SIZE：静态参数，SSD 缓冲区专用 BUF 大小，SSD_BUF_SIZE 不为 0 时有效，有效值范围为 20～4096MB。

（4）SSD_FLUSH_INTERVAL：静态参数，SSD 缓冲刷盘轮询间隔，取值范围为 0～1000ms。

（5）SSD_FLUSH_STEPS：静态参数，SSD 缓存刷盘向前页数，有效值范围为 10～100000 个。

启用 SSD 缓冲区，将 SSD_BUF_SIZE 设置为大于 0 的值，并指定 SSD_FILE_PATH 即可。

2.4　线程说明

达梦数据库使用的是单进程、多线程结构。DM 实例由内存结构和一系列的线程组成，这些线程分别处理不同的任务。

达梦数据库的数据库线程主要包括监听线程、I/O 线程、工作线程、调度线程、日志线程，可以通过动态性能视图查看线程的相关信息。主要有以下 4 个视图。

（1）V$LATCHES：查看正在等待的线程信息。

（2）V$THREADS：查看当前系统中所有活动线程的信息。

（3）V$WTHRD_HISTORY：记录自数据库启动以来，所有活动线程的相关历史信息。

（4）V$PROCESS：查看当前数据库进程信息。

从操作系统层面查看数据库进程和数据库线程的命令如下。

```
[dmdba@dm8 bin]$ ps -ef|grep dm.ini //查看数据库进程
```

```
dmdba     14601     1          0    Nov29    ?        00:02:04 /dm/dmdbms/bin/dmserver
/dm/dmdbms/data/dave/dm.ini -noconsole
dmdba     16760     12104      0    09:04    pts/3    00:00:00 grep --color=auto dm.ini
[dmdba@dm8 bin]$ ps -T -p 14601 //查看数据库进程
  PID     SPID      TTY              TIME     CMD
  14601   14601     ?                00:00:02 dmserver
  14601   14608     ?                00:00:00 dm_quit_thd
  14601   14609     ?                00:00:00 dm_io_thd
  14601   14610     ?                00:00:00 dm_io_thd
  14601   14611     ?                00:00:00 dm_io_thd
  14601   14612     ?                00:00:00 dm_io_thd
  14601   14613     ?                00:00:00 dm_rsyswrk_thd
  ……
```

从数据库层面查看数据库进程和数据库线程的 SQL 语句如下。

```
SQL> select * from v$process;

行号      PID           PNAME          TRACE_NAME TYPE$
---------- ---------- -------- ---------- -----------
1         14601         dmserver         1

已用时间: 7.100(毫秒). 执行号:35.
```

查看所有线程的 SQL 语句如下，因为有些功能的线程有多个，这里进行分组处理。

```
SQL> set lineshow off
SQL> select distinct name,count(1）,thread_desc from v$threads group by name,thread_desc order by 2
desc;

NAME              COUNT(1）            THREAD_DESC
--------------- ------------------- ---------------------------------------------------------------------------------
dm_wrkgrp_thd     16                  User working thread
dm_tskwrk_thd     16                  Task Worker Thread for SQL parsing and execution for sevrer
                                      itself
dm_hio_thd        4                   IO thread for HFS to read data pages
dm_io_thd         4                   IO thread
dm_mal_recv_thd   3                   Thread for receiving Mail
dm_rsyswrk_thd    3                   Asynchronous archiving thread
dm_mal_tsk_thd    2                   Mail working thread
dm_mal_mgr_thd    1                   Thread for checking mail system or pre-commited
                                      transactions in MPP
dm_utsklsnr_thd   1                   Thread for listening net
dm_mal_lsnr_thd   1                   Mail listening thread
```

```
dm_rapply_thd        1        Log apply thread which receive redo-logs from primary site
                              by standby site
dm_dw_bro_thd        1        Thread for brocasting instance information
dm_sqllog_thd        1        Thread for writing dmsql dmserver
dm_purge_thd         1        Purge thread
dm_redolog_thd       1        Redo log thread,used to flush log
dm_rac_recv_thd      1        Thread for receive Mail between rac sites
dm_trctsk_thd        1        Thread for writing trace information
dm_chkpnt_thd        1        Flush checkpoint thread
dm_audit_thd         1        Thread for flush audit logs
dm_sched_thd         1        Server scheduling thread,used to trigger background
                              checkpoint, time-related triggers
dm_lsnr_thd          1        Service listener thread
dm_sql_thd           1        User session thread
dm_qwatch_thd        1        Thread for monitoring the exit/quit/ctrl-c signal in posix
```

2.4.1　监听线程

监听线程（dm_lsnr_thd）循环监听服务器端口，当发现有客户端的连接请求时，监听线程被唤醒并生成一个会话申请任务，加入工作线程的任务队列，等待工作线程进行处理。监听线程的优先级比普通线程高，从而保障了大量连接时实例的响应时间。

2.4.2　工作线程

工作线程（dm_wrkgrp_thd）是实例的核心线程，它从任务队列中取出任务，并根据任务的类型进行相应的处理，负责所有实际的数据相关操作。

初始工作线程数量由配置文件指定，随着会话连接的增加，工作线程也会同步增加，以保证每个会话都有专门的工作线程处理请求。为了保证所有请求及时响应，一个会话上的任务全部由同一个工作线程完成，这样减少了线程切换的代价，提高了系统效率。

当会话连接超过预设的阈值时，工作线程数目不再增加，转而由会话轮询线程接收所有用户请求，加入任务队列；等待工作线程一旦空闲，便从任务队列依次摘取请求任务处理。

在 dm.ini 文件中，与工作线程有关的参数如下。

```
WORKER_THREADS =   16                 #工作线程的数量
TASK_THREADS =   16                   #任务线程的数量
UTHR_FLAG =   0                       #用户线程标志
SPIN_TIME =   4000                    #线程的工作时间（以微秒为单位）
WORK_THRD_STACK_SIZE =   1024         #工作线程的堆大小（以千字节为单位）
WORKER_CPU_PERCENT =   0              #工作线程专用CPU的百分比
```

2.4.3 I/O 线程

I/O 线程（dm_io_thd）主要处理数据页的读写操作，主要有以下 3 种情况。

（1）需要处理的数据页不在缓冲区中，此时需要将相关数据页读入缓冲区。

（2）缓冲区满或系统关闭时，需要将部分脏数据页写入磁盘。

（3）检查点到来时，需要将所有脏数据页写入磁盘。

I/O 线程在启动后，通常都处于睡眠状态，当实例需要进行 I/O 操作时，会发出一个 I/O 请求，此时 I/O 线程被唤醒并处理该请求，在完成该 I/O 操作后继续进入睡眠状态。

I/O 线程处理 I/O 的策略根据操作系统的不同而不同。一般情况下，I/O 线程使用异步 I/O 将数据页写入磁盘，此时，实例将所有的 I/O 请求直接递交给操作系统，操作系统在完成这些请求后再通知 I/O 线程。如果操作系统不支持异步 I/O，那么 I/O 线程就需要完成实际的 I/O 操作。

在 dm.ini 中，与 I/O 线程有关的参数如下。

```
DIRECT_IO = 0     #I/O模式的标志（仅非Windows系统）, 0:使用文件系统缓存; 1: 不使用文件系统缓存
IO_THR_GROUPS = 2        #I/O线程组的数量（仅非Windows系统）
HIO_THR_GROUPS = 2            # HUGE缓冲区中线程组的数量（仅非Windows系统）
FAST_EXTEND_WITH_DS = 1   #如何扩展文件的大小（仅非Windows系统）, 0: Extend File使用孔扩展文件, 1: 使用磁盘空间扩展文件
```

2.4.4 调度线程

调度线程（dm_sched_thd）接管实例中所有需要定时调度的任务。调度线程每秒钟轮询一次，主要负责如下任务。

（1）检查系统级的时间触发器，如果满足触发条件则生成任务，将其加到工作线程的任务队列由工作线程执行。

（2）清理 SQL 缓存、计划缓存中失效的项，或者超出缓存限制后淘汰不常用的缓存项。

（3）检查数据重演的捕获持续时间是否到期，到期则自动停止捕获。

（4）执行动态缓冲区检查。根据需要动态扩展或动态收缩系统缓冲池。

（5）自动执行检查点。为了保证日志的及时刷盘、减少系统故障的恢复时间，根据 INI 参数设置的自动检查点执行间隔定期执行检查点操作。

（6）会话超时检测。当对客户连接设置了连接超时时，定期检测连接是否超时，若超时则自动断开连接。

（7）必要时执行数据更新页刷盘。

（8）唤醒等待的工作线程。

2.4.5 日志 FLUSH 线程

数据库事务在运行时会往日志缓冲区中写入 REDO 日志，为了保证数据故障恢复的一

致性，REDO 日志的刷盘必须在数据页刷盘之前进行。因此在事务提交或者执行检查点时，实例会通知 FLUSH 线程（dm_redolog_thd）进行日志刷盘。

为了保障恢复的一致性，REDO 日志必须顺序写入，因此 REDO 日志的写入效率比数据页分散 I/O 写入效率高。日志 FLUSH 线程和 I/O 线程分开，能获得更快的响应速度，保证整体的性能。

如果实例配置了实时归档，那么在 FLUSH 线程日志刷盘前，会直接将日志通过网络发送到实时备库。如果实例配置了本地归档，那么生成归档任务，通过日志归档线程完成。

3

第3章 达梦数据库基本操作

3.1 用户管理

3.1.1 达梦用户说明

用户用来连接数据库并进行相关操作。除了用户的概念，还有权限和角色两个概念。权限指执行特定类型的SQL命令或访问其他模式对象的权利，它用于限制用户可执行的操作。将具有相同权限的用户组织在一起，这一组具有相同权限的用户称为角色。角色是权限的集合，一个权限可赋予不同的角色。数据库管理类的预定义角色有3个：DBA、PUBLIC、RESOURCE。

达梦数据库创建用户的语法如下。

```
CREATE USER <用户名> IDENTIFIED <身份验证模式> [PASSWORD_POLICY <口令策略>][<锁定子句>]
[<存储加密密钥>][<空间限制子句>][<只读标志>][<资源限制子句>][<允许 IP 子句>][<禁止 IP 子句>]
[<允许时间子句>][<禁止时间子句>][<TABLESPACE 子句>][<INDEX_TABLESPACE 子 句>]<身份验证模式> ::= <数据库身份验证模式>|<外部身份验证模式> <数据库身份验证模式> ::= BY <口令> <外部身份验证模式> ::= EXTERNALLY | EXTERNALLY AS <用户 DN>
<口令策略> ::= 口令策略项的任意组合
<锁定子句> ::= ACCOUNT LOCK | ACCOUNT UNLOCK
<存储加密密钥> ::= ENCRYPT BY <口令> <空间限制子句> ::= DISKSPACE LIMIT <空间大小>| DISKSPACE UNLIMITED
<只读标志> ::= READ ONLY | NOT READ ONLY
<资源限制子句> ::= LIMIT <资源设置项>{,<资源设置项>}
<资源设置项> ::= SESSION_PER_USER <参数设置>|
```

```
CONNECT_IDLE_TIME <参数设置>|
CONNECT_TIME <参数设置>|
CPU_PER_CALL <参数设置>|
CPU_PER_SESSION <参数设置>|
MEM_SPACE <参数设置>|
READ_PER_CALL <参数设置>|
READ_PER_SESSION <参数设置>|
FAILED_LOGIN_ATTEMPS <参数设置>|
PASSWORD_LIFE_TIME <参数设置>|
PASSWORD_REUSE_TIME <参数设置>|
PASSWORD_REUSE_MAX <参数设置>|
PASSWORD_LOCK_TIME <参数设置>|
PASSWORD_GRACE_TIME <参数设置> <参数设置> ::=<参数值>| UNLIMITED
<允许 IP 子句> ::= ALLOW_IP <IP 项>{,<IP 项>}
<禁止 IP 子句> ::= NOT_ALLOW_IP <IP 项>{,<IP 项>}
<IP 项> ::= <具体 IP>|<网段> <允许时间子句> ::= ALLOW_DATETIME <时间项>{,<时间项>}
<禁止时间子句> ::= NOT_ALLOW_DATETIME <时间项>{,<时间项>}
<时间项> ::= <具体时间段> | <规则时间段> <具体时间段> ::= <具体日期> <具体时间> TO <具体日
期> <具体时间> <规则时间段> ::= <规则时间标志> <具体时间> TO <规则时间标志> <具体时间>
<规则时间标志> ::= MON | TUE | WED | THURS | FRI | SAT | SUN
<TABLESPACE 子句> ::= DEFAULT TABLESPACE <表空间名>
<INDEX_TABLESPACE 子句> ::= DEFAULT INDEX TABLESPACE <表空间名>
```

在实际使用中，大部分选项都使用默认值，在创建用户时需要指定的选项有用户名、密码、资源限制、默认表空间和权限。另外，达梦数据库的用户名不区分字母大小写，在数据库中统一保存为大写。

在创建用户时，如果没有指定默认表空间，默认使用 MAIN 表空间，并且用户的口令要满足口令策略要求。该要求受 PWD_POLICY 参数控制，该参数设置的策略值如下。

0：无策略。

1：禁止与用户名相同。

2：口令长度不小于 9。

4：至少包含 1 个大写字母（A～Z）。

8：至少包含 1 个数字（0～9）。

16：至少包含 1 个标点符号，在英文输入法状态下，可包含除“”和空格外的所有符号。

若为其他数字，则表示配置值的和，如 3＝1+2 表示同时启用第 1 项和第 2 项策略。当 COMPATIBLE_MODE=1 时，PWD_POLICY 的实际值均为 0。

3.1.2　查看用户相关的信息

在达梦数据库中可以通过以下视图查看用户相关的信息。

（1）DBA_ROLES：显示系统中所有的角色。

（2）DBA_TAB_PRIVS：显示系统中所有用户的数据库对象权限信息。

（3）DBA_SYS_PRIVS：显示系统中所有传授给用户和角色的权限。

（4）DBA_USERS：显示系统中所有的用户。

（5）DBA_ROLE_PRIVS：显示系统中所有的角色权限。

查看所有角色的 SQL 语句如下。

```
SQL> set lineshow off
SQL> select * from dba_roles;
ROLE                     PASSWORD_REQUIRED  AUTHENTICATION_TYPE
---------------- ---------------- ------------------
DBA                      NULL               NULL
DB_AUDIT_ADMIN           NULL               NULL
DB_AUDIT_OPER            NULL               NULL
DB_AUDIT_PUBLIC          NULL               NULL
DB_POLICY_ADMIN          NULL               NULL
DB_POLICY_OPER           NULL               NULL
DB_POLICY_PUBLIC         NULL               NULL
PUBLIC                   NULL               NULL
RESOURCE                 NULL               NULL
SYS_ADMIN                NULL               NULL
10 rows got
```

查看所有用户的信息的 SQL 语句如下。

```
SQL> select username,user_id,account_status from dba_users;
USERNAME     USER_ID        ACCOUNT_STATUS
---------- ---------- -------------
SYSSSO       50331651       OPEN
DMHR         50331748       OPEN
SYSDBA       50331649       OPEN
SYS          50331648       OPEN
SYSAUDITOR   50331650       OPEN
```

查看系统中所有用户对应的角色的 SQL 语句如下。

```
SQL> set pages 200
SQL> select * from dba_role_privs;

GRANTEE      GRANTED_ROLE       ADMIN_OPTION      DEFAULT_ROLE
---------- --------------- ----------- ------------
SYSDBA       DBA                Y                 NULL
DMHR         PUBLIC             N                 NULL
DMHR         RESOURCE           N                 NULL
SYSSSO       DB_POLICY_PUBLIC   Y                 NULL
SYSSSO       DB_POLICY_OPER     Y                 NULL
SYSSSO       DB_POLICY_ADMIN    Y                 NULL
SYSAUDITOR DB_AUDIT_PUBLIC      Y                 NULL
SYSAUDITOR DB_AUDIT_OPER        Y                 NULL
```

```
SYSAUDITOR  DB_AUDIT_ADMIN  Y          NULL
SYSDBA      SYS_ADMIN       N          NULL
SYSDBA      PUBLIC          Y          NULL
SYSDBA      RESOURCE        Y          NULL
12      ows got
```

3.1.3 用户操作示例

1. 创建用户

```
SQL> create user dave identified by  " dameng123 " ;
```

2. 对用户授权

```
SQL> grant public,resource to dave;
```

3. 查看用户信息

```
SQL> select username,account_status,default_tablespace, temporary_tablespace,password_versions from dba_users;
USERNAME    ACCOUNT_STATUS  DEFAULT_TABLESPACE  TEMPORARY_TABLESPACE
PASSWORD_VERSIONS
---------- ------------- ----------------- ------------------- -----------------
SYSSSO      OPEN        SYSTEM      TEMP        0
DMHR        OPEN        DMHR        TEMP        2
SYSDBA      OPEN        MAIN        TEMP        0
DAVE        OPEN        MAIN        TEMP        2
SYS         OPEN        SYSTEM      TEMP        0
SYSAUDITOR  OPEN        SYSTEM      TEMP        0
6 rows got
```

4. 连接 dave 用户

```
SQL> conn dave/dameng123

SQL> create table cndba as select * from sysobjects; //创建cndba表

SQL> select count(1) from cndba; //统计cndba表的行数
COUNT(1)
--------------------
1533
```

5. 查看当前用户

```
SQL> select user();
USER()
------
DAVE
```

6. 创建表空间

因为之前创建用户时没有指定表空间，使用的是默认的 MAIN 表空间，这里创建一个表空间并作为 dave 用户的默认表空间。创建表空间的 SQL 语句如下。

```
SQL> create tablespace  " DAVE "  datafile '/dm/dmdbms/data/cndba/CNDBA.DBF' size 128 autoextend on maxsize 16777215, '/dm/dmdbms/data/cndba/CNDBA01.DBF' size 128 autoextend on maxsize 16777215 CACHE = NORMAL; //创建表空间DAVE，有两个数据文件，文件大小为128MB，开启自动扩展，最大可扩展到16777215MB。
```

7. 修改用户的默认表空间

```
SQL> alter user  " DAVE "  default tablespace  " DAVE "  default index tablespace  " DAVE " ;

SQL> select username,account_status,default_tablespace, temporary_tablespace,password_versions from dba_users; //查看数据库中用户的相关信息

USERNAME    ACCOUNT_STATUS  DEFAULT_TABLESPACE  TEMPORARY_TABLESPACE
PASSWORD_VERSIONS
---------- ------------- ----------------- ------------------- ----------------
SYSSSO      OPEN      SYSTEM      TEMP      0
DAVE        OPEN      DAVE        TEMP      2
DMHR        OPEN      DMHR        TEMP      2
SYSDBA      OPEN      MAIN        TEMP      0
SYS         OPEN      SYSTEM      TEMP      0
SYSAUDITOR  OPEN      SYSTEM      TEMP      0
6 rows got
```

8. 删除用户

```
SQL> drop user dave cascade;
```

3.2 表空间管理

3.2.1 表空间说明

第 2 章介绍了达梦数据库的物理结构和逻辑结构，其中表空间就是一个逻辑概念，它由数据文件组成。在实际生产环境中，我们都会创建独立的业务表空间和业务用户，用来存放生产数据。本节主要介绍在达梦数据库中如何管理表空间。

创建表空间的语法如下。

```
CREATE TABLESPACE <表空间名> <数据文件子句>[<数据页缓冲池子句>][<存储加密子句>]
<数据文件子句> ::= DATAFILE <文件说明项>{,<文件说明项>}
<文件说明项> ::= <文件路径> [ MIRROR <文件路径>] SIZE <文件大小>[<自动扩展子句>]
<自动扩展子句> ::= AUTOEXTEND <ON [<每次扩展大小子句>][<最大大小子句> |OFF>
<每次扩展大小子句> ::= NEXT <扩展大小> <最大大小子句> ::= MAXSIZE <文件最大大小> <数据页缓冲池子句> ::= CACHE = <缓冲池名> <存储加密子句> ::= ENCRYPT WITH <加密算法> [[BY] <加密密码>]
```

在创建表空间时，通常只需要指定表空间名称、数据文件路径、数据文件大小、数据库扩展属性。其他属性使用默认值即可。

这里需要注意以下 3 点。

（1）单个表空间中的数据文件数不能超过 256 个。

（2）达梦数据库最多支持 65535 个表空间。

（3）数据文件大小的单位是 MB，在创建时只需要写数字，不需要额外加上单位，数据文件大小的取值范围为 4096×页大小～2147483647×页大小。按页大小为 8KB 来计算，单个数据文件最小为 32MB，最大为 16384GB。

3.2.2　表空间操作示例

1．创建表空间

查看表空间和数据文件信息的 SQL 语句如下。

```
SQL> select a.name,b.id,b.path from v$tablespace a, v$datafile b where a.id=b.group_id;
NAME       ID         PATH
-------- ---------- --------------------------------
SYSTEM     0          /dm/dmdbms/data/cndba/SYSTEM.DBF
DAVE       1          /dm/dmdbms/data/cndba/CNDBA01.DBF
DAVE       0          /dm/dmdbms/data/cndba/CNDBA.DBF
DMHR       0          /dm/dmdbms/data/cndba/DMHR.DBF
BOOKSHOP   0          /dm/dmdbms/data/cndba/BOOKSHOP.DBF
MAIN       0          /dm/dmdbms/data/cndba/MAIN.DBF
TEMP       0          /dm/dmdbms/data/cndba/TEMP.DBF
ROLL       0          /dm/dmdbms/data/cndba/ROLL.DBF
```

创建 CNDBA 表空间的 SQL 语句如下，其中有两个 32MB 的数据文件。

```
SQL> create tablespace cndba datafile '/dm/dmdbms/data/cndba/DAVE01.DBF' size 32, '/dm/dmdbms/
data/cndba/DAVE02.DBF' size 32;
操作已执行
已用时间: 91.200(毫秒). 执行号:68.
SQL> select a.name,b.id,b.path from v$tablespace a, v$datafile b where a.id=b.group_id; //查看表空间和
数据文件的信息
NAME       ID         PATH
-------- ---------- --------------------------------
SYSTEM     0          /dm/dmdbms/data/cndba/SYSTEM.DBF
CNDBA      1          /dm/dmdbms/data/cndba/DAVE02.DBF
CNDBA      0          /dm/dmdbms/data/cndba/DAVE01.DBF
DAVE       1          /dm/dmdbms/data/cndba/CNDBA01.DBF
DAVE       0          /dm/dmdbms/data/cndba/CNDBA.DBF
DMHR       0          /dm/dmdbms/data/cndba/DMHR.DBF
BOOKSHOP   0          /dm/dmdbms/data/cndba/BOOKSHOP.DBF
MAIN       0          /dm/dmdbms/data/cndba/MAIN.DBF
```

```
TEMP            0            /dm/dmdbms/data/cndba/TEMP.DBF
ROLL            0            /dm/dmdbms/data/cndba/ROLL.DBF
```

2. 扩展表空间

随着业务数据的不断增加，原有表空间大小可能无法满足业务需求，这时就需要扩展表空间大小。表空间大小的扩展有以下两种方式。

（1）扩展现有数据文件大小。

（2）增加新的数据文件。

实际上，达梦数据库的单个数据文件大小最大可达 16384GB，这足以满足业务系统的存储需求，增加数据文件更多的是为了避免单个数据文件过大而导致的维护不便。

增加新的数据文件的 SQL 语句如下。

```
SQL> alter tablespace cndba add datafile '/dm/dmdbms/data/cndba/DAVE03.DBF' size 32;
操作已执行
已用时间: 37.048(毫秒). 执行号:70.
SQL> select tablespace_name,file_id,bytes/1024/1023 as " size " ,file_name from dba_data_files where
tablespace_name='CNDBA'; //查看表空间和数据文件的信息
TABLESPACE_NAME      FILE_ID        size          FILE_NAME
--------------- ----------- -------------------- --------------------------------
CNDBA                0              32            /dm/dmdbms/data/cndba/DAVE01.DBF
CNDBA                2              32            /dm/dmdbms/data/cndba/DAVE03.DBF
CNDBA                1              32            /dm/dmdbms/data/cndba/DAVE02.DBF
```

扩展现有数据文件的大小的 SQL 语句如下。

```
SQL> alter tablespace cndba resize datafile '/dm/dmdbms/data/cndba/DAVE01.DBF' to 64;

SQL> select tablespace_name,file_id,bytes/1024/1023 as " size " ,file_name from dba_data_files where
tablespace_name='CNDBA'; //查看表空间和数据文件的信息
TABLESPACE_NAME      FILE_ID        size          FILE_NAME
--------------- ----------- -------------------- --------------------------------
CNDBA                0              64            /dm/dmdbms/data/cndba/DAVE01.DBF
CNDBA                2              32            /dm/dmdbms/data/cndba/DAVE03.DBF
CNDBA                1              32            /dm/dmdbms/data/cndba/DAVE02.DBF
```

3. 修改数据文件的扩展属性

表空间默认是自动扩展的，用户可以修改表空间的扩展属性。这里有以下 3 个属性值。

（1）是否启用自动扩展：AUTOEXTEND OFF|ON。

（2）下次扩展大小：NEXT <文件扩展大小>，取值范围是 0～2048，单位是 MB。

（3）数据文件最大大小：MAXSIZE <文件限制大小>，取值为 0 或 UNLIMITED 时表示无限制，单位是 MB。

这些属性值在创建表空间时可以指定，也可以在创建好表空间后进行修改。修改 CNDBA 表空间的属性的 SQL 语句如下。

```
SQL> alter tablespace cndba datafile '/dm/dmdbms/data/cndba/DAVE03.DBF' autoextend on next 10
maxsize 200; //修改数据文件的信息
```

4．修改表空间名

达梦数据库支持对表空间名直接进行修改。修改表空间名的 SQL 语句如下。

```
SQL> alter tablespace cndba rename to ustc; //把表空间名从CNDBA更改为USTC

SQL> select tablespace_name,file_id,bytes/1024/1023 as  " size " ,file_name from dba_data_files where tablespace_name='USTC'; //查看表空间和数据文件的信息

TABLESPACE_NAME        FILE_ID        size        FILE_NAME
-------------- ---------- ------------------- -------------------------------
USTC                   0              64          /dm/dmdbms/data/cndba/DAVE01.DBF
USTC                   2              32          /dm/dmdbms/data/cndba/DAVE03.DBF
USTC                   1              32          /dm/dmdbms/data/cndba/DAVE02.DBF
```

5．修改表空间状态及移动数据文件

表空间有联机（ONLINE）和脱机（OFFLINE）两种状态。可以对业务表空间进行脱机和联机操作，SYSTEM、RLOG、ROLL 和 TEMP 表空间不能脱机。

将 USTC 表空间脱机，并移动对应数据文件的位置的 SQL 语句如下。注意，这里的移动是指操作系统物理上的移动。

```
SQL> alter tablespace ustc offline; //将USTC表空间脱机

SQL> alter tablespace ustc rename datafile '/dm/dmdbms/data/cndba/DAVE01.DBF' TO '/dm/dmdbms/data/DAVE01.DBF'; //移动对应数据文件的位置

SQL> alter tablespace ustc online; //对USTC表空间联机

SQL> select tablespace_name,file_id,bytes/1024/1023 as  " size " ,file_name from dba_data_files where tablespace_name='USTC'; //查看表空间和数据文件的信息

TABLESPACE_NAME        FILE_ID        size        FILE_NAME
-------------- ---------- ------------------- -------------------------------
USTC                   0              64          /dm/dmdbms/data/DAVE01.DBF
USTC                   2              32          /dm/dmdbms/data/cndba/DAVE03.DBF
USTC                   1              32          /dm/dmdbms/data/cndba/DAVE02.DBF
```

更改数据文件路径的 SQL 语句如下。

```
SQL> host ls -lrt '/dm/dmdbms/data/cndba/DAVE01.DBF' //更改数据文件路径
ls: 无法访问/dm/dmdbms/data/cndba/DAVE01.DBF: 没有那个文件或目录

SQL> host ls -lrt /dm/dmdbms/data/DAVE01.DBF //更改数据文件路径
-rw-r--r-- 1 dmdba dmdba 67108864 12月  20 02:01 /dm/dmdbms/data/DAVE01.DBF
```

6．修改表空间的数据缓冲区

用户表空间可以切换使用的数据缓冲区：NORMAL 和 KEEP，其 SQL 语句如下。表

空间修改成功后，并不会立即生效，需要重启实例。KEEP 是达梦数据库的保留关键字，使用时必须加双引号。

```
SQL> alter tablespace ustc cache=  " KEEP " ; //将USTC表空间缓存至内存中
```

7．删除表空间

在实例OPEN的状态下可以删除表空间，删除表空间时会删除其拥有的所有数据文件。SYSTEM、RLOG、ROLL 和 TEMP 表空间不允许删除。删除表空间的 SQL 语句如下。

```
SQL> drop tablespace ustc;
```

3.3 表管理

3.3.1 普通表与堆表

普通表即通常所说的表，它以“B+树”的形式存储在物理磁盘上，普通表的 ROWID 是逻辑的 ROWID，从 1 开始不断增长。普通表每次插入都需要生成逻辑 ROWID，在高并发的情况下，这可能会影响数据插入的效率，同时每条数据的 ROWID 值都需要额外的空间来存储。

因为普通表使用“B+树”索引结构来管理，所以每个普通表都有一个聚集索引，数据通过聚集索引键排序，根据聚集索引键可以快速查询任何记录。建表时如果没有指定聚集索引键，则默认的聚集索引键为 ROWID，即记录默认以 ROWID 在页面中排序。

与普通表不同，堆表采用“扁平 B 树”形式存储。堆表采用的是物理 ROWID，即使用文件号、页号和页内偏移得到 ROWID 值，这样不需要使用空间存储 ROWID 值。

堆表对聚集索引进行了调整，采用的是“扁平 B 树”，数据页都是通过链表形式存储的。同时为支持并发插入，“扁平 B 树”最多可以支持 128 个数据页链表（64 个并发分支和 64 个非并发分支），“B 树”的控制页中记录了所有链表的首、尾页地址。因为堆表采用的是物理 ROWID，其可以直接定位到记录，所以堆表不需要再创建聚集索引。在创建堆表时，系统会默认创建聚集索引，该索引只是一个根页信息。

3.3.2 普通表操作示例

1．创建表

```
SQL> create table cndba (id int);
```

2．查询建表

查询建表的方式会直接复制查询语句的表结构和数据，当将参数 CTAB_SEL_WITH_CONS 设置为 1 时，还可以连同原始表上的约束一起复制。

```
SQL> create table dave as select * from sysobjects; //建表
```

3．查看表

```
SQL> sp_tabledef('SYSDBA', 'DAVE');
```

```
COLUMN_VALUE
----------------------------------------------------------------------------------------------------
CREATE TABLE "SYSDBA"."DAVE" ("NAME" VARCHAR(128), "ID" INT,
"SCHID" INT, "TYPE$" VARCHAR(10), "SUBTYPE$" VARCHAR(10), "PID" INT,
"VERSION" INT, "CRTDATE" DATETIME(6), "INFO1" INT, "INFO2" INT, "INFO3"
BIGINT, "INFO4" BIGINT, "INFO5" VARBINARY(128), "INFO6" VARBINARY(2048),
"INFO7" BIGINT, "INFO8" VARBINARY(1024), "VALID" CHAR(1)) STORAGE(ON
"MAIN", CLUSTERBTR);
```

4．建表并指定聚集索引键

默认使用 ROWID 做聚集索引键。实际使用中很少根据 ROWID 进行查询，所以为了提高查询效率，可以指定其他列为聚集索引键。可以通过 PK_WITH_CLUSTER 参数来控制是否将表的主键自动转化为聚簇主键，1 表示建表时指定的主键自动转化为聚簇主键；0 表示主键不会自动转化为聚簇主键。

```
SQL> create table student(
stuno int cluster primary key,
stuname varchar(15) not null,
teano int,
classid int
);
```

5．重命名

```
SQL> alter table dave rename to ustc;
```

6．添加列

```
SQL> alter table ustc add column(str1 varchar(10));
```

7．删除列

```
SQL> alter table ustc drop column str1 ;
```

8．删除数据

可以使用 delete 和 truncate 命令删除数据。使用 delete 命令会产生大量的 REDO 日志和 UNDO 记录。Truncate 命令是一个 DDL 语句，不会产生任何回滚信息。执行 truncate 命令时会立即提交，而且不能回滚。

```
SQL> delete from ustc; //清空表

SQL> truncate table ustc; //清空表
```

9．关联删除表

```
SQL> drop table ustc cascade;
```

3.3.3　堆表操作示例

堆表的创建有以下两种方式。

（1）使用 SQL 语句直接创建。

（2）修改实例的默认建表类型

1．使用 SQL 语句直接创建

在使用 SQL 语句建表时直接更改 STORAGE 选项来修改表的类型。默认为 CLUSTERBTR，表示普通“B+树”表，如果建堆表，需要指定 NOBRANCH 选项或 BRANCH 选项。

可以配置的选项如下。

（1）NOBRANCH：指定创建的表为堆表，并发分支个数为 0，非并发分支个数为 1。

（2）BRANCH（<BRANCH 数>, <NOBRANCH 数>）：指定创建的表为堆表，并发分支个数为<BRANCH 数>，非并发分支个数为<NOBRANCH 数>；这里的取值范围都是 1～64。

（3）BRANCH <BRANCH 数>：指定创建的表为堆表，并发分支个数为<BRANCH 数>，非并发分支个数为 0。

创建的 hefei 表有 2 个并发分支、4 个非并发分支。创建 hefei 表的 SQL 语句如下。

```
SQL> create table hefei(c1 int) storage(branch (2,4)); //创建表

SQL> call sp_tabledef('SYSDBA','HEFEI'); //获取建表语句
COLUMN_VALUE
-------------------------------------------------------------------------
CREATE TABLE  " SYSDBA " . " HEFEI "   ( " C1 "  INT) STORAGE(ON  " MAIN " , BRANCH(2, 4)) ;
```

查看普通表的 SQL 语句如下。

```
SQL> create table anqing (id int); //创建表

SQL> call sp_tabledef('SYSDBA','ANQING'); //获取建表语句
COLUMN_VALUE
-------------------------------------------------------------------------
CREATE  TABLE  " SYSDBA " . " ANQING "   ( " ID "  INT)  STORAGE(ON  " MAIN " ,
CLUSTERBTR) ;
```

2．修改实例默认的建表类型

在达梦数据库中，由 LIST_TABLE 参数控制建表类型。

（1）LIST_TABLE = 1，创建的表为堆表。

（2）LIST_TABLE = 0，创建的表为普通表，为参数默认值。

默认值为 0，表示创建的表为普通表，可以在会话级别进行修改。

```
SQL> select name,type,value from v$parameter where name='LIST_TABLE'; //查看参数信息
NAME          TYPE        VALUE
---------- ------- -----
LIST_TABLE   SESSION   0
```

启用堆表并验证的 SQL 语句如下。

```
SQL> alter system set 'LIST_TABLE'=1 both; //更改参数

SQL> select name,type,value from v$parameter where name='LIST_TABLE';    //查看参数信息
```

```
NAME           TYPE       VALUE
---------- ------- -----
LIST_TABLE   SESSION   1

#创建表：
SQL> create table huaining(c1 int) storage(nobranch);

SQL> call sp_tabledef('SYSDBA','HUAINING'); //获取建表语句
COLUMN_VALUE
--------------------------------------------------------------------------
CREATE TABLE " SYSDBA " . " HUAINING "    ( " C1 "   INT) STORAGE(ON  " MAIN " ,
NOBRANCH) ;
```

3．堆表的其他操作

除了 ALTER 操作的性能受到影响，堆表其他的事务操作和普通表相同。

```
SQL> alter system set 'LIST_TABLE'=0 both;        //修改参数
SQL> create table yueshan storage(branch (2,4)) as select * from sysobjects where 1=2; //创建表

SQL> insert into yueshan select * from sysobjects; //插入数据

SQL> select count(1) from yueshan; //统计表的行数
COUNT(1)
-------------------
1538

SQL> delete from yueshan; //清空表

SQL>   call sp_tabledef('SYSDBA','YUESHAN'); //获取建表语句
COLUMN_VALUE
----------------------------------------------------------------------------------------------------------
CREATE TABLE  " SYSDBA " . " YUESHAN "   ( " NAME "  VARCHAR(128),   " ID "  INT,
 " SCHID "  INT,   " TYPE$ "  VARCHAR(10),   " SUBTYPE$ "  VARCHAR(10),   " PID "  INT,
 " VERSION "  INT,   " CRTDATE "  DATETIME(6),   " INFO1 "  INT,   " INFO2 "  INT,   " INFO3
 "  BIGINT,   " INFO4 "  BIGINT,   " INFO5 "  VARBINARY(128),   " INFO6 "  VARBINARY(2048),
 " INFO7 "  BIGINT,   " INFO8 "  VARBINARY(1024),   " VALID "  CHAR(1)) STORAGE(ON
 " MAIN " , BRANCH(2, 4)) ;
```

3.4　HUGE 表管理

3.4.1　HUGE 表说明

在达梦数据库中，表的数据存储方式分为行存储和列存储。HUGE 表是一种列存储表，其建立在 Huge File System（HFS）机制上。HFS 是达梦数据库对海量数据进行分析的一种

高效、简单的列存储机制。

HUGE 表存储在 HTS（HUGE TABLESPACE）表空间上，最多可创建 32767 个 HUGE 表空间。默认的 HUGE 表空间是 HMAIN。查看 HUGE 表空间的 SQL 语句如下。

```
SQL> select * from v$huge_tablespace;   //查看HUGE表空间信息
ID              NAME         PATHNAME                             DIR_NUM
----------- ----- -------------------------- -----------
0               HMAIN        /dm/dmdbms/data/cndba/HMAIN          1
```

HUGE 表空间与普通表空间不同。

（1）对于普通表空间，数据是通过段、簇、页来管理的，并且以固定大小（4KB、8KB、16KB、32KB）的页面为管理单位。

（2）HUGE 表空间是通过 HFS 存储机制来管理的。HTS 本质上是一个空的文件目录。在创建 HUGE 表并插入数据时，数据库会在指定的 HTS 表空间目录下创建一系列的目录及文件。

达梦数据库支持两种类型的 HUGE 表：非事务型 HUGE 表和事务型 HUGE 表。

3.4.2 HUGE 表操作

创建 HUGE 表空间的 SQL 语句如下。这里不使用默认的 HUGE 表空间 HMAIN。

```
SQL> create huge tablespace htbs path '/dm/dmdbms/data/cndba/HTBS';

SQL> select * from v$huge_tablespace;

ID              NAME         PATHNAME                             DIR_NUM
----------- ----- -------------------------- -----------
0               HMAIN        /dm/dmdbms/data/cndba/HMAIN          1
1               HTBS         /dm/dmdbms/data/cndba/HTBS           1
```

删除 HUGE 表空间的 SQL 语句如下。

```
SQL> drop huge tablespace htbs;
```

在新建的表空间 HTBS 上创建 HUGE 表，SQL 语句如下。

```
SQL> create huge table h_dave(a int, b int) storage(with delta,on htbs );

SQL> CALL SP_TABLEDEF('SYSDBA', 'H_DAVE'); //获取建表语句
COLUMN_VALUE
-----------------------------------------------------------------------------------------------------
CREATE HUGE TABLE "SYSDBA"."H_DAVE"("A" INT, "B" INT) STORAGE(STAT
ASYNCHRONOUS, WITH DELTA, SECTION(65536), FILESIZE(64), ON "HTBS") LOG LAST;
```

HUGE 表与普通行表一样，可以进行增、删、改操作。但 HUGE 表的删除与更新操作的效率会比行表低，因此在 HUGE 表中不宜做频繁的删除及更新操作。

```
SQL> create huge table h_ustc storage(on htbs ) as select * from dmhr.EMPLOYEE where 1=2; //建表

SQL> CALL SP_TABLEDEF('SYSDBA', 'H_USTC');   //获取建表语句
```

```
COLUMN_VALUE
---------------------------------------------------------------------------------------------------
CREATE HUGE TABLE "SYSDBA"."H_USTC" ("EMPLOYEE_ID" INT,
"EMPLOYEE_NAME" VARCHAR(20), "IDENTITY_CARD" VARCHAR(18), "EMAIL"
VARCHAR(50), "PHONE_NUM" VARCHAR(20), "HIRE_DATE" DATE, "JOB_ID"
VARCHAR(10), "SALARY" INT, "COMMISSION_PCT" INT, "MANAGER_ID" INT,
"DEPARTMENT_ID" INT) STORAGE(STAT SYNCHRONOUS, WITHOUT DELTA, SECTION(65536),
FILESIZE(64), ON "HTBS") LOG ALL;

SQL> insert into h_ustc select * from dmhr.EMPLOYEE; //插入数据

SQL> delete from h_ustc; //清空表

SQL> commit; //事务提交
```

3.5　分区表管理

3.5.1　分区表说明

当单表过大时，会影响查询的性能，因此可以通过分区的方式将单张大表按一定的规则拆分成分区表，每个子分区都是一个独立的段。达梦数据库的早期版本支持水平分区和垂直分区。

（1）对于水平分区表，表按行拆分成多个分区，每个分区子表与主表有相同的列定义和约束定义。

（2）对于垂直分区表，表按列拆分为多个分区，每个分区子表包含较少的列。

因为垂直分区的使用场景有限，在 DM7 以后，达梦数据库停止了对垂直分区的支持。目前达梦数据库只能创建水平分区表。

目前，达梦数据库的水平分区支持以下类型。

（1）范围（RANGE）水平分区：对表中某列上的值的范围进行分区。

（2）哈希（HASH）水平分区：按分区数进行散列分区，每个分区大小基本一致。

（3）列表（LIST）水平分区：通过指定表中某列的离散值集来确定数据对应的存储分区。

（4）多级分区：按上述 3 种分区进行任意组合，将表进行多次分区。

3.5.2　分区表创建

1．创建范围分区表

范围分区按照列值的范围进行分区，在插入数据时，会根据列值将数据存放到对应的分区中。注意，创建分区表时要指定默认分区，否则会因数据不能匹配到对应的分区而导致插入失败。一般来说，对于数字型或日期型的数据，适合采用范围分区。

创建分区表的 SQL 语句如下。

```
SQL> create table callinfo(
caller char(15),
callee char(15),
time datetime,
duration int
)
partition by range(time)(
partition p1 values less than ('2019-09-01'),
partition p2 values less than ('2019-10-01'),
partition p3 values less than ('2019-11-01'),
partition p4 values equ or less than ('2019-12-01'),
partition p5 values equ or less than (maxvalue)
);
操作已执行
已用时间: 57.063(毫秒). 执行号:171.
```

查看分区表信息的 SQL 语句如下。

```
SQL> select table_name,partitioning_type ,partition_count from all_part_tables t;

TABLE_NAME  PARTITIONING_TYPE      PARTITION_COUNT
---------- ---------------- -------------------
CALLINFO    RANGE                  5

已用时间: 72.881(毫秒). 执行号:172.

SQL> select table_name,partition_name,high_value from    all_tab_partitions;

TABLE_NAME  PARTITION_NAME  HIGH_VALUE
---------- ------------- ----------------------------
CALLINFO    p5              MAXVALUE
CALLINFO    p1              DATETIME'2019-09-01 00:00:00'
CALLINFO    p2              DATETIME'2019-10-01 00:00:00'
CALLINFO    p3              DATETIME'2019-11-01 00:00:00'
CALLINFO    p4              DATETIME'2019-12-01 00:00:00'

已用时间: 488.663(毫秒). 执行号:173.
```

插入测试数据的 SQL 语句如下。

```
SQL> insert into callinfo values('dave','cndba',to_date('2019-11-1','yyyy-mm-dd'),10); //插入测试数据
影响行数 1

已用时间: 1.919(毫秒). 执行号:174.
```

```
SQL> insert into callinfo values('dave','cndba',to_date('2019-10-2','yyyy-mm-dd'),20); //插入测试数据
影响行数 1

已用时间: 0.599(毫秒). 执行号:175.
SQL> commit; //事务提交
操作已执行
已用时间: 0.656(毫秒). 执行号:176.
SQL> select * from callinfo; //查询表

CALLER          CALLEE          TIME                              DURATION
--------------- --------------- -------------------------------- -----------
dave            cndba           2019-10-02 00:00:00.000000        20
dave            cndba           2019-11-01 00:00:00.000000        10

已用时间: 1.297(毫秒). 执行号:178.
```

查询某个分区的 SQL 语句如下。

```
SQL> select * from callinfo partition(p3); //统计callinfo表的行数

CALLER          CALLEE          TIME                              DURATION
--------------- --------------- -------------------------------- -----------
dave            cndba           2019-10-02 00:00:00.000000        20
```

2. 创建列表分区表

列表分区按列上数据的确定值进行分区，比如区号、城市等。创建列表分区表时，同样要注意默认分区的问题。

创建分区表的 SQL 语句如下。

```
SQL> create table LOCATION(
id int,
name char(20),
city char(10)
)
partition by list(city)(
partition p1 values ('合肥', '巢湖'),
partition p2 values ('安庆', '怀宁', '太湖'),
partition p3 values ('广州', '深圳')
);
警告: 列表分区未包含DEFAULT,可能无法定位到分区
操作已执行
已用时间: 38.366(毫秒). 执行号:180.
```

这里给出一个警告，当无法匹配规则时，就无法插入。

删除分区表的 SQL 语句如下。

```
SQL> drop table LOCATION; //删除分区表
操作已执行
已用时间: 90.722(毫秒). 执行号:181.
SQL> create table LOCATION (
id int,
name char(20),
city char(10)
)
partition by list(city)(
partition p1 values ('合肥', '巢湖'),
partition p2 values ('安庆', '怀宁', '太湖'),
partition p3 values ('广州', '深圳'),
partition p_default values (default)
);  //创建分区表
操作已执行
已用时间: 8.106(毫秒). 执行号:182.
```

查看分区表的 SQL 语句如下。

```
SQL> select table_name,partitioning_type ,partition_count from all_part_tables t;

TABLE_NAME PARTITIONING_TYPE     PARTITION_COUNT
---------- ---------------- --------------------
CALLINFO     RANGE                   5
LOCATION     LIST                    4

已用时间: 16.484(毫秒). 执行号:183.
SQL> select table_name,partition_name,high_value from    all_tab_partitions where table_name=
'LOCATION'; //查看LOCATION表的分区信息

TABLE_NAME PARTITION_NAME  HIGH_VALUE
---------- ------------- -------------------------
LOCATION     P_DEFAULT        DEFAULT
LOCATION     p1               '巢湖','合肥'
LOCATION     p2               '安庆','怀宁','太湖'
LOCATION     p3               '广州','深圳'

已用时间: 47.518(毫秒). 执行号:184.
```

3．创建哈希分区表

如果表中的列值不满足范围分区和列表分区，那么可以考虑使用哈希分区，其可以根据分区键的散列值将行映射到分区中。当用户向表中写入数据时，数据库将根据哈希函数对数据进行计算，把数据均匀地分布在各分区中。

根据 name 进行哈希分区的 SQL 语句如下。

```
SQL> create table LOCATION 2(
id int,
name char(20),
city char(10)
)
partition by hash(name)(
partition p1,
partition p2,
partition p3,
partition p4
); //创建哈希分区表
操作已执行
已用时间: 9.562(毫秒). 执行号:185.
SQL> select table_name,partition_name,high_value from all_tab_partitions where table_name= 'LOCATION2';
//查看LOCATION2分区表的信息

TABLE_NAME        PARTITION_NAME        HIGH_VALUE
---------- ------------- ----------
LOCATION2         p4                    NULL
LOCATION2         p1                    NULL
LOCATION2         p2                    NULL
LOCATION2         p3                    NULL

已用时间: 62.544(毫秒). 执行号:186.
```

这里创建的 LOCATION2 分区表指定了 4 个分区。也可以直接指定分区数，不指定具体的分区名。此时自动生成的分区命名格式为“DMHASHPART+分区号”（从 0 开始）。

```
SQL> create table LOCATION 3(
id int,
name char(20),
city char(10)
)
partition by hash(name)
partitions 5;    //创建LOCATION3哈希分区表
操作已执行
已用时间: 13.205(毫秒). 执行号:207.
SQL> select table_name,partition_name,high_value from all_tab_partitions where table_name= 'LOCATION3';
//查看LOCATION3分区表信息

TABLE_NAME        PARTITION_NAME        HIGH_VALUE
---------- ------------- ----------
LOCATION3         DMHASHPART4           NULL
LOCATION3         DMHASHPART0           NULL
```

```
LOCATION3          DMHASHPART1          NULL
LOCATION3          DMHASHPART2          NULL
LOCATION3          DMHASHPART3          NULL

已用时间: 41.071(毫秒). 执行号:208.
```

这里直接创建了具有 5 个子分区的哈希分区表。

4．创建多级分区表

如果经过一次分区后，单个子分区还是很大，那么可以考虑对子分区再分区，即使用多级分区表。达梦数据库最多支持八层多级分区。在实际生产环境中的大多数情况下，一级分区即可满足需求，很少需要多级分区。

```
SQL> create table sales2(
 sales_id int,
 saleman char(20),
 saledate datetime,
 city char(10)
 )
 partition by list(city)
 subpartition by range(saledate) subpartition template(
 subpartition p11 values less than ('2019-10-01'),
 subpartition p12 values less than ('2019-11-01'),
 subpartition p13 values less than ('2019-12-01'),
 subpartition p14 values equ or less than (maxvalue))
  (
  partition p1 values ('北京', '天津')
  ( subpartition p11_1 values less than ('2019-12-01'),
    subpartition p11_2 values equ or less than (maxvalue)
  ),
  partition p2 values ('上海', '南京', '杭州'),
  partition p3 values (default)
  );
操作已执行
已用时间: 14.088(毫秒). 执行号:209.

SQL> select table_name,partition_name,high_value,subpartition_count from all_tab_partitions where table_
name='SALES2'; //查看分区表的信息

TABLE_NAME  PARTITION_NAME  HIGH_VALUE              SUBPARTITION_COUNT
---------- -------------- ------------------------- --------------------
SALES2      p3              DEFAULT                 4
SALES2      p1              '北京','天津'            2
SALES2      p2              '杭州','南京','上海'     4

已用时间: 55.533(毫秒). 执行号:210.
```

这里创建的多级分区表 SALES2 指定了子分区模板，同时子分区 p1 自定义了子分区描述 p11_1 和 p11_2。p1 有两个子分区 p11_1 和 p11_2，而子分区 p2 及 p3 有 4 个子分区 p11、p12、p13 和 p14。

3.5.3　水平分区表的维护

分区表的维护主要包含以下操作。

（1）增加分区：根据实际需要新增一个分区。

（2）删除分区：根据实际需要删除一个分区。

（3）交换分区：将分区数据跟普通表数据交换，普通表必须与分区表同构。

（4）合并分区：将相邻的两个分区合并为一个分区。目前达梦数据库仅支持对范围分区表进行合并操作。

（5）拆分分区：将某个分区拆分为相邻的两个分区。目前达梦数据库仅支持对范围分区表进行合并操作。

1．删除分区

只有范围分区和列表分区能够进行删除分区操作，哈希分区不支持删除分区。分区索引是局部索引，删除分区会更新分区表的信息，不会影响分区索引。

```
SQL> set lineshow off
SQL> select table_name,partition_name,high_value from all_tab_partitions where table_ name= 'CALLINFO';
//查看分区表的信息

TABLE_NAME        PARTITION_NAME          HIGH_VALUE
---------- ------------- ----------------------------
CALLINFO          p5                      MAXVALUE
CALLINFO          p1                      DATETIME'2019-09-01 00:00:00'
CALLINFO          p2                      DATETIME'2019-10-01 00:00:00'
CALLINFO          p3                      DATETIME'2019-11-01 00:00:00'
CALLINFO          p4                      DATETIME'2019-12-01 00:00:00'

已用时间: 783.402(毫秒). 执行号:2140.
SQL> alter table callinfo drop partition p1; //删除表的一个分区
操作已执行
已用时间: 334.079(毫秒). 执行号:2141.
SQL> select table_name,partition_name,high_value from  all_tab_partitions where table_name='CALLINFO';
//查看分区表的信息

TABLE_NAME        PARTITION_NAME          HIGH_VALUE
---------- ------------- ----------------------------
CALLINFO          p5                      MAXVALUE
```

```
CALLINFO        p2              DATETIME'2019-10-01 00:00:00'
CALLINFO        p3              DATETIME'2019-11-01 00:00:00'
CALLINFO        p4              DATETIME'2019-12-01 00:00:00'

已用时间: 230.780(毫秒). 执行号:2142.
```

2. 增加分区

只能对范围分区和列表分区增加分区，不能对哈希分区增加分区。对于范围分区，增加分区必须在最后一个分区范围值的后面添加，要想在表的开始范围或中间范围增加分区，需要使用 SPLIT PARTITION 拆分分区。如果分区表有默认分区，那么需要首先删除默认分区，其次添加新分区，最后重新添加默认分区。查看分区表信息的 SQL 语句如下。

```
SQL> select table_name,partition_name,high_value from all_tab_partitions where table_name= 'LOCATION';
//查看分区表信息

TABLE_NAME  PARTITION_NAME  HIGH_VALUE
---------- ------------- --------------------------
LOCATION    P_DEFAULT       DEFAULT
LOCATION    p1              '巢湖','合肥'
LOCATION    p2              '安庆','怀宁','太湖'
LOCATION    p3              '广州','深圳'

已用时间: 325.425(毫秒). 执行号:2144.
```

添加分区的 SQL 语句如下，在存在默认分区的情况下直接添加分区会报错。

```
SQL> alter table LOCATION add partition p4 values ('武汉', '上海') ;
alter table LOCATION add partition p4 values ('武汉', '上海') ;
第1 行附近出现错误[-2930]:在 DEFAULT 子分区已存在时无法添加子分区.
已用时间: 2.102(毫秒). 执行号:0.
```

删除默认分区后添加新分区的 SQL 语句如下。

```
SQL> alter table LOCATION   drop partition P_DEFAULT;   //删除默认分区
操作已执行
已用时间: 176.801(毫秒). 执行号:2145.
SQL> alter table LOCATION add partition p4 values ('武汉', '上海') ; //添加新分区
操作已执行
已用时间: 139.185(毫秒). 执行号:2146.
```

重新添加默认分区并验证的 SQL 语句如下。

```
SQL> alter table LOCATION add partition p_default values (default);
操作已执行
已用时间: 74.507(毫秒). 执行号:2147.
SQL> select table_name,partition_name,high_value from all_tab_partitions where table_name= 'LOCATION';
//查看分区表的信息
```

```
TABLE_NAME        PARTITION_NAME  HIGH_VALUE
---------- -------------- --------------------------
LOCATION          P_DEFAULT       DEFAULT
LOCATION          p1              '巢湖','合肥'
LOCATION          p2              '安庆','怀宁','太湖'
LOCATION          p3              '广州','深圳'
LOCATION          p4              '上海','武汉'

已用时间: 161.251(毫秒). 执行号:2148.
```

3．交换分区

交换分区采用数据字典进行信息交换，几乎不涉及 I/O 操作，不会产生大量的 REDO 日志和 UNDO 日志，效率非常高。达梦数据库中仅范围分区和列表分区支持交换分区操作，哈希分区不支持。交换表和分区表的结构要相同，但分区交换不会校验数据，所以在执行交换前要保证数据符合分区要求。

创建交换表和分区表的 SQL 语句如下。

```
SQL> create table cndba(
name char(15),
salary int)
partition by range(salary)(
partition p1 values less than (5000),
partition p2 values less than (10000),
partition p3 values less than (15000),
partition p5 values equ or less than (maxvalue)
); //创建分区表cndba
操作已执行
已用时间: 159.819(毫秒). 执行号:2149.

SQL> create table cndba_tmp(
name char(15),
salary int
);  //创建表cndba_tmp
操作已执行
已用时间: 13.482(毫秒). 执行号:2150.

SQL> insert into cndba_tmp values('dave',8888);  //插入数据
影响行数 1

已用时间: 12.617(毫秒). 执行号:2151.
SQL> commit; //事务提交
操作已执行
已用时间: 9.780(毫秒). 执行号:2152.
```

交换分区的 SQL 语句如下。

```
SQL> alter table cndba exchange partition p2 with table cndba_tmp;
操作已执行
已用时间: 180.756(毫秒). 执行号:2153.
```

查询验证的 SQL 语句如下。

```
SQL> select * from cndba_tmp;
未选定行

已用时间: 7.149(毫秒). 执行号:2154.
SQL>   select * from cndba partition(p2); //查询cndba分区表的p2分区

NAME              SALARY
---------------- ----------
dave              8888

已用时间: 4.071(毫秒). 执行号:2155.
```

4．合并分区

达梦数据库仅支持使用范围分区表进行分区合并操作，并且合并的分区必须是范围相邻的两分区。在生产环境中，合并分区会导致数据的重组和分区索引的重建，执行时间可能会较长。

合并分区的 SQL 语句如下。

```
SQL> select table_name,partition_name,high_value from   all_tab_partitions where table_name='CNDBA';
//查看分区表的信息

TABLE_NAME      PARTITION_NAME      HIGH_VALUE
------------ ------------ ----------
CNDBA           p3                  15000
CNDBA           p5                  MAXVALUE
CNDBA           p1                  5000
CNDBA           p2                  10000

已用时间: 258.866(毫秒). 执行号:2156.

SQL>   alter table cndba merge partitions p1, p2 into partition p1_2; //合并分区
操作已执行
已用时间: 462.352(毫秒). 执行号:2157.
SQL> select table_name,partition_name,high_value from   all_tab_partitions where table_name='CNDBA';
//查看分区表的信息
```

```
TABLE_NAME PARTITION_NAME HIGH_VALUE
---------- -------------- ----------
CNDBA      p3             15000
CNDBA      p5             MAXVALUE
CNDBA      p1_2           10000

已用时间: 261.746(毫秒). 执行号:2158.
```

5．拆分分区

达梦数据库仅支持对范围分区表进行拆分，拆分的分区值会落在低分区中。通过拆分的方式也可以增加新分区。

拆分分区的 SQL 语句如下。

```
SQL> alter table cndba split partition p1_2 at(5000) into (partition p1,partition p2); //拆分分区
操作已执行
已用时间: 192.617(毫秒). 执行号:2159.
SQL> select table_name,partition_name,high_value from all_tab_partitions where table_name= 'CNDBA';
//查看分区表的信息
TABLE_NAME  PARTITION_NAME  HIGH_VALUE
---------- -------------- ----------
CNDBA      p3             15000
CNDBA      p5             MAXVALUE
CNDBA      p1             5000
CNDBA      p2             10000

已用时间: 183.467(毫秒). 执行号:2160.
```

3.6　索引管理

在 SQL 中使用合适的索引可以提高查询的效率。本节主要介绍索引基本的创建和维护操作。

3.6.1　创建索引

1．创建普通索引

创建索引时可以指定索引的存储表空间，如果未指定，那么索引存放在用户的默认表空间下。

```
SQL> create table ustc as select * from sysobjects; //建表
操作已执行
已用时间: 103.319(毫秒). 执行号:2165.
SQL> create index idx_id on ustc(id) storage(on main); //创建索引
```

```
操作已执行
已用时间: 61.462(毫秒). 执行号:2167.
```

查看索引信息的 SQL 语句如下。

```
SQL> select TABLE_NAME,INDEX_TYPE,T.UNIQUENESS,T.COMPRESSION,T.TABLESPACE_NAME,
T.VISIBILITY from dba_indexes T where index_name='IDX_ID';

TABLE_NAME INDEX_TYPE UNIQUENESS COMPRESSION TABLESPACE_NAME VISIBILITY
---------- ---------- ---------- ----------- --------------- ----------
USTC       NORMAL     NONUNIQUE  DISABLED    MAIN            VISIBLE

已用时间: 109.172(毫秒). 执行号:2218.
```

也可以使用 INDEXDEF 函数查看索引的定义，SQL 语句如下。

```
SQL> select ID from sysobjects where name='IDX_ID';

ID
-----------
33555580

已用时间: 5.697(毫秒). 执行号:2246.
SQL> select INDEXDEF(33555580,1);

INDEXDEF(33555580,1)
--------------------------------------------------------------------------------
CREATE INDEX " IDX_ID " ON " SYSDBA " . " USTC " ( " ID " ASC) STORAGE(ON "
MAIN " , CLUSTERBTR) ;

已用时间: 14.021(毫秒). 执行号:2247.
```

2．创建聚集索引

在之前介绍普通表和堆表时提到了聚集索引。普通表的数据通过聚集索引键排序，每张表只能有一个聚集索引，默认聚集索引键是 ROWID，如果新建其他聚集索引，那么会自动删除原先的聚集索引。删除聚集索引时，会使用默认的 ROWID 排序。默认 ROWID 的聚集索引无法删除。新建聚集索引会重建表及其所有索引，开销很大，因此建议在建表时就确定聚集索引键。

查看表上的索引信息的 SQL 语句如下。

```
SQL> select TABLE_NAME,INDEX_NAME,INDEX_TYPE,T.UNIQUENESS,T.COMPRESSION, T.
TABLESPACE_NAME,T.VISIBILITY from dba_indexes T where table_name='USTC'; //查看表上的索引信息

TABLE_NAME        INDEX_NAME    INDEX_TYPE    UNIQUENESS    COMPRESSION
TABLESPACE_NAME   VISIBILITY
---------- ------------- ---------- ---------- ----------- -------------- ----------
```

```
USTC              IDX_ID            NORMAL      NONUNIQUE   DISABLED
MAIN              VISIBLE
USTC              INDEX33555579     CLUSTER     NONUNIQUE   DISABLED
MAIN              VISIBLE
已用时间: 391.621(毫秒). 执行号:2376.
```

创建聚集索引的 SQL 语句如下，注意这里原本的聚集索引被删除了。

```
SQL> create cluster index idx_name on ustc(name);      //创建聚集索引
操作已执行
已用时间: 651.475(毫秒). 执行号:2386.
SQL> select TABLE_NAME,INDEX_NAME,INDEX_TYPE,T.UNIQUENESS,T.COMPRESSION,T.
TABLESPACE_NAME,T.VISIBILITY from dba_indexes T where table_name='USTC'; //查看表上的索引信息

TABLE_NAME        INDEX_NAME        INDEX_TYPE  UNIQUENESS  COMPRESSION
TABLESPACE_NAME   VISIBILITY
---------- ---------- ---------- ---------- ----------- --------------- ----------
USTC              IDX_ID            NORMAL      NONUNIQUE   DISABLED
MAIN              VISIBLE
USTC              IDX_NAME          CLUSTER     NONUNIQUE   DISABLED
MAIN              VISIBLE

已用时间: 189.416(毫秒). 执行号:2387.
```

3．创建唯一索引

唯一索引可以保证索引列值不会重复。可以直接创建唯一索引，也可以添加主键约束，添加主键约束时会自动创建唯一索引。

创建唯一索引的 SQL 语句如下。

```
SQL> create table anqing as select * from sysobjects; //创建表
操作已执行
已用时间: 202.979(毫秒). 执行号:2390.
SQL> create unique index idx_aq_id on anqing(id); //创建索引
操作已执行
已用时间: 120.710(毫秒). 执行号:2392.
SQL> select TABLE_NAME,INDEX_NAME,INDEX_TYPE,T.UNIQUENESS,T.COMPRESSION,T.
TABLESPACE_NAME,T.VISIBILITY from dba_indexes T where table_name='ANQING'; //查看表上的索引
信息

TABLE_NAME        INDEX_NAME        INDEX_TYPE  UNIQUENESS  COMPRESSION
TABLESPACE_NAME   VISIBILITY
---------- ------------ ---------- ---------- ----------- --------------- ----------
ANQING            IDX_AQ_ID         NORMAL      UNIQUE      DISABLED
MAIN              VISIBLE
ANQING            INDEX33555591     CLUSTER     NONUNIQUE   DISABLED
MAIN              VISIBLE
```

```
已用时间: 00:00:01.228. 执行号:2393.
```

添加主键约束的 SQL 语句如下。

```
SQL> drop index idx_aq_id; //删除索引
操作已执行
已用时间: 213.396(毫秒). 执行号:2394.
SQL> alter table anqing add constraint pk_aq_id primary key (id); //添加主键
操作已执行
已用时间: 115.829(毫秒). 执行号:2395.
SQL>select TABLE_NAME,INDEX_NAME,INDEX_TYPE,T.UNIQUENESS,T.COMPRESSION,T.
TABLESPACE_NAME,T.VISIBILITY from dba_indexes T where table_name='ANQING'; //查看表上的索引
信息

TABLE_NAME        INDEX_NAME        INDEX_TYPE    UNIQUENESS   COMPRESSION
TABLESPACE_NAME VISIBILITY
---------- ------------ ---------- ---------- ----------- -------------- ----------
ANQING            INDEX33555591     CLUSTER       NONUNIQUE    DISABLED
MAIN              VISIBLE
ANQING            INDEX33555594     NORMAL        UNIQUE       DISABLED
MAIN              VISIBLE

已用时间: 180.985(毫秒). 执行号:2396.
```

4. 创建函数索引

在某些 SQL 语句中，谓词部分使用了函数进行过滤，此时就会限制列上索引的使用。函数索引可以将函数或表达式的值预先计算出来并存储在索引中。在查询中使用函数索引可以提升 SQL 的性能。

```
SQL> create table hefei as select * from dmhr.employee; //创建表
操作已执行
已用时间: 66.976(毫秒). 执行号:2437.
SQL> create index idx_hefei_salary on hefei(salary); //创建索引
操作已执行
已用时间: 43.904(毫秒). 执行号:2438.
SQL> select TABLE_NAME,INDEX_NAME,INDEX_TYPE,T.UNIQUENESS,T.COMPRESSION,T.
TABLESPACE_NAME,T.VISIBILITY from dba_indexes T where table_name='HEFEI'; //查看表上的索引信息

TABLE_NAME        INDEX_NAME         INDEX_TYPE UNIQUENESS    COMPRESSION
TABLESPACE_NAME VISIBILITY
---------- --------------- ---------- ---------- ----------- -------------- ----------
HEFEI             IDX_HEFEI_SALARY NORMAL       NONUNIQUE     DISABLED
MAIN     VISIBLE
HEFEI             INDEX33555599     CLUSTER     NONUNIQUE     DISABLED
```

```
MAIN    VISIBLE

已用时间: 259.909(毫秒). 执行号:2439.

SQL> explain SELECT * FROM HEFEI where salary -100 > 30000; //查看该语句的执行计划
1    #NSET2: [0, 42, 280]
2    #PRJT2: [0, 42, 280]; exp_num(12), is_atom(FALSE)
3    #SLCT2: [0, 42, 280]; HEFEI.SALARY-100 > 30000
4    #CSCN2: [0, 856, 280]; INDEX33555599(HEFEI)

已用时间: 5.815(毫秒). 执行号:0.
SQL> create index idx_hefei_s2 on hefei(salary-100); //创建索引
操作已执行
已用时间: 122.455(毫秒). 执行号:2450.

SQL> explain SELECT * FROM HEFEI where salary -100 > 30000; //查看该语句的执行计划

1    #NSET2: [0, 42, 280]
2    #PRJT2: [0, 42, 280]; exp_num(12), is_atom(FALSE)
3    #SLCT2: [0, 42, 280]; HEFEI.SALARY-100 > 30000
4    #CSCN2: [0, 856, 280]; INDEX33555599(HEFEI)

已用时间: 105.981(毫秒). 执行号:0.
```

创建索引后，执行计划的索引并没有生效。收集统计信息后，函数索引生效。

```
SQL>   call dbms_stats.gather_table_stats(OWNNAME='SYSDBA',TABNAME='HEFEI'); //收集统计信息
DMSQL 过程已成功完成
已用时间: 419.728(毫秒). 执行号:2451.
SQL>   explain SELECT * FROM HEFEI where salary -100 > 30000; //查看该语句的执行计划

1    #NSET2: [0, 1, 280]
2    #PRJT2: [0, 1, 280]; exp_num(12), is_atom(FALSE)
3    #BLKUP2: [0, 1, 280]; IDX_HEFEI_S2(HEFEI)
4    #SSEK2: [0, 1, 280]; scan_type(ASC), IDX_HEFEI_S2(HEFEI), scan_range(30000,max]

已用时间: 3.755(毫秒). 执行号:0.
SQL> select TABLE_NAME,INDEX_NAME,INDEX_TYPE,T.UNIQUENESS,T.COMPRESSION,T.
TABLESPACE_NAME,T.VISIBILITY from dba_indexes T where table_name='HEFEI'; //查看表上的索引信息

TABLE_NAME          INDEX_NAME  INDEX_TYPE  UNIQUENESS   COMPRESSION
TABLESPACE_NAME VISIBILITY
---------- --------------- ------------------ ---------- ------------------------- ----------
```

```
HEFEI      IDX_HEFEI_S2           FUNCTION-BASED NORMAL  NONUNIQUE   DISABLED
MAIN       VISIBLE

HEFEI      INDEX33555599          CLUSTER                NONUNIQUE   DISABLED
MAIN       VISIBLE

HEFEI      IDX_HEFEI_SALARY       NORMAL                 NONUNIQUE   DISABLED
MAIN       VISIBLE

已用时间: 282.030(毫秒). 执行号:2452.
```

5. 创建位图索引

位图索引主要用于 OLAP 系统，主要用在列中不同值较少的表中，对于这种列基数低的表，使用位图索引能有效提高查询效率。在数据插入、更新和删除操作频繁的列上不适合建立位图索引，其索引维护代价很大。

直接在 employee_id 列上创建位图索引的 SQL 语句如下。

```
SQL> create bitmap index idx_hefei_id on hefei (employee_id);
操作已执行
已用时间: 136.270(毫秒). 执行号:2454.

SQL>select TABLE_NAME,INDEX_NAME,INDEX_TYPE,T.UNIQUENESS,T.COMPRESSION,T.
TABLESPACE_NAME,T.VISIBILITY from dba_indexes T where table_name='HEFEI'; //查看表上的索引信息

TABLE_NAME     INDEX_NAME         INDEX_TYPE             UNIQUENESS
COMPRESSION    TABLESPACE_NAME    VISIBILITY
---------- --------------- -------------------- ---------- ------------------------ ----------
HEFEI          IDX_HEFEI_ID       BITMAP                 NONUNIQUE
DISABLED       MAIN               VISIBLE

HEFEI          INDEX33555599      CLUSTER                NONUNIQUE
DISABLED       MAIN               VISIBLE

HEFEI          IDX_HEFEI_SALARY   NORMAL                 NONUNIQUE
DISABLED       MAIN               VISIBLE

HEFEI          IDX_HEFEI_S2       FUNCTION-BASED NORMAL  NONUNIQUE
DISABLED       MAIN               VISIBLE

已用时间: 185.230(毫秒). 执行号:2456.
```

6. 在水平分区表上创建索引

在水平分区表上可以创建普通索引、唯一索引、聚集索引和函数索引，默认情况下创

建的都是局部索引。达梦数据库目前版本仅堆表的水平分区表支持全局索引，即在创建索引时加上关键字 GLOBAL，堆表上的主键（Primary Key）会自动变为全局索引。

因为普通表的水平分区表都是局部索引，所以在创建唯一索引时，索引键中必须包含分区键，只有这样才能保证索引的唯一性。创建索引的 SQL 语句如下。

```
SQL> create index ind_cndba_name on cndba(name); //创建索引
操作已执行
已用时间: 267.870(毫秒). 执行号:2161.
```

创建唯一索引必须包含所有分区键。创建唯一索引的 SQL 语句如下。

```
SQL> create unique index ind_cndba_salary on cndba(name); //创建唯一索引
create unique index ind_cndba_salary on cndba(name);
第1 行附近出现错误[-2683]:局部唯一索引必须包含全部分区列.
已用时间: 5.472(毫秒). 执行号:0.
SQL> create unique index ind_cndba_salary on cndba(name,salary);    //创建唯一索引
操作已执行
已用时间: 264.859(毫秒). 执行号:2164.
```

3.6.2　修改索引

修改索引的操作包括重命名索引、设置索引对执行计划的可见性、改变索引有效性、重建索引。此外，修改索引的操作还包括索引监控功能。

这里直接利用之前的表查询当前索引，SQL 语句如下。

```
SQL> select TABLE_NAME,INDEX_NAME,INDEX_TYPE,T.UNIQUENESS,T.COMPRESSION,T.
TABLESPACE_NAME,T.VISIBILITY from dba_indexes T where table_name='HEFEI'; //查询索引


TABLE_NAME INDEX_NAME   INDEX_TYPE              UNIQUENESS  COMPRESSION
TABLESPACE_NAME         VISIBILITY
---------- ---------------- -------------------- ---------- ----------- -------------- ----------
HEFEI  IDX_HEFEI_ID         BITMAP                  NONUNIQUE   DISABLED
MAIN                        VISIBLE
HEFEI  INDEX33555599        CLUSTER                 NONUNIQUE   DISABLED
MAIN                        VISIBLE
HEFEI  IDX_HEFEI_SALARY     NORMAL                  NONUNIQUE   DISABLED
MAIN                        VISIBLE
HEFEI  IDX_HEFEI_S2         FUNCTION-BASED NORMAL   NONUNIQUE   DISABLED
MAIN                        VISIBLE

已用时间: 191.156(毫秒). 执行号:2457.
```

重命名索引的 SQL 语句如下。

```
SQL> alter index idx_hefei_salary rename to idx_hefei_salary2;
操作已执行
```

```
已用时间: 37.383(毫秒). 执行号:2458.
```

设置索引对执行计划的可见性的 SQL 语句如下。

```
SQL> alter index idx_hefei_salary2 invisible;
操作已执行
已用时间: 17.127(毫秒). 执行号:2459.
SQL> alter index idx_hefei_salary2 visible;
操作已执行
已用时间: 98.907(毫秒). 执行号:2460.
```

重建索引的 SQL 语句如下。

```
SQL> alter index idx_hefei_salary2 rebuild;
操作已执行
已用时间: 129.354(毫秒). 执行号:2461.
```

使用函数重建索引的 SQL 语句如下。

```
SQL> select ID from sysobjects where name='IDX_HEFEI_SALARY2';

ID
-----------
33555600

已用时间: 7.153(毫秒). 执行号:2466.
SQL> call SP_REBUILD_INDEX('SYSDBA', 33555600);
DMSQL 过程已成功完成
已用时间: 67.178(毫秒). 执行号:2467.
```

3.6.3 删除索引

删除索引直接使用 drop 命令即可，SQL 语句如下。

```
SQL> drop index IDX_HEFEI_ID;
操作已执行
已用时间: 334.877(毫秒). 执行号:2468.
```

如果启用了约束，比如唯一约束或主键，那么必须先停止约束，或者直接删除约束，删除约束时也会删除对应的索引。

如果删除的是非默认 ROWID 的聚集索引，那么会重建表及表上的其他二级索引，并使用 ROWID 作为默认的聚集索引。

删除聚集索引的 SQL 语句如下。

```
SQL> select TABLE_NAME,INDEX_NAME,INDEX_TYPE,T.UNIQUENESS,T.COMPRESSION,T.
TABLESPACE_ NAME,T.VISIBILITY from dba_indexes T where table_name='USTC'; //查看索引信息

TABLE_NAME          INDEX_NAME    INDEX_TYPE   UNIQUENESS        COMPRESSION
TABLESPACE_NAME     VISIBILITY
---------- ---------- ---------- ---------- ----------- --------------- ----------
```

```
USTC              IDX_ID       NORMAL     NONUNIQUE     DISABLED
MAIN              VISIBLE
USTC              IDX_NAME     CLUSTER    NONUNIQUE     DISABLED
MAIN              VISIBLE

已用时间: 189.416(毫秒). 执行号:2387.
SQL> drop index idx_name; //删除索引
操作已执行
已用时间: 475.723(毫秒). 执行号:2388.
SQL> select TABLE_NAME,INDEX_NAME,INDEX_TYPE,T.UNIQUENESS,T.COMPRESSION,T.TABLESPACE_NAME,T.VISIBILITY from dba_indexes T where table_name='USTC';   //查看索引信息

TABLE_NAME          INDEX_NAME       INDEX_TYPE    UNIQUENESS   COMPRESSION
TABLESPACE_ NAME    VISIBILITY
---------- ------------ ---------- ---------- ----------- -------------- ----------
USTC                IDX_ID           NORMAL        NONUNIQUE    DISABLED
MAIN                VISIBLE
USTC                INDEX33555582    CLUSTER       NONUNIQUE    DISABLED
MAIN                VISIBLE

已用时间: 177.220(毫秒). 执行号:2389.
```

3.7　参数管理

3.7.1　参数类型说明

达梦数据库的参数配置文件是 dm.ini，参数有 3 种类型：手动参数、静态参数和动态参数。

（1）手动参数（READ ONLY）：在数据库的运行过程中，不允许手动修改参数。

（2）静态参数（IN FILE）：只能修改 dm.ini 文件，修改后需要重启实例才能生效。

（3）动态参数（SYS 和 SESSION）：可以修改 dm.ini 文件和内存，修改后立刻生效。其中 SYS 为系统级参数，修改后会影响所有的会话；SESSION 为会话级参数，只对当前会话生效。

除了通过 dm.ini 参数文件查看参数，也可以查询相关的视图。相关视图如下。

（1）V$PARAMETER：显示 INI 参数和 DMINIT 建库参数的类型及参数值信息（当前会话值、系统值及 dm.ini 文件中的值）。

（2）V$DM_INI：显示所有 INI 参数和 DMINIT 建库参数信息。该视图查询的内容很多，达梦数据库提供了分类的视图，比如 V$DM_ARCH_INI，可查询归档的相关参数值。

```
SQL> select name from sysobjects where name like 'V$DM_%INI'; //查看数据库对象
```

```
NAME
------------------------------
V$DM_INI
V$DM_ARCH_INI
V$DM_MAL_INI
V$DM_REP_RPS_INST_NAME_INI
V$DM_REP_MASTER_INFO_INI
V$DM_REP_SLAVE_INFO_INI
V$DM_REP_SLAVE_TAB_MAP_INI
V$DM_REP_SLAVE_SRC_COL_INFO_INI
V$DM_LLOG_INFO_INI
V$DM_LLOG_TAB_MAP_INI
V$DM_TIMER_INI
V$DM_ARCH_INI
V$DM_MAL_INI
V$DM_REP_RPS_INST_NAME_INI
V$DM_REP_MASTER_INFO_INI
V$DM_REP_SLAVE_INFO_INI
V$DM_REP_SLAVE_TAB_MAP_INI
V$DM_REP_SLAVE_SRC_COL_INFO_INI
V$DM_LLOG_INFO_INI
V$DM_LLOG_TAB_MAP_INI
V$DM_TIMER_INI
V$DM_INI

22 rows got

已用时间: 24.110(毫秒). 执行号:2469.
SQL> select top 5 para_name,para_value from v$dm_ini; //查看数据参数

PARA_NAME        PARA_VALUE
------------ ----------------------------
CTL_PATH         /dm/dmdbms/data/cndba/dm.ctl
CTL_BAK_PATH     /dm/dmdbms/data/cndba/ctl_bak
CTL_BAK_NUM      10
SYSTEM_PATH      /dm/dmdbms/data/cndba
CONFIG_PATH      /dm/dmdbms/data/cndba

已用时间: 48.073(毫秒). 执行号:2470.
```

3.7.2 修改参数值

达梦数据库参数的修改有以下 3 种方法。

（1）直接对 dm.ini 参数文件进行修改。

（2）使用 SQL 语句修改。

（3）使用函数修改。

第 1 种方法这里不再介绍，下面介绍其余两种方法。

1. 使用 SQL 语句修改

可以使用 ALTER SYSTEM 修改静态或动态（系统级、会话级）参数值，语法如下。

```
ALTER SYSTEM SET '<参数名称>' =<参数值> [DEFERRED] [MEMORY|BOTH|SPFILE];
```

这里的 DEFERRED 选项表示参数值延迟生效，对当前会话不生效，只对新创建的会话生效；默认为立即生效，对当前会话和新创建的会话都生效。

[MEMORY|BOTH|SPFILE] 设置 INI 参数修改的位置。MEMORY 只对内存中的 INI 值做修改；BOTH 对内存和 ini 文件都做修改；SPFILE 只对 ini 文件中的 INI 值做修改。默认为 MEMORY。对于静态参数，只能指定 SPFILE。

也可以使用 ALTER SESSION 修改动态会话级参数。设置后的值只对当前会话有效，语法如下。

```
ALTER SESSION SET '<参数名称>' =<参数值> [PURGE];
```

这里的［PURGE］选项用于表示是否清理执行计划。指定 PURGE 选项时会清除实例中的所有执行计划。

查看当前值可以通过函数实现，也可以通过查视图实现，SQL 语句如下。

```
SQL> select SF_GET_PARA_VALUE(2,'SORT_BUF_SIZE');//通过函数查看数据库参数

SF_GET_PARA_VALUE(2,'SORT_BUF_SIZE')
-----------------------------------
14

已用时间: 3.859(毫秒). 执行号:2471.
SQL> select para_name,para_value from v$dm_ini where para_name='SORT_BUF_SIZE'; //通过查视图的方式查看数据库参数

PARA_NAME        PARA_VALUE
------------- ----------
SORT_BUF_SIZE   14
已用时间: 29.805(毫秒). 执行号:2472.
```

修改数据库参数的 SQL 语句如下。

```
SQL> ALTER SYSTEM SET 'SORT_BUF_SIZE' =200 BOTH; //修改数据库参数
DMSQL 过程已成功完成
已用时间: 68.943(毫秒). 执行号:2473.
SQL> select para_name,para_value from v$dm_ini where para_name='SORT_BUF_SIZE'; //查看数据库参数

PARA_NAME             PARA_VALUE
------------- ----------
```

```
SORT_BUF_SIZE        200

已用时间: 38.520(毫秒). 执行号:2474.
SQL> select SF_GET_PARA_VALUE(2,'SORT_BUF_SIZE'); //查看数据库参数

SF_GET_PARA_VALUE(2,'SORT_BUF_SIZE')
-----------------------------------
200

已用时间: 1.805(毫秒). 执行号:2475.
```

设置静态参数 MTAB_MEM_SIZE 的 SQL 语句如下，参数值为 1200。

```
SQL> ALTER SYSTEM SET 'MTAB_MEM_SIZE' =500 spfile; //修改数据库参数
DMSQL 过程已成功完成
已用时间: 53.709(毫秒). 执行号:2476.
```

从 ini 文件中取值的 SQL 语句如下。

```
SQL> select SF_GET_PARA_VALUE(1,'MTAB_MEM_SIZE');
SF_GET_PARA_VALUE(1,'MTAB_MEM_SIZE')
-----------------------------------
500

已用时间: 33.900(毫秒). 执行号:2477.
```

从内存中取值的 SQL 语句如下。

```
SQL> select para_name,para_value from v$dm_ini where para_name='MTAB_MEM_SIZE';

PARA_NAME        PARA_VALUE
------------- ----------
MTAB_MEM_SIZE    8
已用时间: 78.544(毫秒). 执行号:2478.
```

2. 使用函数修改

达梦数据库中提供了以下用于查看和设置参数的函数。

1）查看和设置非浮点类型和字符串类型的参数

（1）SF_GET_PARA_VALUE 函数可用于查看非浮点类型和字符串类型的参数值。

语法：SF_GET_PARA_VALUE (scope, ini_param_name)。

scope 设置为 1 表示从 dm.ini 文件中读取；设置为 2 表示从内存中读取。

```
SQL> SELECT SF_GET_PARA_VALUE (1, 'BUFFER');

行号        SF_GET_PARA_VALUE(1,'BUFFER')
---------- ----------------------------
1          241

已用时间: 8.633(毫秒). 执行号:211.
```

ini_param_name：dm.ini 文件中的参数名返回值。

（2）SP_SET_PARA_VALUE 函数可用于设置非浮点类型和字符串类型的参数值。

语法：SP_SET_PARA_VALUE (scope, ini_param_name,value)。

scope 设置为 1 表示同时修改了 dm.ini 文件和内存参数，不需要重启服务器；设置为 2 表示只修改 dm.ini 文件，服务器重启后生效。

```
SQL> SP_SET_PARA_VALUE (1,'HFS_CACHE_SIZE',320);
DMSQL 过程已成功完成
已用时间: 5.592(毫秒). 执行号:212.
SQL> select SF_GET_PARA_VALUE(2,'HFS_CACHE_SIZE');

行号        SF_GET_PARA_VALUE(2,'HFS_CACHE_SIZE')
---------- -----------------------------------
1           320

已用时间: 0.604(毫秒). 执行号:213.
```

2）查看和设置浮点类型的参数

（1）SF_GET_PARA_DOUBLE_VALUE 函数：查看浮点类型的参数值。

语法：SF_GET_PARA_DOUBLE_VALUE (scope, ini_param_name)。

scope 的值的设置含义同 SF_GET_PARA_VALUE。

```
SQL> SELECT SF_GET_PARA_DOUBLE_VALUE (1, 'INDEX_SKIP_SCAN_RATE');

行号          SF_GET_PARA_DOUBLE_VALUE(1,'INDEX_SKIP_SCAN_RATE')
---------- ------------------------------------------------
1             3.000000000000000E-03

已用时间: 4.034(毫秒). 执行号:241.
```

（2）SP_SET_PARA_DOUBLE_VALUE 函数：设置浮点类型的参数值。

语法：SP_SET_PARA_DOUBLE_VALUE (scope, ini_param_name ,value)。

scope 的值的设置含义同 SP_SET_PARA_VALUE。value 的值是双精度浮点（double）类型。

```
SQL> SP_SET_PARA_DOUBLE_VALUE(1, 'INDEX_SKIP_SCAN_RATE', 0.3);
DMSQL 过程已成功完成
已用时间: 19.361(毫秒). 执行号:242.
SQL> SELECT SF_GET_PARA_DOUBLE_VALUE (1, 'INDEX_SKIP_SCAN_RATE');

行号          SF_GET_PARA_DOUBLE_VALUE(1,'INDEX_SKIP_SCAN_RATE')
---------- ------------------------------------------------
1             3.000000000000000E-01

已用时间: 1.976(毫秒). 执行号:243.
```

3）查看和设置字符串类型的参数

（1）SF_GET_PARA_STRING_VALUE 函数：查看字符串类型的参数值。

语法：SF_GET_PARA_STRING_VALUE (scope , ini_param_name)。

scope 的值的设置含义同 SP_GET_PARA_VALVE。

```
SQL> SELECT SF_GET_PARA_STRING_VALUE (1, 'TRACE_PATH');

行号          SF_GET_PARA_STRING_VALUE(1,'BAK_PATH')
---------- -------------------------------------
1             /dm/dmdbms/data/cndba/bak

已用时间: 2.848(毫秒). 执行号:246.
```

（2）SP_SET_PARA_STRING_VALUE 函数：设置字符串类型的参数值。

语法：SP_SET_PARA_STRING_VALUE (scope, ini_param_name,value)。

scope 的值的设置含义同 SP_SET_PARA_VALUE。value 的值是字符串类型。

```
SQL> SP_SET_PARA_STRING_VALUE(1, 'SQL_TRACE_MASK','1');
DMSQL 过程已成功完成
已用时间: 3.793(毫秒). 执行号:252.
SQL> SELECT SF_GET_PARA_STRING_VALUE (1, 'SQL_TRACE_MASK'); //获取参数值

行号          SF_GET_PARA_STRING_VALUE(1,'SQL_TRACE_MASK')
---------- -------------------------------------------
1             1

已用时间: 3.933(毫秒). 执行号:253.
```

4）查看和设置会话级整数类型的参数

（1）SF_GET_SESSION_PARA_VALUE 函数：查看会话级整数类型的参数值。

语法：SF_GET_SESSION_PARA_VALUE (paraname)。

```
SQL> SELECT SF_GET_SESSION_PARA_VALUE ('JOIN_HASH_SIZE'); //获取参数值

行号          SF_GET_SESSION_PARA_VALUE('JOIN_HASH_SIZE')
---------- ------------------------------------------
1             500000

已用时间: 20.524(毫秒). 执行号:254.
```

（2）SF_SET_SESSION_PARA_VALUE 函数：设置会话级整数类型的参数值。

语法：SF_SET_SESSION_PARA_VALUE (paraname,value)。

```
SQL> SF_SET_SESSION_PARA_VALUE ('JOIN_HASH_SIZE', 2000); //更改参数值
DMSQL 过程已成功完成
已用时间: 0.788(毫秒). 执行号:255.
```

```
SQL> SELECT SF_GET_SESSION_PARA_VALUE ('JOIN_HASH_SIZE'); //获取参数值

行号        SF_GET_SESSION_PARA_VALUE('JOIN_HASH_SIZE')
---------- ------------------------------------------
1           2000

已用时间: 0.249(毫秒). 执行号:256.
```

（3）SP_RESET_SESSION_PARA_VALUE 函数：会话级重置参数值，使参数值和系统级一致。

语法：SP_RESET_SESSION_PARA_VALUE (paraname)。

```
SQL> SP_RESET_SESSION_PARA_VALUE ('JOIN_HASH_SIZE'); //更改参数值
DMSQL 过程已成功完成
已用时间: 1.498(毫秒). 执行号:257.
SQL> SELECT SF_GET_SESSION_PARA_VALUE ('JOIN_HASH_SIZE'); //获取参数值

行号        SF_GET_SESSION_PARA_VALUE('JOIN_HASH_SIZE')
---------- ------------------------------------------
1           500000

已用时间: 21.219(毫秒). 执行号:258.
```

5）查看会话级浮点类型的参数和设置系统级参数

（1）SF_GET_SESSION_PARA_DOUBLE_VALUE 函数：查看会话级浮点类型的参数值。

语法：SF_GET_SESSION_PARA_DOUBLE_VALUE (paraname)。

```
SQL> SELECT SF_GET_SESSION_PARA_DOUBLE_VALUE ('SEL_RATE_SINGLE'); //获取参数值

行号        SF_GET_SESSION_PARA_DOUBLE_VALUE('SEL_RATE_SINGLE')
---------- --------------------------------------------------
1           5.000000000000000E-02

已用时间: 1.247(毫秒). 执行号:259.
```

（2）SF_SET_SYSTEM_PARA_VALUE 函数：设置系统级整数类型、双精度浮点类型（double）、varchar 的静态参数或动态参数。

语法：SF_SET_SYSTEM_PARA_VALUE (paraname, value,deferred, scope)。

参数说明如下。

value：要设置的新值，支持 bigint、double、varchar。

deferred：0 表示当前会话修改的参数立即生效；1 表示当前会话修改的参数不立即生效，后续再生效，默认为 0。

scope：0 表示修改内存中的参数值；1 表示修改内存和 ini 文件中的参数值；0 和 1 都只能修改动态的配置参数；2 表示修改 ini 文件中的参数值，此时可用来修改静态配置参数和动态配置参数。

```
SQL> SF_SET_SYSTEM_PARA_VALUE ('JOIN_HASH_SIZE',50,1,1);    //更改参数值
DMSQL 过程已成功完成
已用时间: 4.735(毫秒). 执行号:260.
```

3.8 统计信息管理

3.8.1 统计信息说明

达梦数据库选择的是基于代价的优化器（Cost-Based Optimization，CBO），在 SQL 语句执行时，首先计算各种可能执行计划的代价，其次选择代价最小的执行计划。计算执行计划的代价则依赖数据库对象的统计信息，统计信息的准确与否会影响 CBO 做出最优的选择。

统计信息的管理有两种方法：存储过程、DBMS_STATS 包。推荐使用 DBMS_STATS 包，该包可以指定采用率，在数据分布极不均匀的情况下，提高统计信息的采用率，有助于提供更精确的统计信息。

DBMS_STATS 包有以下存储过程。

（1）COLUMN_STATS_SHOW：查看列的统计信息。

（2）TABLE_STATS_SHOW：查看表的统计信息。

（3）INDEX_STATS_SHOW：查看索引的统计信息。

（4）GATHER_TABLE_STATS：收集表的统计信息。

（5）GATHER_INDEX_STATS：收集索引的统计信息。

（6）GATHER_SCHEMA_STATS：收集模式下对象的统计信息。

（7）DELETE_TABLE_STATS：删除与表相关对象的统计信息。

（8）DELETE_SCHEMA_STATS：删除模式下对象的统计信息。

（9）DELETE_INDEX_STATS：删除索引的统计信息。

（10）DELETE_COLUMN_STATS：删除列的统计信息。

（11）UPDATE_ALL_STATS：更新已有的统计信息。

（12）CONVERT_RAW_VALUE：转换未经处理的值。

这些存储过程对应的具体参数可以参考官方手册。

3.8.2 操作示例

1. 统计信息收集

（1）收集表的统计信息。

```
SQL> call dbms_stats.gather_table_stats(OWNNAME='DMHR',TABNAME='EMPLOYEE',DEGREE=3,
ESTIMATE_PERCENT=50);
DMSQL 过程已成功完成
已用时间: 215.081(毫秒). 执行号:10.
```

（2）收集索引的统计信息。

```
已用时间: 215.081(毫秒). 执行号:10.
SQL> create index idx_id on DMHR.EMPLOYEE(employee_id); //创建索引
操作已执行
已用时间: 28.879(毫秒). 执行号:11.
SQL> call dbms_stats.gather_index_stats(OWNNAME='DMHR',INDNAME='IDX_ID',DEGREE=3,ESTIMATE_PERCENT=50); //收集索引的统计信息
DMSQL 过程已成功完成
已用时间: 11.348(毫秒). 执行号:12.
```

（3）收集模式下对象的统计信息。

```
SQL> call dbms_stats.gather_schema_stats(OWNNAME='DMHR',DEGREE=3,ESTIMATE_PERCENT=50);
DMSQL 过程已成功完成
已用时间: 212.675(毫秒). 执行号:13.
```

2．统计信息查看

（1）查看索引的统计信息。

```
SQL>  call dbms_stats.index_stats_show(OWNNAME='DMHR',INDEXNAME='IDX_ID');

行号          BLEVEL     LEAF_BLOCKS    DISTINCT_KEYS    CLUSTERING_FACTOR
NUM_ROWS      SAMPLE_SIZE
---------- ---------- ------------------ ------------------ ---------------- ------------------ ------------------
1             1          16             310              0
856           310

已用时间: 11.560(毫秒). 执行号:15.
```

（2）查看表的统计信息。

```
SQL> call dbms_stats.table_stats_show(OWNNAME='DMHR',TABNAME='EMPLOYEE');

行号      NUM_ROWS         LEAF_BLOCKS        LEAF_USED_BLOCKS
---------- ------------------ ------------------ ------------------
1         856              16                 12

已用时间: 0.842(毫秒). 执行号:16.
```

（3）查看列的统计信息：列的统计信息返回两个结果集，在 DISQL 中需要使用 more 命令来显示第 2 个结果集。

```
SQL>  call  dbms_stats.column_stats_show(OWNNAME='DMHR',TABNAME='EMPLOYEE',COLNAME='EMPLOYEE_ID');

行号              NUM_DISTINCT    LOW_VALUE    HIGH_VALUE    NUM_NULLS
NUM_BUCKETS       SAMPLE_SIZE     HISTOGRAM
---------- ------------------ --------- ---------- ------------------ ----------- ------------------ ---------
```

```
1                308              1003          11142          0
308              308              FREQUENCY

已用时间: 14.967(毫秒). 执行号:17.
SQL> more

行号    OWNER   TABLE_NAME   COLUMN_NAME   HISTOGRAM   ENDPOINT_VALUE
ENDPOINT_HEIGHT ENDPOINT_KEYHEIGHT         ENDPOINT_DISTINCT
---------- ----- ---------- ----------- --------- ------------- ------------------- ------------------- --------------------
1       DMHR    EMPLOYEE     EMPLOYEE_ID   FREQUENCY   1003
2               NULL                       NULL
2       DMHR    EMPLOYEE     EMPLOYEE_ID   FREQUENCY   1100
2               NULL                       NULL
3       DMHR    EMPLOYEE     EMPLOYEE_ID   FREQUENCY   1102
2               NULL                       NULL
4       DMHR    EMPLOYEE     EMPLOYEE_ID   FREQUENCY   1106
2               NULL                       NULL
5       DMHR    EMPLOYEE     EMPLOYEE_ID   FREQUENCY   1109
2               NULL                       NULL
6       DMHR    EMPLOYEE     EMPLOYEE_ID   FREQUENCY   1113
2               NULL                       NULL
7       DMHR    EMPLOYEE     EMPLOYEE_ID   FREQUENCY   1117
2               NULL                       NULL
8       DMHR    EMPLOYEE     EMPLOYEE_ID   FREQUENCY   1120
2               NULL                       NULL
9       DMHR    EMPLOYEE     EMPLOYEE_ID   FREQUENCY   1122
2               NULL                       NULL
10      DMHR    EMPLOYEE     EMPLOYEE_ID   FREQUENCY   1125
2               NULL                       NULL
11      DMHR    EMPLOYEE     EMPLOYEE_ID   FREQUENCY   1127
2               NULL
NULL
……
```

3．统计信息更新

更新已有统计信息的 SQL 语句如下，该过程没有参数。

```
SQL> call dbms_stats. update_all_stats();
DMSQL 过程已成功完成
已用时间: 233.410(毫秒). 执行号:18.
```

4．统计信息删除

（1）删除列的统计信息。

```
SQL>  call dbms_stats.delete_column_stats(OWNNAME='DMHR',TABNAME='EMPLOYEE',COLNAME=
```

```
'EMPLOYEE_ID');
    DMSQL 过程已成功完成
    已用时间: 20.479(毫秒). 执行号:19.
    SQL> call dbms_stats.column_stats_show(OWNNAME='DMHR',TABNAME='EMPLOYEE',COLNAME=
'EMPLOYEE_ID');

    行号       NUM_DISTINCT       LOW_VALUE        HIGH_VALUE       NUM_NULLS
    NUM_BUCKETS                   SAMPLE_SIZE      HISTOGRAM
    ---------- ------------------ --------- --------- ------------------ ---------- ------------------ ---------
    1          NULL               NULL             NULL             NULL
    NULL                          NULL             NULL

    已用时间: 0.418(毫秒). 执行号:20.
```

（2）删除与表相关对象的统计信息。

```
    SQL> call dbms_stats.delete_table_stats(OWNNAME='DMHR',TABNAME='EMPLOYEE');
    DMSQL 过程已成功完成
    已用时间: 17.181(毫秒). 执行号:21.
    SQL> call dbms_stats.table_stats_show(OWNNAME='DMHR',TABNAME='EMPLOYEE');

    行号       NUM_ROWS             LEAF_BLOCKS          LEAF_USED_BLOCKS
    ---------- ------------------ ------------------ ------------------
    1          NULL                 NULL                 NULL

    已用时间: 1.476(毫秒). 执行号:22.
```

（3）删除模式下对象的统计信息。

```
    SQL> call dbms_stats.delete_schema_stats(OWNNAME='DMHR');
    DMSQL 过程已成功完成
    已用时间: 52.004(毫秒). 执行号:23.
```

3.9　查看执行计划

3.9.1　执行计划说明

执行计划是 SQL 语句的执行方式，达梦数据库的查询优化器是基于代价计算的。所以在选择使用的执行计划时会受环境，比如统计信息的影响。如果统计信息不正确，可能会导致优化器使用错误的执行计划，从而导致 SQL 执行异常。如果 SQL 执行时间异常，就需要查看对应的执行计划是否正确。

在执行计划中需要重点关注两点：数据访问路径和连接方式。这些内容在执行计划中通过操作符来体现。操作符是 SQL 执行的基本单元，所有的 SQL 语句最终都会转换成一连串的操作符，最后在数据库实例上执行。

1. 常见的数据访问操作符

访问路径指从数据库中检索数据的方法。常见的数据访问方法有全表扫描、聚集索引扫描、二级索引扫描等。

全表扫描：扫描表中所有的数据来检索数据。该方式适合检索表中的大部分数据。

索引扫描：通过索引列检索表中的数据。索引扫描包含聚集索引扫描和二级索引扫描。

聚集索引扫描包含了表中所有的列值，检索数据时只需要扫描这一个索引就可以得到所有需要的数据。

二级索引扫描只包含索引列及对应的 ROWID，如果查询列不在二级索引中，那么需要扫描聚集索引来得到需要的数据。

数据访问相关的常见操作符有以下 7 种。

CSCN：基础全表扫描，从头到尾，全部扫描。

SSCN：二级索引扫描, 从头到尾，全部扫描。

SSEK：二级索引范围扫描，通过键值精准定位到范围或单值。

CSEK：聚集索引范围扫描，通过键值精准定位到范围或单值。

BLKUP：根据二级索引的 ROWID，回原表中取出全部数据。

SLCT：过滤条件，对结果集进行过滤。

SORT：排序操作符。

这里只是部分操作符，更多操作符的信息可以参考官方手册或查看 V$SQL_NODE_NAME 视图。

2. 常见的多表连接操作符

两张表之间的连接方式有哈希连接、嵌套循环连接、归并连接、外连接等。 一般等值连接条件选择哈希连接；非等值连接条件采用嵌套循环连接；连接列均为索引列时，会采用归并连接。

相关操作符如下。

（1）NEST LOOP INNER JOIN（嵌套循环连接）：非等值连接时会选择嵌套连接。优化器会选择一张代价较小的表作为外表（驱动表），另一张表作为内表，外表的每条记录与内表进行一次连接操作，形成一个大结果集，再从大结果集中过滤出满足条件的行。

（2）HASH JOIN（哈希连接）：两张表进行等值连接时会选择哈希连接。以一张表的连接列为哈希键，构造哈希表，对另一张表的连接列进行哈希探测，找到满足条件的记录。在没有索引的情况下，大多数连接选择此方式。

（3）INDEX JOIN（索引连接）：将一张表的数据拿出，去另一张表上进行范围扫描，找出需要的数据行，要求扫描表的连接列上存在索引。

（4）MERGE JOIN（归并连接）：两张表的连接列均为索引列，可以按照索引顺序进行归并，一个归并就可以找出满足条件的记录。

3. 查看执行计划

查看 SQL 的执行计划，直接在 SQL 语句中使用关键字 explain 即可，SQL 语句如下。

```
SQL> explain select t1.employee_name,t1.salary,t2.job_title from dmhr.EMPLOYEE t1,dmhr.JOB t2 where t1.JOB_ID=t2.JOB_ID and t1.SALARY>5000;

1   #NSET2: [1, 42, 196]
2   #PRJT2: [1, 42, 196]; exp_num(3), is_atom(FALSE)
3   #HASH2 INNER JOIN: [1, 42, 196]; LKEY_UNIQUE KEY_NUM(1);keys T2.JOB_ID=T1.JOB_ID
4   #CSCN2: [0, 16, 96]; INDEX33555529(JOB as T2)
5   #SLCT2: [0, 42, 100]; T1.SALARY > 5000
6   #CSCN2: [0, 856, 100]; INDEX33555531(EMPLOYEE as T1)

已用时间: 118.579(毫秒). 执行号:0.
```

也可以直接在 DM 管理工具中查看执行计划，如图 3-1 所示。

名称	附加信息	代价	结果集	行数据处理长度	描述
NSET2		1	42	196	RESULT SET
PRJT2	exp_num(3), is_atom(FALSE)	1	42	196	PROJECT OPERATION
HASH2 INNER JOIN	LKEY_UNIQUE KEY_NUM(1);keys T2.JOB_ID=T1.JO	1	42	196	HASH2 INNER JOIN
CSCN2	INDEX33555529(JOB as T2)	0	16	96	CLUSTER SCAN
SLCT2	T1.SALARY > 5000	0	42	100	SELECT
CSCN2	INDEX33555531(EMPLOYEE as T1)	0	856	100	CLUSTER SCAN

图 3-1　在 DM 管理工具中查看执行计划

3.9.2　执行计划重用

正常情况下，查询优化器会对每条 SQL 语句都生成对应的执行计划。这个动作本身有一定的性能开销。如果某两条 SQL 语句只有常量值不同，其他语法结构完全一样，那么可以使用执行计划重用机制，避免每次执行都需要优化器进行分析处理。执行时直接从计划缓存中获取已有的执行计划，可减少分析优化过程，提高执行效率。

该功能受 USE_PLN_POOL 参数控制，默认为启动。当置为非 0 时，会启用执行计划重用。

```
SQL> select para_name,para_value from v$dm_ini where para_name='USE_PLN_POOL'; //查看参数值

行号        PARA_NAME       PARA_VALUE
---------- ------------ ----------
1           USE_PLN_POOL    1

已用时间: 205.366(毫秒). 执行号:2590.
```

3.10　管理 AWR 报告

3.10.1　AWR 说明

为了方便管理自动工作集负载信息库（Automatic Workload Repository，AWR）的信息，

数据库为其所有重要统计信息和负载信息执行一次快照，并将这些快照存储在 AWR 中。每个快照都基于数据库的只读镜像。通过检索快照，可以获取源数据库在快照创建时间点的相关数据信息。

达梦数据库中默认没有启用 AWR 功能，需要在 DBMS_WORKLOAD_REPOSITORY.AWR_SET_INTERVAL 过程设置快照的间隔时间来启用。启用 AWR 功能时，默认会创建一个名为 SYSAUX 的表空间，对应的数据文件为 SYSAWR.DBF，该表空间用于存储该包中生成快照的数据。如果该包被删除，那么 SYSAUX 表空间也对应地被删除。

查看 AWR 状态有两种方法。

（1）SF_CHECK_AWR_SYS()：返回值为 0，表示未启用 AWR；返回值为 1，表示已启用 AWR。

（2）SP_INIT_AWR_SYS(CREATE_FLAG int)：返回值为 1，表示创建 DBMS_WORKLOAD_ REPOSITORY 包；返回值为 0，表示删除该系统包。

DBMS_WORKLOAD_REPOSITORY 包涉及的管理过程如下。

（1）AWR_CLEAR_HISTORY()：清理之前所有的快照记录。

（2）AWR_SET_INTERVAL()：设置生成快照的时间间隔。

（3）AWR_REPORT_HTML()：生成 html 格式的报告。

（4）AWR_REPORT_TEXT()：生成 text 格式的报告。

（5）CREATE_SNAPSHOT()：创建一次快照。

（6）DROP_SNAPSHOT_RANGE()：删除快照。

（7）MODIFY_SNAPSHOT_SETTINGS()：设置快照的属性值。

这些过程的具体说明可以参考官方手册，下面介绍操作示例。

3.10.2 操作示例

1. 查看 AWR 系统包的状态

```
SQL> select sf_check_awr_sys ();

行号        SF_CHECK_AWR_SYS()
---------- ------------------
1          0
#返回为0，表示未启用
已用时间: 12.527(毫秒). 执行号:2591.
```

2. 启用 AWR 功能

创建 DBMS_WORKLOAD_REPOSITORY 包，初始化代理环境，SQL 语句如下。

```
SQL> call sp_init_awr_sys(1); //初始化代理环境
DMSQL 过程已成功完成
已用时间: 00:00:01.918. 执行号:2592.
```

3．检查 AWR 系统包的状态

```
SQL> select sf_check_awr_sys (); //检查AWR系统包的状态
行号        SF_CHECK_AWR_SYS()
---------- ------------------
1          1

已用时间: 41.361(毫秒). 执行号:2593.
```

4．设置快照生成间隔时间

设置快照生成间隔时间的 SQL 语句如下，默认快照生成间隔时间为 60 分钟，这里设置为 10 分钟。

```
SQL> call dbms_workload_repository.awr_set_interval(10);
DMSQL 过程已成功完成
已用时间: 61.781(毫秒). 执行号:2594.
```

5．手工创建快照

```
SQL> call dbms_workload_repository.create_snapshot();
DMSQL 过程已成功完成
已用时间: 00:00:01.550. 执行号:2595.
```

6．查看快照信息

```
SQL> set lineshow off
SQL> select snap_id,startup_time from sys.wrm$_snapshot;   //查看快照号及快照生成对应的时间

SNAP_ID         STARTUP_TIME
----------- ----------------------------------------------------------------------------------------------------
1               2019-12-17 18:16:58.000000

已用时间: 1.472(毫秒). 执行号:2598.
```

7．生成 AWR 报告

根据前面的介绍，生成 AWR 报告有调用函数和调用存储过程两种方法。

（1）调用函数：返回的内容是网页的源码，需要自己将内容复制到 html 文件中，SQL 语句如下。

```
SQL> select * from table (dbms_workload_repository.awr_report_html(1,2));
```

（2）调用存储过程：直接生成 html 页面，推荐使用如下方式。

```
SQL> sys.awr_report_html(1,2,'/tmp','awr1_2.html'); //把生成的快照号为1和2的AWR报告输出到/tmp
路径下，取名为awr1_2.html
DMSQL 过程已成功完成
已用时间: 00:00:03.157. 执行号:2602.
SQL> host ls -lrt /tmp/awr1_2.html
-rw-rw-r-- 1 dmdba dmdba 199553 12月  18 04:16 /tmp/awr1_2.html
```

8．查看 AWR 属性值

```
SQL> select * from sys.wrm$_wr_control;

DBID          SNAP_INTERVAL
RETENTION                                   TOPNSQL          STATUS_FLAG
---------- -------------------------------------- ------------------------------------- ---------------------
NULL          INTERVAL '0 0:10:0.0' DAY(5) TO SECOND(1)
INTERVAL'8 0:0:0.0' DAY(5)TO SECOND(1)      30               1

已用时间: 1.614(毫秒). 执行号:2603.
```

9．删除快照

```
SQL> select snap_id,startup_time from sys.wrm$_snapshot;   //查看快照号及快照生成对应的时间

SNAP_ID       STARTUP_TIME
---------- -----------------------------------------------------------------------------------------------
1             2019-12-17 18:16:58.000000
2             2019-12-17 18:16:58.000000
3             2019-12-17 18:16:58.000000
4             2019-12-17 18:16:58.000000
5             2019-12-17 18:16:58.000000

已用时间: 28.074(毫秒). 执行号:2607.
SQL>   call dbms_workload_repository.drop_snapshot_range(4,5); //删除快照号为4和5的快照
DMSQL 过程已成功完成
已用时间: 874.320(毫秒). 执行号:2608.
SQL> select snap_id,startup_time from sys.wrm$_snapshot;   //查看快照号及快照生成对应的时间

SNAP_ID       STARTUP_TIME
---------- -----------------------------------------------------------------------------------------------
1             2019-12-17 18:16:58.000000
2             2019-12-17 18:16:58.000000
3             2019-12-17 18:16:58.000000

已用时间: 0.909(毫秒). 执行号:2609.
```

10．修改快照间隔时间

修改快照间隔时间为 30 分钟、保留时间为 1 天。

```
SQL> call dbms_workload_repository.modify_snapshot_settings(1440,30);
DMSQL 过程已成功完成
已用时间: 101.362(毫秒). 执行号:2610.
SQL> select * from sys.wrm$_wr_control; //查看快照生成的配置信息
```

```
DBID     SNAP_INTERVAL                                   RETENTION
TOPNSQL         STATUS_FLAG
----------- --------------------------------------- ------------------------------------- ----------------------
NULL    INTERVAL '0 0:30:0.0' DAY(5) TO SECOND(1)  INTERVAL '1 0:0:0.0' DAY(5) TO SECOND(1)
30                1

已用时间: 15.565(毫秒). 执行号:2611.
```

11．清理历史快照

```
SQL> call dbms_workload_repository.awr_clear_history(); //清理历史快照
DMSQL 过程已成功完成
已用时间: 351.436(毫秒). 执行号:2612.
SQL> select snap_id,startup_time from sys.wrm$_snapshot;   //查看快照号及快照生成对应的时间
未选定行

已用时间: 3.009(毫秒). 执行号:2613.
```

4

第4章 达梦数据库的备份与还原

4.1 备份与还原类型

达梦数据库的备份与还原有两种类型：逻辑备份与还原和物理备份与还原。

4.1.1 逻辑备份与还原

逻辑备份是将指定对象（库级、模式级、表级、用户级）的数据导出到文件的备份方式。逻辑备份针对的是数据内容，不关心这些数据物理存储在什么位置，利用 DEXP 导出工具实现。

逻辑还原是逻辑备份的逆过程，利用 DIMP 工具，将由 DEXP 导出的备份数据重新导入到目标数据库。

4.1.2 物理备份与还原

物理备份直接扫描数据库文件（数据文件、控制文件和日志文件等），找出那些已经分配、使用的数据页，复制并保存到备份集中。在物理备份过程中，不关心数据页的具体内容是什么，也不关心数据页属于哪一张表，只是简单地根据数据库文件系统的描述，来挑选有效的数据页。物理备份分为联机备份（SQL 备份）和脱机备份（DMRMAN 工具）。

物理还原是物理备份的逆过程，物理还原一般是通过 DMRMAN 工具（或者 SQL 语句），读取备份集中的数据页（数据文件、数据页、归档文件），并将数据页写入目标数据库对应数据文件相应位置的过程。

使用 SQL 语句进行联机备份期间，数据库处于运行状态，可以对外提供服务。因此可能有一些处于活动状态的事务正在执行，所以联机备份是非一致性备份，为确保备份数据的一致性，需要将备份期间产生的 REDO 日志一起备份。因此，只能在配置本地归档，且开启本地归档的数据库上执行联机备份。非一致性备份的备份集只包含数据文件相关内容，没有归档日志信息，利用非一致性备份与还原的数据库无法直接启动，必须借助归档日志来恢复。

使用 DMRMAN 工具进行脱机备份时，数据库必须关闭。脱机数据库备份会强制将检查点之后的有效 REDO 日志复制到备份集中，因此，脱机备份是一致性备份。数据库正常关闭时，会生成完全检查点，脱机备份生成的备份集中，不包含任何 REDO 日志。一致性备份的备份集包含了完整的数据文件内容和归档日志信息；利用一个单独的备份集可以将数据库恢复到备份时状态。

4.2　REDO 日志和归档模式管理

4.2.1　联机 REDO 日志

REDO 日志（REDO LOG）记录了所有物理页的修改，包括操作类型、表空间号、文件号、页号、页内偏移、实际数据等。数据库中 INSERT、DELETE、UPDATE 等 DML 操作，以及 CREATE TABLE 等 DDL 操作转化为对某些数据文件、某些数据页的修改。通过 REDO 日志可以保证数据库的完整性和一致性。

达梦数据库默认包含两个扩展名为 log 的联机 REDO 日志文件，用来保存 REDO 日志，这两个文件循环使用。任何数据页从内存缓冲区写入磁盘之前，都必须保证其对应的 REDO 日志已经写入到联机日志文件中。

可以通过以下 4 个视图查看 REDO 日志和归档日志文件的信息。

（1）V$RLOG：显示日志的总体信息。包括当前日志事务号 LSN、归档日志、检查点等。

（2）V$RLOGBUF：显示日志 BUFFER 信息。包括 BUFFER 的使用情况，如状态、总大小、已使用大小等。

（3）V$RLOGFILE：显示日志文件的具体信息。包括文件号、完整路径、文件的状态、文件大小等。

（4）V$ARCHIVED_LOG：显示当前实例的所有归档日志文件信息。

4.2.2　REDO 日志归档

DM 实例可以运行在两种模式下：归档模式和非归档模式。在归档模式下，会产生归档日志文件。归档日志有 5 种类型。

1．本地归档（LOCAL）

本地归档文件用来存储 REDO 日志文件中的数据。归档线程负责将 REDO 日志数据写入本地归档文件中，最多可以设置 8 个本地归档。启动归档后，如果因为磁盘空间不足导致日志无法归档，那么实例会被强制挂起，直到磁盘空间释放，本地归档成功后，再继续执行。

2．远程实时归档（REALTIME）

在 REDO 日志数据从日志缓冲区写入联机 REDO 日志文件之前，通过 MAL 系统将 REDO 日志发送到远程服务器中，远程服务器收到 REDO 日志后，会返回确认消息。收到确认消息后，执行后续操作。

如果发送 REDO 日志失败，或从备库返回的数据库模式不是 STANDBY，那么将数据库切换为 SUSPEND 状态，阻塞所有 REDO 日志的写入操作。

3．即时归档（TIMELY）

即时归档在主库将 REDO 日志写入联机 REDO 日志文件后，再通过 MAL 系统将 REDO 日志发送到备库中。即时归档是读写分离集群的实现基础，与实时归档的主要区别是发送 REDO 日志的时机不同。一个主库可以配置 1～8 个即时备库。

4．远程异步归档（ASYNC）

在设定的时间点或者每隔设定时间，启动归档 REDO 日志的发送。设置定时归档必须确保至少有 1 个本地归档。系统调度线程根据设定，触发归档 REDO 日志发送事件。通过 MAL 系统，获取远程服务器的当前 LSN，生成发送归档 REDO 日志任务，加入任务队列。归档任务线程获取任务，通过 MAL 系统，将任务发送到远程服务器中。最多可以设置 8 个异步归档。

5．远程归档（REMOTE）

远程归档就是将写入本地归档的 REDO 日志信息，发送到远程节点，并写入远程节点的指定归档目录中。远程归档与本地归档的主要区别是 REDO 日志写入的位置不同，本地归档将 REDO 日志写入数据库实例所在节点的磁盘，而远程归档则将 REDO 日志写入其他数据库实例所在节点的指定归档目录。远程归档日志文件的命名规范和本地归档日志文件保持一致，都是以“归档名+归档文件的创建时间”进行组合命名。最多可以配置 8 个远程归档。

4.2.3 REDO 日志操作

1．查看当前 REDO 日志信息

```
SQL> select file_id,path,rlog_size/1024/1024 as  " size "  from v$rlogfile;

行号      FILE_ID      PATH                                      size
---------- ----------- -------------------------------- --------------------
1          0           /dm/dmdbms/data/cndba/cndba01.log        256
2          1           /dm/dmdbms/data/cndba/cndba02.log        256

已用时间: 254.313(毫秒). 执行号:2165.
```

2．查看实例当前正在使用的 REDO 日志

```
SQL> select cur_file from v$rlog;
```

```
行号        CUR_FILE
---------- ----------
1           0

已用时间: 55.442(毫秒). 执行号:2166.
```

3．添加 REDO 日志文件

REDO 日志文件大小最小为 4096×页大小，若页大小为 8KB，则可添加的文件最小值为 4096×8KB=32MB。添加 REDO 日志文件的 SQL 语句如下。

```
SQL> alter database add logfile '/dm/dmdbms/data/cndba/cndba03.log' size 256; //添加REDO日志文件，大小为256MB
操作已执行
已用时间: 00:00:39.184. 执行号:2167.
SQL> select file_id,path,rlog_size/1024/1024 as  " size "  from v$rlogfile; //查看REDO日志的信息

行号        FILE_ID     PATH                                   size
---------- ---------- -------------------------------- --------------------
1           0           /dm/dmdbms/data/cndba/cndba01.log      256
2           1           /dm/dmdbms/data/cndba/cndba02.log      256
3           2           /dm/dmdbms/data/cndba/cndba03.log      256

已用时间: 2.859(毫秒). 执行号:2168.
```

4．修改现有 REDO 日志大小

修改现有 REDO 日志大小的 SQL 语句如下，只能扩大日志大小，不能减小日志大小。

```
SQL> alter database resize logfile '/dm/dmdbms/data/cndba/cndba03.log' to 128;
alter database resize logfile '/dm/dmdbms/data/cndba/cndba03.log' to 128;
[-2410]:数据文件[/dm/dmdbms/data/cndba/cndba03.log]大小无效.
已用时间: 332.323(毫秒). 执行号:0.
SQL> alter database resize logfile '/dm/dmdbms/data/cndba/cndba03.log' to 300; //将REDO日志大小扩大为300MB
操作已执行
已用时间: 00:00:02.075. 执行号:2170.
SQL> select file_id,path,rlog_size/1024/1024 as  " size "  from v$rlogfile; //查看REDO日志的信息

行号        FILE_ID   PATH                                   size
---------- ---------- -------------------------------- --------------------
1           0         /dm/dmdbms/data/cndba/cndba01.log      256
2           1         /dm/dmdbms/data/cndba/cndba02.log      256
3           2         /dm/dmdbms/data/cndba/cndba03.log      300

已用时间: 1.437(毫秒). 执行号:2171.
```

5. 日志文件重命名

在 MOUNT 状态下，可以对日志文件进行重命名。日志文件重命名的 SQL 语句如下。

```
SQL> alter database mount; //将数据库切换为MOUNT状态
操作已执行
已用时间: 00:00:02.302. 执行号:0.
SQL> alter database rename logfile 'cndba03.log' to 'cndba04.log'; //对REDO日志文件重命名
操作已执行
已用时间: 00:00:10.576. 执行号:2172.
SQL> select file_id,path,rlog_size/1024/1024 as " size "  from v$rlogfile;  //查看REDO日志的信息

行号    FILE_ID    PATH                                  size
---------- ----------- ------------------------------- --------------------
1         0        /dm/dmdbms/data/cndba/cndba01.log     256
2         1        /dm/dmdbms/data/cndba/cndba02.log     256
3         2        /dm/dmdbms/data/cndba/cndba04.log     300

已用时间: 107.905(毫秒). 执行号:2173.
```

注意，目前达梦数据库并没有提供删除 REDO 日志的语法，所以对于 REDO 日志，只能添加，无法删除。

4.2.4 归档模式切换

1. 通过 SQL 语句切换归档模式

将数据库切换为 MOUNT 状态的 SQL 语句如下。

```
SQL> alter database mount;
操作已执行
已用时间: 00:00:01.973. 执行号:0.
```

设置归档信息的 SQL 语句如下。

```
SQL> alter database add archivelog 'dest=/dm/dmarch,type=local,file_size=128,space_limit=0';//设定归档路径、归档类型、归档日志大小、空间大小不受限制
操作已执行
已用时间: 252.097(毫秒). 执行号:0.
```

启用归档的 SQL 语句如下。

```
SQL> alter database archivelog;
操作已执行
已用时间: 252.519(毫秒). 执行号:0.
```

打开数据库的 SQL 语句如下。

```
SQL> alter database open;
操作已执行
已用时间: 00:00:02.543. 执行号:0.
```

查看归档信息的 SQL 语句如下。

```
SQL> select arch_mode from v$database;

行号        ARCH_MODE
---------- ---------
1           Y

已用时间: 29.022(毫秒). 执行号:2271.
SQL> select arch_name,arch_type,arch_dest,arch_file_size from v$dm_arch_ini; //查看归档信息

行号        ARCH_NAME                    ARCH_TYPE   ARCH_DEST    ARCH_FILE_SIZE
---------- ------------- --------- ---------- --------------
1           ARCHIVE_LOCAL1               LOCAL        /dm/dmarch    128

已用时间: 133.710(毫秒). 执行号:2272.
```

如果想取消归档模式，执行如下命令。

```
SQL> alter database mount; //将数据库启动到MOUNT状态
SQL> alter database noarchivelog; //关闭数据库归档
```

2. 图形界面启用归档模式

在 DM 管理工具中也可以启用归档。在 DM 管理工具左侧“实例连接”上单击右键，打开管理服务器进行操作。修改实例配置模式如图 4-1 所示。

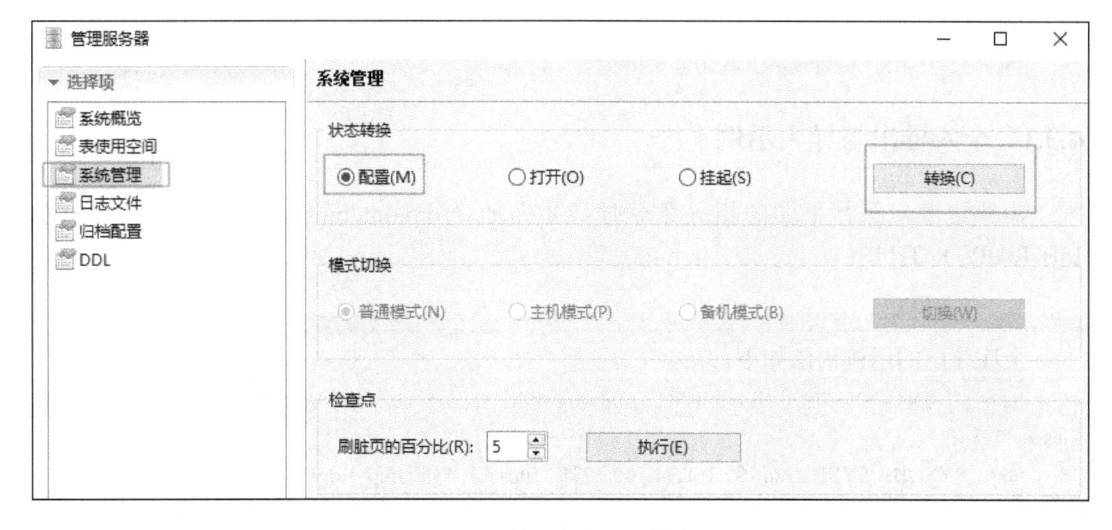

图 4-1　修改实例配置模式

（1）在归档中启用归档并输入归档信息，取消归档则将归档模式改为“非归档”，配置本地归档如图 4-2 所示。

（2）在系统管理中，打开数据库，完成归档模式切换。

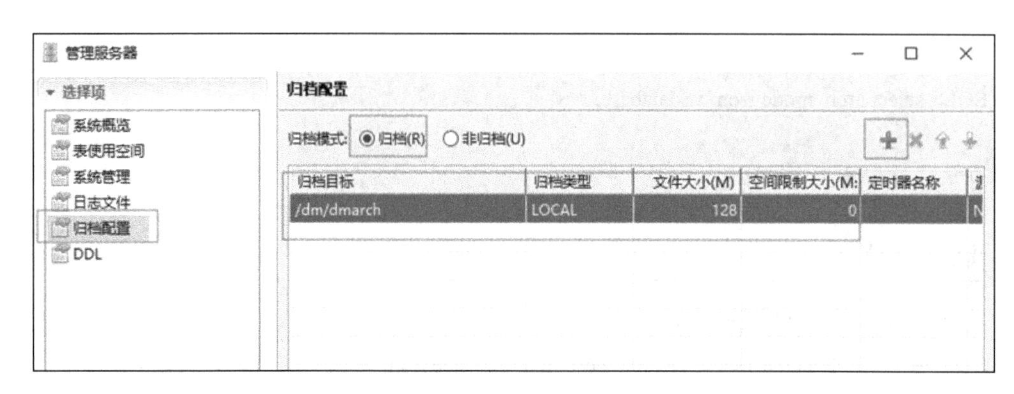

图 4-2 配置本地归档

4.3 逻辑备份与还原

逻辑备份与还原使用 dexp 命令和 dimp 命令执行，该命令在/dm/dmdbms/bin 目录下，必须在实例 OPEN 状态下才能执行。

逻辑导出或导入有以下 4 种级别。

（1）数据库级（FULL）：导出或导入整个数据库中的所有对象。

（2）用户级（OWNER）：导出或导入 1 个或多个用户所拥有的所有对象。

（3）模式级（SCHEMAS）：导出或导入 1 个或多个模式下的所有对象。

（4）表级（TABLE）：导出或导入 1 个或多个指定的表或表分区。

dexp 和 dimp 的选项参数较多，具体可以查看命令的帮助，如下。

```
[dmdba@dw1 ~]$ dexp help //查看导出帮助
[dmdba@dw1 ~]$ dimp help //查看导入帮助
```

4.3.1 全库导出与导入示例

需要注意，执行下面的相关命令时，要先把“/dm/dmdbms/bin”配置到 PATH 和 LIB_RARY_PATH 中。

1．全库导出

全库导出的示例语法如下。

```
dexp SYSDBA/SYSDBA file=full_%U.dmp log=full_%U.log directory=/dm/dmbak full=y parallel=4 filesize=128M
dexp SYSDBA/SYSDBA@192.168.74.100:5236 file=full_%U.dmp log=full_%U.log directory=/dm/dmbak full=y parallel=4 filesize=128M
```

上述两种全库导出的方式的区别在于连接数据库的实例是否为默认实例，如果为默认实例，那么使用第 1 种方式；如果为非默认实例，那么必须加上 IP 地址和端口。另外，使用 4 个线程进行并发处理，通过 filesize 选项控制单个文件的大小。注意，在使用 filesize 参数时，对应的 file 参数和 log 参数必须使用%U 对名称进行自动扩展，filesize 最小为 128MB。

```
[dmdba@dw1 ~]$ dexp SYSDBA/SYSDBA file=full_%U.dmp log=full_%U.log directory=/dm/dmbak
```

```
full=y parallel=4 filesize=128M
    dexp V8.1.0.147-Build(2019.03.27-104581)ENT

    导出第 1 个SYSPACKAGE_DEF：  SYSTEM_PACKAGES
    导出第 2 个SYSPACKAGE_DEF：  SYS_VIEW
    ……

    [dmdba@dw1 ~]$ ll -lh /dm/dmbak/full*
    -rw-rw-r-- 1 dmdba dmdba 133K 12月  18 04:22 /dm/dmbak/full_01.dmp
    -rw-rw-r-- 1 dmdba dmdba   15K 12月  18 04:22 /dm/dmbak/full_01.log
```

级联删除用户的 SQL 语句如下。

```
SQL> select TABLE_NAME from all_tables where owner='DMHR'; //查询用户信息

行号        TABLE_NAME
---------- -----------
1          REGION
2          CITY
3          LOCATION
4          DEPARTMENT
5          JOB
6          EMPLOYEE
7          JOB_HISTORY

7 rows got

已用时间: 170.894(毫秒). 执行号:3137.
SQL> drop user dmhr cascade; //级联删除用户
操作已执行
已用时间: 00:00:01.061. 执行号:3138.
SQL> select TABLE_NAME from all_tables where owner='DMHR'; //查询DMHR模式的表信息
未选定行

已用时间: 00:00:01.277. 执行号:3139.
```

2．全库导入

```
    [dmdba@dw1 ~]$   dimp userid=SYSDBA/SYSDBA file=full_01.dmp log=full.log directory=/dm/dmbak
full=y parallel=4
    dimp V8.1.0.147-Build(2019.03.27-104581)ENT

    导入 GLOBAL 对象……
    导入 SYSPACKAGES_DEF 对象……
    导入 SYSPACKAGES_DEF 对象……
    ……
```

验证对象的 SQL 语句如下。

```
SQL> select TABLE_NAME from all_tables where owner='DMHR';    //查询DMHR模式的表信息

行号         TABLE_NAME
---------- -----------
1            LOCATION
2            CITY
3            REGION
4            DEPARTMENT
5            JOB_HISTORY
6            EMPLOYEE
7            JOB

7 rows got

已用时间: 00:00:01.276. 执行号:3237.
```

4.3.2 用户级导出与导入示例

1. 导出用户

```
[dmdba@dw1 ~]$ dexp SYSDBA/SYSDBA file=dmhr.dmp log=dmhr.log directory=/dm/dmbak owner=dmhr parallel=4

dexp V8.1.0.147-Build(2019.03.27-104581)ENT
正在导出 第 1 个SCHEMA : DMHR
开始导出模式[DMHR].....
----- 共导出 0 个SEQUENCE -----
----- 共导出 0 个VIEW -----
----- 共导出 0 个TRIGGER -----
……
```

删除用户的 SQL 语句如下。

```
SQL> drop user dmhr cascade;
操作已执行
已用时间: 602.718(毫秒). 执行号:3385.
```

2. 导入数据

1）导入到原用户

创建空用户的 SQL 语句如下。

```
SQL> create user dmhr identified by cndba0556; //创建用户并设定密码
操作已执行
已用时间: 166.426(毫秒). 执行号:3396.
```

```
SQL> grant public,resource to dmhr; //给dmhr用户权限
操作已执行
已用时间: 71.922(毫秒). 执行号:3397.

[dmdba@dw1 ~]$ dimp USERID=SYSDBA/SYSDBA file=dmhr.dmp log=dmhr2.log directory=/dm/
dmbak owner=dmhr   //执行dmhr用户导入

dimp V8.1.0.147-Build(2019.03.27-104581)ENT
开始导入模式[DMHR].....
导入模式中的 NECESSARY GLOBAL 对象……
模式中的 NECESSARY GLOBAL 对象导入完成……
……
```

验证对象的 SQL 语句如下。

```
SQL> select TABLE_NAME from all_tables where owner='DMHR';   //查询DMHR模式的表信息

行号        TABLE_NAME
---------- -----------
1          LOCATION
2          CITY
3          REGION
4          DEPARTMENT
5          JOB_HISTORY
6          EMPLOYEE
7          JOB

7 rows got

已用时间: 899.113(毫秒). 执行号:3455.
```

2）导入到其他用户

在导入时指定 remap_schema 选项可以导入到其他模式，注意选项中的用户名要用大写，否则会导入原始用户中。

创建空用户 cndba 的 SQL 语句如下。

```
SQL>   create user cndba identified by cndba0556; //创建用户并设定密码
操作已执行
已用时间: 299.789(毫秒). 执行号:3456.
SQL> grant public,resource to cndba; //给用户授权
操作已执行
已用时间: 29.037(毫秒). 执行号:3457.

[dmdba@dw1 ~]$ dimp USERID=SYSDBA/SYSDBA file=dmhr.dmp log=dmhr3.log directory=/dm/
dmbak remap_schema=DMHR:CNDBA //按模式导入
```

```
dimp V8.1.0.147-Build(2019.03.27-104581)ENT

开始导入模式[DMHR]......
导入模式中的 NECESSARY GLOBAL 对象……
模式中的 NECESSARY GLOBAL 对象导入完成……
……
```

验证对象的 SQL 语句如下。

```
SQL> select TABLE_NAME from all_tables where owner='CNDBA'; //查询CNDBA模式的表相关信息

行号        TABLE_NAME
---------- -----------
1          LOCATION
2          CITY
3          REGION
4          DEPARTMENT
5          JOB_HISTORY
6          EMPLOYEE
7          JOB

7 rows got

已用时间: 825.391(毫秒). 执行号:3527.
```

4.3.3 模式级导出与导入示例

模式是 1 个用户拥有的所有数据库对象的集合，每个用户都有自己默认的模式，用户默认的模式名和用户名相同。一般情况下，OWNER 与 SCHEMAS 的导入与导出是相同的。但用户可以包含多个模式，在这种情况下，SCHEMAS 的导出与导入是 OWNER 的导出与导入的 1 个子集。

查询用户和模式的对应关系的 SQL 语句如下。

```
SQL> set lineshow off
SQL> select a.name as user_name,b.name as sch_name from sysobjects a inner join sysobjects b on a.id = b.pid where b.subtype$ is null order by 1 desc;

USER_NAME    SCH_NAME
---------- ----------
SYSSSO       SYSSSO
SYSDBA       RESOURCES
SYSDBA       SYSDBA
```

```
SYSDBA       PURCHASING
SYSDBA       SALES
SYSDBA       OTHER
SYSDBA       PERSON
SYSDBA       PRODUCTION
SYSAUDITOR   SYSAUDITOR
SYS          CTISYS
SYS          SYS
DMHR         DMHR
CNDBA        DAVE
CNDBA        CNDBA

14 rows got

已用时间: 14.848(毫秒). 执行号:3658.
```

1. 导出模式

```
[dmdba@dw1 ~]$ dexp SYSDBA/SYSDBA file=sales.dmp log=sales.log directory=/dm/dmbak schemas=SALES

dexp V8.1.0.147-Build(2019.03.27-104581)ENT
正在导出 第 1 个SCHEMA : SALES
开始导出模式[SALES].....
----- 共导出 0 个SEQUENCE -----
……
```

2. 导入模式

导入原模式的命令如下。

```
[dmdba@dw1 ~]$dimp SYSDBA/SYSDBA file=sales.dmp log=sales2.log directory=/dm/dmbak schemas=SALES table_exists_action=replace
```

导入其他模式的命令如下，模式名要大写。

```
[dmdba@dw1 ~]$ dimp SYSDBA/SYSDBA file=sales.dmp log=sales3.log directory=/dm/dmbak remap_schema=SALES:DAVE
```

DAVE 模式是一个空模式，导入前是没有其他对象的，查询验证的 SQL 语句如下。

```
SQL> select owner,count(1) from dba_objects where owner in('DAVE','SALES') group by owner;

OWNER   COUNT(1)
----- --------------------
DAVE     26
SALES    26
```

4.3.4 表级导出与导入示例

1．导出表

导出 DMHR 的两张表的命令如下。

```
[dmdba@dw1 ~]$ dexp SYSDBA/SYSDBA file=tables.dmp log=tables.log directory=/dm/dmbak tables=DMHR.city,DMHR.job parallel=4 //并行导入表
```

删除这两张表的 SQL 语句如下。

```
SQL> drop table dmhr.city cascade; //级联删除表
SQL> drop table dmhr.job cascade; //级联删除表
```

2．导入表

将表导入到原用户下的命令如下。

```
[dmdba@dw1 ~]$ dimp SYSDBA/SYSDBA file=tables.dmp log=tables2.log directory=/dm/dmbak tables=DMHR.city,DMHR.job
```

验证对象的 SQL 语句如下。

```
SQL> select count(1) from dmhr.job; //统计表的行数
COUNT(1)
--------------------
16
```

将表导入到其他用户下的命令如下。

```
[dmdba@dw1 ~]$ dimp SYSDBA/SYSDBA file=tables.dmp log=tables3.log directory=/dm/dmbak tables=DMHR.city,DMHR.job remap_schema=DMHR:CNDBA
```

验证对象的 SQL 语句如下。

```
SQL> select count(1) from cndba.job; //统计表的行数
COUNT(1)
--------------------
16
```

4.3.5 DM 管理工具中的导出与导入

除了 dexp 和 dimp 的命令行操作方式，也可以在 DM 管理工具中进行导出与导入操作。导出与导入有 4 种类型，只需要在对应级别进行操作即可。

比如在导出表时，直接在对应的表上右击，选择“导出”，然后输入相应信息即可。导入时在上一级的表上右击，选择“导入”。其他操作类似，这里不再描述，导出表数据如图 4-3 所示。

导入表数据如图 4-4 所示。

图 4-3　导出表数据

图 4-4　导入表数据

4.4　联机备份与还原（SQL 语句）

达梦数据库联机 SQL 语句备份支持数据库、表空间、表、归档 4 种备份。支持表空间、表两种还原，数据库还原和归档还原必须在 DMRMAN 工具中执行。在数据库、归档、表空间备份，以及表空间还原时，必须保证系统处于归档模式下。

4.4.1 数据库备份

在数据库级别只支持联机备份，不支持恢复。所以本节主要介绍在 DISQL 工具中如何使用 SQL 语句进行数据库备份。

使用 SQL 语句备份数据库的语法如下。

```
BACKUP DATABASE [[[FULL] [DDL_CLONE]]| INCREMENT [CUMULATIVE][WITH BACKUPDIR '<基备份搜索目录>'{,'<基备份搜索目录>'} |[BASE ON <BACKUPSET '<基备份目录>']][TO <备份名>]BACKUPSET ['<备份集路径>']
    [DEVICE TYPE <介质类型> [PARMS '<介质参数>']]
    [BACKUPINFO '<备份描述>'] [MAXPIECESIZE <备份片限制大小>]
    [IDENTIFIED BY <密码>[WITH ENCRYPTION<TYPE>][ENCRYPT WITH <加密算法>]]
    [COMPRESSED [LEVEL <压缩级别>]] [WITHOUT LOG]
    [TRACE FILE '< TRACE 文件名>'] [TRACE LEVEL < TRACE 日志级别>]
    [TASK THREAD <线程数>][PARALLEL [<并行数>]];
```

使用 SQL 语句备份数据库的 14 个主要参数如下。

（1）FULL：表示完全备份，在不指定该选项的情况下，默认也是完全备份。

（2）INCREMENT：表示增量备份，执行增量备份必须指定该参数。

（3）CUMULATIVE：表示累积增量备份（备份在完全备份以来有变化的数据块），若不指定，默认为差异增量备份（备份在上次备份以来有变化的数据块）。

（4）WITH BACKUPDIR：指定增量备份中基备份的搜索目录。若不指定，服务器自动在默认备份目录下搜索基备份。若基备份不在默认的备份目录下，增量备份必须指定该参数。

（5）BASE ON：用于增量备份中，指定基备份集目录。

（6）TO：指定生成备份的名称。若没有指定，则随机生成，默认备份名的格式为“DB_备份类型_数据库名_备份时间”。

（7）BACKUPSET：指定当前备份集生成路径。若没有指定，则在默认备份路径中生成默认备份集目录。

（8）DEVICE TYPE：指存储备份集的介质类型，支持 DISK（磁盘）和 TAPE（磁带），默认为 DISK。

（9）BACKUPINFO：备份的描述信息。

（10）MAXPIECESIZE：最大备份片文件大小上限，以 MB 为单位，最小为 128MB，32 位系统最大为 2GB，64 位系统最大为 128GB。

（11）COMPRESSED：LEVEL 的取值范围为 0～9。LEVEL 取值越大，压缩级别越高，压缩速度越慢。若指定 COMPRESSED，但未指定 LEVEL，则默认 LEVEL 为 1；若未指定 COMPRESSED，则默认不进行压缩。

（12）WITHOUT LOG：联机数据库备份时是否备份日志。如果使用了 WITHOUT LOG 参数，在 DMRMAN 还原时，必须指定 WITH ARCHIVEDIR 参数。

（13）TASK THREAD：在备份过程中数据处理过程线程的个数，取值范围为 0～64，默认为 4。若指定个数为 0，则将其调整为 1；若指定个数超过当前系统主机核数，则将其调整为主机核数。线程数（TASK THREAD）×并行数（PARALLEL）不得超过 512。

（14）PARALLEL：指定并行备份的并行数，取值范围为 0～128。若不指定，则默认为 4，指定值为 0 或 1 时均认为为非并行备份。若未指定关键并行数，则认为为非并行备份。并行备份不支持存在介质为 TAPE 的备份。线程数（TASK THREAD）×并行数（PARALLEL）不得超过 512。

SQL 备份有以下两种主要方式。

（1）完全备份数据库的 SQL 语句如下。

```
SQL> backup database backupset '/dm/dmbak/db_full_01' maxpiecesize 128 compressed level 5 parallel 8;//对数据库执行完全备份，最大备份片大小为128MB，开启压缩和并行
操作已执行
已用时间: 00:00:01.768. 执行号:2292.
SQL> host ls -lh /dm/dmbak/full_01 //按时间排序查看备份集信息
总用量 996K
-rw-rw-r-- 1 dmdba dmdba 122K 12月  18 01:42 full_01_1.bak
-rw-rw-r-- 1 dmdba dmdba 776K 12月  18 01:42 full_01.bak
-rw-rw-r-- 1 dmdba dmdba   93K 12月  18 01:42 full_01.meta
```

（2）增量备份数据库（默认差异增量备份）的 SQL 语句如下。

```
SQL> backup database increment with backupdir '/dm/dmbak' backupset '/dm/dmbak/increment_bak_01';
//对数据库进行增量备份
操作已执行
已用时间: 936.081(毫秒). 执行号:2309.
SQL> host ls -lh /dm/dmbak/increment_bak_01    //按时间排序查看备份集信息
总用量 10M
-rw-rw-r-- 1 dmdba dmdba 5.0K 12月  18 01:53 increment_bak_01_1.bak
-rw-rw-r-- 1 dmdba dmdba 9.9M 12月  18 01:53 increment_bak_01.bak
-rw-rw-r-- 1 dmdba dmdba   93K 12月  18 01:53 increment_bak_01.meta
```

4.4.2　DM 管理工具中使用的联机备份

联机备份也可以在 DM 管理工具中进行。DM 管理工具在连接 DM 实例后，在左侧“备份”模块根据需要进行操作，备份类型如图 4-5 所示。

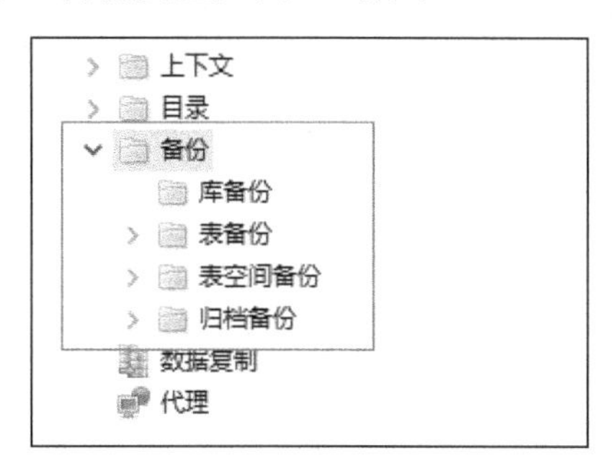

图 4-5　备份类型

在选择全库备份时，在“库备份”选项上单击右键，新建备份，然后输入相关信息即

可，数据库备份如图 4-6 所示。

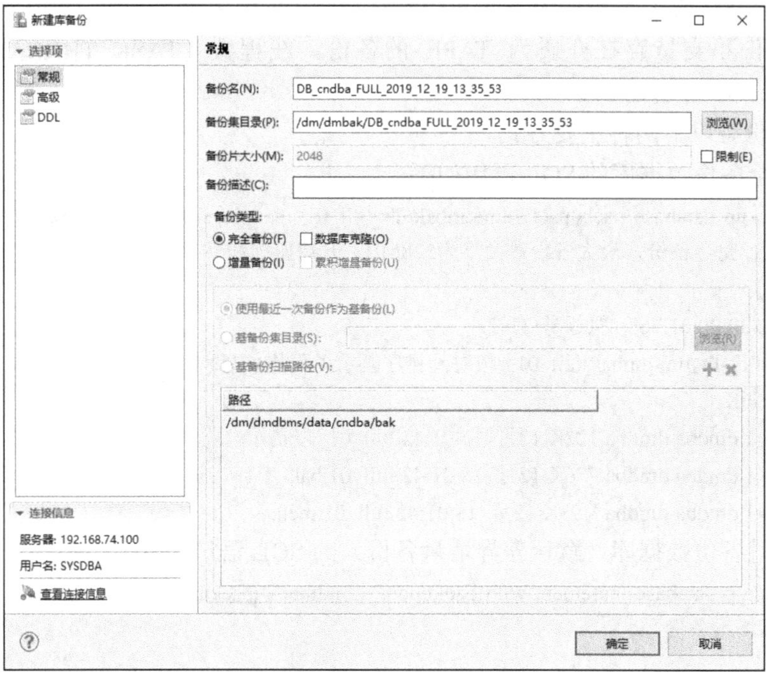

新建库备份
选择项
常规
高级
DDL
常规
备份名(N): DB_cndba_FULL_2019_12_19_13_35_53
备份集目录(P): /dm/dmbak/DB_cndba_FULL_2019_12_19_13_35_53
浏览(W)
备份片大小(M): 2048
限制(E)
备份描述(C):
备份类型:
完全备份(F)
数据库克隆(O)
增量备份(I)
累积增量备份(U)
使用最近一次备份作为基备份(L)
基备份集目录(S):
浏览(R)
基备份扫描路径(V):
路径
/dm/dmdbms/data/cndba/bak
连接信息
服务器: 192.168.74.100
用户名: SYSDBA
查看连接信息
确定
取消

图 4-6　数据库备份

这里需要注意，DM 管理工具默认只显示默认备份路径下的备份集，创建的备份集必须在添加工作目录后才会显示。同命令行操作一样，该操作也只对当前会话生效。在备份上刷新后就需要重新指定。

在“库备份”选项上单击右键，选择“指定工作目录”，然后添加备份目录即可，指定备份工作目录如图 4-7 所示。

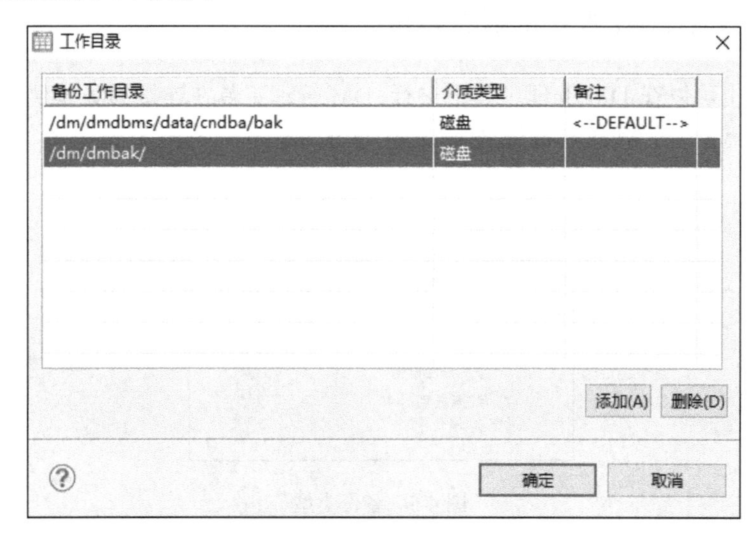

图 4-7　指定备份工作目录

添加之后，左侧会显示备份集的信息，备份集信息显示如图 4-8 所示。

图 4-8　备份集信息显示

其他操作也是直接在图形界面上操作的，这里不再演示。

4.4.3　表空间备份与表空间还原

联机执行 SQL 语句备份支持表空间级别的备份。表空间的还原需要数据库关闭，进行脱机还原。

1．表空间备份

联机执行 SQL 语句备份表空间的语法如下。

```
BACKUP TABLESPACE <表空间名> [FULL | INCREMENT [CUMULATIVE][WITH BACKUPDIR '<基备份搜索目录>'{,'<基备份搜索目录>'}]| [BASE ON BACKUPSET '<基备份集目录>']][TO <备份名>] BACKUPSET ['<备份集路径>']
[DEVICE TYPE <介质类型> [PARMS '<介质参数>']]
[BACKUPINFO '<备份集描述>'] [MAXPIECESIZE <备份片限制大小>]
[IDENTIFIED BY < 加密密码 >[WITH ENCRYPTION<TYPE>][ENCRYPT WITH < 加密算法 >]]
[COMPRESSED [LEVEL <压缩级别>]]
[TRACE FILE '<TRACE 文件名>'] [TRACE LEVEL <TRACE 日志级别>]
[TASK THREAD <线程数>][PARALLEL [<并行数>]];
```

用 SQL 语句备份表空间的参数和备份数据库的参数相同，这里不再描述。

完全备份表空间的 SQL 语句如下。

```
SQL> backup tablespace main full backupset '/dm/dmbak/ts_full_bak_01'; //对表空间进行完全备份
操作已执行
已用时间: 817.382(毫秒). 执行号:2310.
SQL> host ls -lh /dm/dmbak/ts_full_bak_01    //按时间排序查看备份集信息
总用量 296KB
-rw-rw-r-- 1 dmdba dmdba 229K 12月 18 02:03 ts_full_bak_01.bak
-rw-rw-r-- 1 dmdba dmdba   61K 12月 18 02:03 ts_full_bak_01.meta
```

增量备份表空间的 SQL 语句如下。

```
SQL> backup tablespace main increment with backupdir '/dm/dmbak' backupset '/dm/dmbak/ts_increment_bak_02'; //对表空间进行增量备份
```

```
[-8084]:节点[0]的起始LSN[62302]小于等于基备份结束LSN[62304], 请在相应节点执行检查点.
已用时间: 00:00:01.773. 执行号:0.
行号        CHECKPOINT(0)
---------- ------------
1           0

已用时间: 21.438(毫秒). 执行号:2312.
SQL> /

行号        CHECKPOINT(0)
---------- ------------
1           0

SQL> host ls -lh /dm/dmbak/ts_increment_bak_02    //按时间排序查看备份集信息
总用量 80KB
-rw-rw-r-- 1 dmdba dmdba 13K 12月  18 02:04 ts_increment_bak_02.bak
-rw-rw-r-- 1 dmdba dmdba 61K 12月  18 02:04 ts_increment_bak_02.meta
```

2．表空间还原

表空间还原的语法如下。

```
RESTORE DATABASE <INI 路径> TABLESPACE <表空间名>
[DATAFILE<<文件编号> {,<文件编号>} | '<文件路径>' {,'<文件路径>'}>]
FROM BACKUPSET '<备份集路径>' [DEVICE TYPE <介质类型> [PARMS '<介质参数>']]
[IDENTIFIED BY <加密密码>] [ENCRYPT WITH <加密算法>]
[WITH BACKUPDIR '<备份目录>' {,'<备份目录>'}]
[MAPPED FILE '<映射文件>']
[TASK THREAD <线程数>];

RMAN> restore database '/dm/dmdbms/data/cndba/dm.ini' tablespace main from backupset '/dm/dmbak/ts_full_bak_02'; //对MAIN表空间进行还原
```

3．表空间恢复

表空间恢复的语法如下。

```
RECOVER DATABASE <INI 路径> TABLESPACE <表空间名> [WITH ARCHIVEDIR '归档目录'{,'归档目录'}][USE DB_MAGIC <db_magic>];

RMAN> recover database '/dm/dmdbms/data/cndba/dm.ini' tablespace main; //对MAIN表空间进行恢复
```

4.4.4 表备份与表还原

1．表备份

表备份复制指定表使用的所有数据页到备份集中，并记录各个数据页之间的逻辑关系，用来恢复表数据结构。表备份是联机完全备份，与数据库备份、表空间备份不同，表备份不需要备份归档日志，且没有增量备份。

表备份的 SQL 语法如下。

```
BACKUP TABLE <表名> [TO <备份名>]
BACKUPSET ['<备份集路径>'] [DEVICE TYPE <介质类型> [PARMS '<介质参数>']]
[BACKUPINFO '<备份集描述>'] [MAXPIECESIZE <备份片限制大小>]
[IDENTIFIED BY <加密密码>[WITH ENCRYPTION<TYPE>][ENCRYPT WITH <加密算法>]]
[COMPRESSED [LEVEL <压缩级别>]] [TRACE FILE '<trace 文件名>'] [TRACE LEVEL <trace 日志级别>]
```

表备份的 SQL 语句如下。

```
SQL> backup table dmhr.city backupset '/dm/dmbak/tab_bak_01'; //备份dmhr.city表
操作已执行
已用时间: 00:00:01.387. 执行号:2391.
SQL>   host ls -lrt /dm/dmbak/tab_bak_01    //按时间排序查看备份集信息
总用量 92
-rw-rw-r-- 1 dmdba dmdba 20992 12月  18 04:12 tab_bak_01.bak
-rw-rw-r-- 1 dmdba dmdba 59392 12月  18 04:12 tab_bak_01.meta
```

2. 表还原

数据库必须处于 OPEN 状态才可以执行表还原操作。表还原是联机完全备份还原，不需要借助本地归档日志，还原后不需要恢复。

表还原的语法如下。

```
RESTORE TABLE [<表名>][STRUCT]
[WITH INDEX | WITHOUT INDEX] [WITH CONSTRAINT|WITHOUT CONSTRAINT]
FROM BACKUPSET'<备份集路径>' [DEVICE TYPE <介质类型> [PARMS '<介质参数>']]
[IDENTIFIED BY <密码>] [ENCRYPT WITH <加密算法>]
[TRACE FILE '<TRACE 文件名>'] [TRACE LEVEL <TRACE 日志级别>];
```

表还原的 3 个选项如下。

（1）WITH /WITHOUT INDEX：指定还原数据后是否重建二级索引，默认重建。

（2）WITH/WITHOUT CONSTRAINT：指定还原数据后是否在目标表上重建约束，默认重建。约束和索引的状态和备份表保持一致，之前是无效或不可见的，在重建之后依旧保持无效或不可见。

（3）STRUCT：指定 STRUCT 则执行表结构还原。根据备份集中备份表还原的要求，对目标表定义进行校验，并删除目标表中已存在的二级索引和约束。

这里要注意，若不指定 STRUCT 关键字，则仅执行表数据还原，表数据还原默认仅会将备份表中聚集索引上的数据还原，且仅会在目标表定义与备份表定义一致且不存在二级索引和约束的情况下执行。所以大部分的表还原都需要先执行 STRUCT，重建表，然后执行实际数据的还原。

备份表的 SQL 语句如下。

```
SQL> backup table dmhr.job backupset '/dm/dmbak/job_bak_01';   //备份 dmhr.job表
```

```
操作已执行
已用时间: 932.380(毫秒). 执行号:2392.
```

直接还原表的 SQL 语句如下，会提示还原表中有二级索引或冗余约束。

```
SQL> restore table dmhr.job from backupset '/dm/dmbak/job_bak_01';
restore table dmhr.job from backupset '/dm/dmbak/job_bak_01';
[-8327]:还原表中存在二级索引或冗余约束.
已用时间: 44.053(毫秒). 执行号:0.
```

重构表并还原的 SQL 语句如下。

```
SQL> restore table dmhr.job struct from backupset '/dm/dmbak/job_bak_01';
操作已执行
已用时间: 74.888(毫秒). 执行号:2394.
SQL> restore table dmhr.job from backupset '/dm/dmbak/job_bak_01';
操作已执行
已用时间: 70.561(毫秒). 执行号:2395.
```

还原数据不重建索引的 SQL 语句如下。

```
SQL>   restore table dmhr.job struct from backupset '/dm/dmbak/job_bak_01';
操作已执行
已用时间: 20.287(毫秒). 执行号:2397.
SQL> restore table dmhr.job without index from backupset '/dm/dmbak/job_bak_01';
操作已执行
已用时间: 71.159(毫秒). 执行号:2398.
```

还原数据不重建约束的 SQL 语句如下。

```
SQL> restore table dmhr.job struct from backupset '/dm/dmbak/job_bak_01';
操作已执行
已用时间: 21.658(毫秒). 执行号:2400.
SQL> restore table dmhr.job without constraint from backupset '/dm/dmbak/job_bak_01';
操作已执行
已用时间: 46.527(毫秒). 执行号:2401.
```

4.4.5 归档备份

联机 SQL 语句备份仅支持归档备份，备份语法如下。

```
BACKUP <ARCHIVE LOG |ARCHIVELOG>
[ALL | [FROM LSN <lsn>]| [UNTIL LSN <lsn>]|[LSN BETWEEN <lsn> AND <lsn>] | [FROM TIME '<time>']|[UNTIL TIME '<time>']|[TIME BETWEEN'<time>'> AND '<time>']][<notBackedUpSpec>][DELETE INPUT]
[TO <备份名>][<备份集子句>]; <备份集子句>: : =BACKUPSET ['<备份集路径>'][DEVICE TYPE <介质类型> [PARMS '<介质参数>']]
[BACKUPINFO '<备份描述>'] [MAXPIECESIZE <备份片限制大小>]
[IDENTIFIED BY <密钥>[WITH ENCRYPTION<TYPE>][ENCRYPT WITH <加密算法>]]
[COMPRESSED [LEVEL <压缩级别>]] [WITHOUT LOG]
[TRACE FILE '<trace 文件名>'] [TRACE LEVEL <trace 日志级别>]
```

```
[TASK THREAD <线程数>][PARALLEL [<并行数>][READ SIZE <拆分块大小>]];
```

归档备份的 5 个主要选项如下。

（1）ALL：备份所有的归档。

（2）FROM LSN/UNTIL LSN：指定备份开始/截止的 LSN。

（3）FROM TIME/UNTILTIME：指定备份开始/截止的时间点。

（4）BETWEEN ... AND ...：指定备份的区间。指定区间后，只会备份指定区间内的归档文件。

（5）DELETE INPUT：指定备份完成后，是否删除归档操作。

归档日志的有效 LSN 范围可以通过 V$ARCH_FILE 查看。

```
SQL> set lineshow off
SQL> select arch_lsn, clsn, path from v$arch_file; //查看归档文件相关信息

ARCH_LSN            CLSN                PATH
------------------- ------------------- ------------------------------------------------
52880               62111               /dm/dmarch/ARCHIVE_LOCAL1_20191218014226320_0.log
62111               62267               /dm/dmarch/ARCHIVE_LOCAL1_20191218014415639_0.log
62267               62295               /dm/dmarch/ARCHIVE_LOCAL1_20191218015115430_0.log
62295               62828               /dm/dmarch/ARCHIVE_LOCAL1_20191218015240288_0.log
```

备份指定的归档日志文件的 SQL 语句如下。

```
SQL> backup archivelog lsn between 52880 and 62111 delete input backupset '/dm/dmbak/arch_bak_01' ;//
备份数据库时删除指定的归档日志文件
SQL> host ls -lrt /dm/dmbak/arch_bak_01    //按时间排序查看备份集信息
总用量 928
-rw-rw-r-- 1 dmdba dmdba 880640 12月  18 05:39 arch_bak_01.bak
-rw-rw-r-- 1 dmdba dmdba   66048 12月  18 05:39 arch_bak_01.meta
```

备份所有归档日志文件的 SQL 语句如下。

```
SQL> backup archivelog all delete input backupset '/dm/dmbak/arch_bak_02' ; //备份所有归档日志文件
SQL> select arch_lsn, clsn, path from v$arch_file; //查询归档日志文件的信息

ARCH_LSN                      CLSN        PATH
------------------- ------------------- ------------------------------------------------
62835                         62837       /dm/dmarch/ARCHIVE_LOCAL1_20191218054448318_0.log
```

4.5 管理备份

4.5.1 查看备份信息

在达梦数据库中可以通过如下动态视图查看备份的相关信息。

（1）V$BACKUPSET：显示备份集的基本信息。

（2）V$BACKUPSET_DBINFO：显示备份集的数据库相关信息。

（3）V$BACKUPSET_DBF：显示备份集中数据文件的相关信息。

（4）V$BACKUPSET_ARCH：显示备份集的归档信息。

（5）V$BACKUPSET_BKP：显示备份集的备份片信息。

（6）V$BACKUPSET_SEARCH_DIRS：显示备份集的搜索目录。

（7）V$BACKUPSET_TABLE：显示表备份集中的备份表信息。

（8）V$BACKUPSET_SUBS：显示并行备份中生成的子备份集信息。

关于这些视图的详细说明，可以参考官方手册。注意，在使用这些视图之前需要先使用 SF_BAKSET_BACKUP_DIR_ADD 函数来添加备份目录，该操作仅对当前会话有效。如果没有添加备份目录，仅搜索默认备份路径下的备份集。

在数据库中查询备份目录的 SQL 语句如下，若没有添加备份目录，则直接查询为空。

```
SQL> select backup_name,backup_path,type from v$backupset; //在数据库中查询备份目录
未选定行
```

添加数据库备份目录后再查询的 SQL 语句如下。

```
SQL> select sf_bakset_backup_dir_add（'disk', '/dm/dmbak'）;//添加数据库备份目录

SF_BAKSET_BACKUP_DIR_ADD（'disk','/dm/dmbak'）
-----------------------------------------
1

SQL> select backup_name,backup_path,type from v$backupset; //查询备份集信息

BACKUP_NAME                                 BACKUP_PATH                      TYPE
----------------------------------- --------------------------- -----------
DB_INCR_cndba_20191218_015259_000321        /dm/dmbak/increment_bak_01        1
TS_FULL_MAIN_20191218_020320_000806         /dm/dmbak/ts_full_bak_01          0
TAB_JOB_20191218_051219_000806              /dm/dmbak/job_bak_01              2
ARCH_20191218_053902_000535                 /dm/dmbak/arch_bak_01             3
TS_INCR_MAIN_20191218_033523_000694         /dm/dmbak/ts_incre_bak_03_01      1
TAB_CITY_20191218_041241_000517             /dm/dmbak/tab_bak_01              2
TS_FULL_MAIN_20191218_033458_000334         /dm/dmbak/ts_full_bak_03          0
DB_FULL_cndba_20191218_034319_000755        /dm/dmbak/db_full_bak_for_ts      0
TS_FULL_DAVE_20191218_040131_000212         /dm/dmbak/ts_bak_for_dbf          0
TS_FULL_MAIN_20191218_032912_000346         /dm/dmbak/ts_full_bak_02          0
DB_FULL_cndba_20191218_014247_000917        /dm/dmbak/full_01                 0
TS_INCR_MAIN_20191218_020405_000372         /dm/dmbak/ts_increment_bak_02     1
ARCH_20191218_054448_000307                 /dm/dmbak/arch_bak_02             3
DB_FULL_cndba_20191218_015153_000746        /dm/dmbak/db_full_01              0
14 rows got
```

4.5.2　备份集校验与删除

达梦数据库中没有提供自动删除过期备份的功能，需要 DBA 手工执行备份删除操作，也可配置定时作业任务自动删除过期的备份文件。

本节介绍使用 SQL 语句来删除备份，在 DMRAN 中，使用 DMRMAN 对应的语法来删除，这个将在 4.6 节中进行单独说明。

使用 SQL 语句删除备份操作涉及如下函数和存储过程。

（1）SF_BAKSET_BACKUP_DIR_ADD：添加备份目录。

（2）SF_BAKSET_BACKUP_DIR_REMOVE：删除内存中指定的备份目录。

（3）SF_BAKSET_BACKUP_DIR_REMOVE_ALL：删除内存中全部的备份目录。

（4）SF_BAKSET_CHECK：对备份集进行校验。

（5）SF_BAKSET_REMOVE：删除指定设备类型和指定备份集目录的备份集。

（6）SF_BAKSET_REMOVE_BATCH：批量删除满足指定条件的所有备份集。

（7）SP_DB_BAKSET_REMOVE_BATCH：批量删除指定时间之前的数据库备份集。

（8）SP_TS_BAKSET_REMOVE_BATCH：批量删除指定表空间对象及指定时间之前的表空间备份集。

（9）SP_TAB_BAKSET_REMOVE_BATCH：批量删除指定表对象及指定时间之前的表备份集。

（10）SP_ARCH_BAKSET_REMOVE_BATCH：批量删除指定条件的归档备份集。

注意，使用这些函数或存储过程之前需要先使用 SF_BAKSET_BACKUP_DIR_ADD 添加待删除的备份集目录，否则只删除默认备份路径下的备份集。

这些函数和过程的操作示例如下。

1．SF_BAKSET_CHECK 函数：校验备份集

```
SQL> select sf_bakset_check('DISK','/dm/dmbak/arch_bak_02');

SF_BAKSET_CHECK('DISK','/dm/dmbak/arch_bak_02')
-----------------------------------------------
1
```

2．SF_BAKSET_REMOVE 函数：删除指定备份集目录的备份集

语法：SF_BAKSET_REMOVE(device_type,backsetpath,option)。

SF_BAKSET_REMOVE 函数的参数说明如下。

（1）device_type：DISK 或 TAPE。

（2）backsetpath：待删除的备份集目录。

（3）option: 删除备份集选项，0 表示默认删除，1 表示级联删除。

```
SQL>backup database full backupset '/dm/dmbak/db_bak_for_remove_02'; //对数据库完全备份
SQL>backup database increment backupset '/dm/dmbak/db_bak_for_remove_02_incr'; //对数据库增量备份
SQL>select sf_bakset_remove('DISK','/dm/dmbak/db_bak_for_remove_02'); //删除完全备份
SQL>select sf_bakset_remove('DISK','/dm/dmbak/db_bak_for_remove_02_incr',1); //删除增量备份
```

3. SF_BAKSET_REMOVE_BATCH 函数：批量删除满足指定条件的所有备份集

语法：SF_BAKSET_REMOVE_BATCH(device_type ,end_time ,range ,obj_name)。

SF_BAKSET_REMOVE_BATCH 函数的参数说明如下。

（1）device_type：DISK 或 TAPE，NULL 则忽略存储设备的区分。

（2）end_time：必填项，删除备份集的结束时间，仅删除结束时间之前的备份集。

（3）range：删除备份的级别。1 代表库级，2 代表表空间级，3 代表表级，4 代表归档备份级。NULL 则忽略备份级别的区分。

（4）obj_name：待删除备份集中备份对象的名称，仅表空间级和表级有效。NULL 则忽略备份集中备份对象的名称区分。

```
SQL> backup database full backupset '/dm/dmbak/db_bak_for_remove_02';//对数据库做完全备份
SQL> backup tablespace main full backupset '/dm/dmbak/ts_bak_for_remove';//对数据库做增量备份
SQL> select sf_bakset_remove_batch ('DISK', now()-1, 2, NULL); //删除1天前的完全备份
SQL> select sf_bakset_remove_batch ('DISK', now(),NULL,NULL);//删除增量备份
```

4. SP_DB_BAKSET_REMOVE_BATCH 函数：批量删除指定时间之前的数据库备份集

语法：SP_DB_BAKSET_REMOVE_BATCH(device_type ,end_time)。

SP_DB_BAKSET_REMOVE_BATCH 函数的参数说明如下。

（1）device_type：DISK 或 TAPE。NULL 则忽略存储设备的区分。

（2）end_time：必填项，删除备份集的结束时间，仅删除结束时间之前的备份集。

```
SQL> backup database full backupset '/dm/dmbak/db_bak_for_remove_03'; //对数据库做完全备份
SQL> select sf_bakset_backup_dir_add('DISK','/dm/dmbak'); //添加数据库备份目录
SQL> sp_db_bakset_remove_batch ('DISK', now()); //删除所有数据库备份
SQL> sp_db_bakset_remove_batch ('DISK', now()-15);//删除15天前的数据库备份
```

5. SP_TS_BAKSET_REMOVE_BATCH 函数：批量删除指定表空间对象及指定时间之前的表空间备份集

语法：SP_TS_BAKSET_REMOVE_BATCH(device_type ,end_time , ts_name)。

SP_TS_BAKSET_REMOVE_BATCH 函数的参数说明如下。

（1）device_type：DISK 或 TAPE。NULL 则忽略存储设备的区分。

（2）end_time：必填项，删除备份集的结束时间，仅删除结束时间之前的备份集。

（3）ts_name：表空间名，若未指定，则认为删除所有满足条件的表空间备份集。

```
SQL> backup tablespace main full backupset '/dm/dmbak/ts_bak_for_remove'; //备份MAIN表空间
SQL> select sf_bakset_backup_dir_add('DISK','/dm/dmbak'); //添加备份目录
SQL> call sp_ts_bakset_remove_batch('DISK',NOW(),'MAIN'); //删除MAIN表空间备份
```

6. SP_TAB_BAKSET_REMOVE_BATCH 函数：批量删除指定表对象及指定时间之前的表备份集

语法：SP_TAB_BAKSET_REMOVE_BATCH(device_type,end_time,sch_name,tab_ name)。

SP_TAB_BAKSET_REMOVE_BATCH 函数的参数说明如下。

（1）device_type：DISK 或 TAPE。NULL 则忽略存储设备的区分。

（2）end_time：必填项，删除备份集的结束时间，仅删除结束时间之前的备份集。

（3）sch_name：表所属的模式名。

（4）tab_name：表名，若模式名和表名中有 1 个指定，则认为需要匹配目标；若模式名和表名均指定为 NULL，则认为删除满足条件的所有表备份。

```
SQL> create table cndba(c1 int); //创建表
SQL> backup table cndba backupset '/dm/dmbak/tab_bak_for_batch_del'; //备份cndba表
SQL> select sf_bakset_backup_dir_add('DISK','/dm/dmbak'); //添加备份目录
SQL> call sp_tab_bakset_remove_batch('DISK',NOW(),'SYSDBA','CNDBA');//删除SYSDBA模式下的
CNDBA表
```

7．SP_ARCH_BAKSET_REMOVE_BATCH 函数：批量删除指定时间之前的归档备份集

语法：SP_ARCH_BAKSET_REMOVE_BATCH(device_type ,end_time)。

SP_ARCH_BAKSET_REMOVE_BATCH 函数的参数说明如下。

（1）device_type：DISK 或 TAPE。NULL 则忽略存储设备的区分。

（2）end_time：必填项，删除备份集生成的结束时间，仅删除结束时间之前的备份集。

```
SQL> backup archivelog backupset '/dm/dmbak/arch_bak_for_batch_del';  //备份归档日志文件
SQL> select sf_bakset_backup_dir_add('DISK','/dm/dmbak');//添加备份目录
SQL> call sp_arch_bakset_remove_batch('DISK', NOW());//删除归档日志文件备份
```

4.6 脱机备份与还原

4.6.1 DMRMAN 工具

DMRMAN（DM RECOVERY MANAGER）工具是达梦数据库自带的脱机备份与还原管理工具，在/dm/dmdbms/bin 目录下。

在使用 DMRMAN 工具时需要注意以下 3 点。

（1）DmAPService 服务是正常运行的。

（2）在/dm/dmdbms/bin 目录下执行 dmrman 命令。

（3）备份的实例必须是关闭状态。

若不满足这 3 个条件，则执行会报错。DMRMAN 工具的使用帮助如下。

```
[dmdba@dw1 bin]$ dmrman help //查看DMRMAN工具的帮助手册
dmrman V8.1.0.147-Build(2019.03.27-104581)ENT
格式: ./dmrman    KEYWORD=value

例程: ./dmrman    CTLFILE=/opt/dm7data/dameng/res_ctl.txt

必选参数:
```

```
关键字          说明
CTLFILE         指定执行语句所在的文件路径
CTLSTMT         指定待执行语句
DCR_INI         指定dmdcr.ini路径；若未指定且当前目录中dmdcr.ini存在，则使用当前目录中的dmdcr.ini
USE_AP          指定备份、还原执行载体，1/2：DMAP/进程自身，默认是DMAP。
HELP            打印帮助信息
```

1. DMRMAN 工具支持的输入命令方式

1）DMRMAN 控制台输入命令

```
[dmdba@dw1 bin]$ pwd //查看当前路径
/dm/dmdbms/bin
[dmdba@dw1 bin]$ ./dmrman   //运行DMRMAN工具
dmrman V8.1.0.147-Build(2019.03.27-104581)ENT
RMAN> backup database '/dm/dmdbms/data/cndba/dm.ini' backupset '/dm/dmbak/dmrman_01'; //对数据库做完全备份
```

2）DMRMAN 控制台执行脚本

（1）创建存放操作命令的文本。

```
[dmdba@dw1 dmbak]$ cat cmd_file.txt
backup database '/dm/dmdbms/data/cndba/dm.ini' backupset '/dm/dmbak/dmrman_01'
```

（2）在 DMRMAN 中调用。

RMAN> `/dm/dmbak/cmd_file.txt   #注意：这里`之后没有空格。

3）使用 CTLFILE 参数指定命令文本

```
[dmdba@dw1 bin]$ ./dmrman CTLFILE=/dm/dmbak/cmd_file.txt
```

4）使用 CTLSTMT 指定命令

```
[dmdba@dw1 bin]$ ./dmrman CTLSTMT= " backup database '/dm/dmdbms/data/cndba/dm.ini' backupset '/dm/dmbak/dmrman_01' "
```

2. DMRMAN 工具环境配置

DMRMAN 工具也可以配置环境变量，包括存储介质类型、备份集搜集目录、归档日志搜集目录、跟踪日志文件等。

1）环境变量的配置语法

```
CONFIGURE |
CONFIGURE CLEAR |
CONFIGURE DEFAULT <sub_conf_stmt>
<sub_conf_stmt>::=
DEVICE [[TYPE<介质类型> [PARMS <第三方参数>]]|CLEAR] |
TRACE [[FILE <跟踪日志文件路径>][TRACE LEVEL <跟踪日志等级>]|CLEAR] |
BACKUPDIR [[ADD|DELETE] '<基备份搜索目录>'{,'<基备份搜索目录>' }|CLEAR] |
ARCHIVEDIR [[ADD|DELETE] '<归档日志目录>'{,'<归档日志目录>'}
{'<归档日志目录>'{,'<归档日志目录>'} }|CLEAR]
```

2）参数说明

（1）CONFIGURE：查看设置的默认值。

（2）CLEAR：清除参数值。

（3）DEVICE TYPE：备份集存储的介质类型，DISK 或者 TAPE，默认为 DISK。

（4）PARMS：介质参数，供第三方存储介质（TAPE 类型）管理使用。

（5）BACKUPDIR：默认搜集备份的目录。

（6）ARCHIVEDIR：默认搜集归档的目录。

（7）ADD：添加默认备份集搜索目录或归档日志目录，若已经存在，则替换原有的目录。

（8）DELETE：删除指定默认备份集搜索目录或归档日志目录。

```
[dmdba@dw1 bin]$ ./dmrman //运行DMRMAN工具
dmrman V8.1.0.147-Build(2019.03.27-104581)ENT

查看DMRMAN 配置
RMAN> configure
configure
THE DMRMAN DEFAULT SETTING:

DEFAULT DEVICE:
MEDIA : DISK
DEFAULT TRACE :
FILE:
LEVEL: 1
DEFAULT BACKUP DIRECTORY:
TOTAL COUNT:0

DEFAULT ARCHIVE DIRECTORY:
TOTAL COUNT:0

time used: 0.256(ms)
```

3. 脱机备份与还原操作流程

1）设置默认的备份目录

```
RMAN> configure default backupdir '/dm/dmbak';
configure default backupdir '/dm/dmbak';
configure default backupdir update successfully!
DEFAULT BACKUP DIRECTORY:
TOTAL COUNT:1

/dm/dmbak
time used: 0.601(ms)
```

2）添加备份目录

```
RMAN> configure default backupdir add '/dm/dmbak2';
configure default backupdir add '/dm/dmbak2';
configure default backupdir add successfully!
DEFAULT BACKUP DIRECTORY:
TOTAL COUNT:2

/dm/dmbak
/dm/dmbak2
time used: 0.209(ms)
```

3）删除备份目录

```
RMAN> configure default backupdir delete '/dm/dmbak2';
configure default backupdir delete '/dm/dmbak2';
configure default backupdir delete successfully!
DEFAULT BACKUP DIRECTORY:
TOTAL COUNT:1

/dm/dmbak
time used: 0.116(ms)
```

4）添加归档目录

```
RMAN> configure default archivedir '/dm/dmarch';
configure default archivedir '/dm/dmarch';
configure default archivedir update successfully!
DEFAULT ARCHIVE DIRECTORY:
TOTAL COUNT:1

/dm/dmarch
time used: 0.097(ms)
```

5）清除单项配置值

```
RMAN> configure default device clear;
configure default device clear;
configure default device clear successfully!
time used: 0.078(ms)
```

6）清除所有配置值

```
RMAN> configure clear
configure clear
configure default device clear successfully!
configure default trace clear successfully!
configure default backupdir clear successfully!
```

```
configure default archivedir clear successfully!
time used: 0.100(ms)
```

4.6.2 数据库备份

DMRMAN 是脱机备份工具，在执行备份之前，实例必须关闭。

数据库备份的语法如下。

```
BACKUP DATABASE '<INI文件路径>' [[[FULL][DDL_CLONE]] |INCREMENT [CUMULATIVE] [WITH BACKUPDIR '<基备份搜索目录>'{,'<基备份搜索目录>'}]|[BASE ON BACKUPSET '<基备份集目录>']]
[TO <备份名>] [BACKUPSET '<备份集目录>'][DEVICE TYPE <介质类型>[PARMS '<介质参数>']
[BACKUPINFO '<备份描述>'] [MAXPIECESIZE <备份片限制大小>]
[IDENTIFIED BY <加密密码>[WITH ENCRYPTION<TYPE>][ENCRYPT WITH <加密算法>]]
[COMPRESSED [LEVEL <压缩级别>]][WITHOUT LOG]
[TASK THREAD <线程数>][PARALLEL [<并行数>]];
```

语法和联机备份类似，这里只描述参数 DATABASE 后的'<INI 文件路径>'。因为连接备份是在 DISQL 工具里执行的，所以在执行之前已经确认了实例信息。而 DMRMAN 是脱机备份，所以在 DATABASE 选项之后必须加上 dm.ini 参数的绝对路径，以确定备份哪一个数据库。其他参数说明可以参考联机备份部分。

完全备份数据库的命令如下。

```
RMAN> backup database '/dm/dmdbms/data/cndba/dm.ini' full backupset '/dm/dmbak/cndba_full_bak_01';
```

增量备份数据库的命令如下。

```
RMAN> backup database '/dm/dmdbms/data/cndba/dm.ini' increment with backupdir '/dm/dmbak' backupset '/dm/dmbak/cndba_increment_bak_01';
```

注意：增量备份和完全备份之间必须有事务操作，否则备份会报错。

4.6.3 归档备份与还原

1. 归档备份

DMRMAN 工具的归档备份语法如下。

```
BACKUP<ARCHIVE LOG | ARCHIVELOG>[ALL | [FROM LSN <lsn 值>]|[UNTIL LSN <lsn 值>] | [LSN BETWEEN < lsn 值> AND < lsn值>] | [FROM TIME '时间串'] | [UNTIL TIME '时间串'] | [TIME BETWEEN '时间串' AND '时间串']] [<notBackedUpSpec>][DELETE INPUT]
DATABASE '<INI 文件路径>' [TO <备份名>] [BACKUPSET '<备份集目录>'] [DEVICE TYPE <介质类型>[PARMS '<介质参数>']
[BACKUPINFO '<备份描述>'] [MAXPIECESIZE <备份片限制大小>]
[IDENTIFIED BY <加密密码>[WITH ENCRYPTION<TYPE>][ENCRYPT WITH <加密算法>]]
[COMPRESSED [LEVEL <压缩级别>]][TASK THREAD <线程数>][PARALLEL [<并行数>]];
<notBackedUpSpec>::=NOT BACKED UP
```

```
| NOT BACKED UP num TIMES
| NOT BACKED UP SINCE TIME 'datetime_string'
```

语法选项和联机备份的语法类似，只是增加了一个<notBackedUpSpec> 选项，该选项用来指定备份归档的条件。可以设置为以下值。

（1）NOT BACKED UP：备份所有备份过的归档日志文件。

（2）NOT BACKED UP 3 TIMES：备份超过 3 次的归档文件不再备份，数字可以修改。

（3）NOT BACKED UP SINCE TIME 'datetime_string'：从指定时间开始对没有备份的归档文件进行备份。

1）备份全部归档

脱机备份的所有操作都要关闭实例，包括备份归档。

```
RMAN> backup archivelog all not backed up database '/dm/dmdbms/data/cndba/dm.ini' backupset '/dm/dmbak/arch_all_bak_01' maxpiecesize   128 parallel   8; //备份所有归档日志文件，备份片的大小最大为128MB，开启8个并行
[dmdba@dw1 ~]$ ls -lrt /dm/dmbak/arch_all_bak_01 //按备份生成的时间来排序，查看备份集
总用量 124
-rw-rw-r-- 1 dmdba dmdba 60928 12月  19 04:44 arch_all_bak_01.bak
-rw-rw-r-- 1 dmdba dmdba 61952 12月  19 04:44 arch_all_bak_01.meta
```

2）备份特定的归档文件

可以根据 LSN 或时间点进行过滤，先启动数据库进行查询，再关闭数据库进行备份，所以生产环境的备份建议使用联机备份进行。

```
[dmdba@dw1 ~]$ service DmServicedave start //启动数据库
SQL>    select arch_lsn, clsn, path from v$arch_file; //查看归档日志文件信息

ARCH_LSN        CLSN                PATH
------------------- ------------------- ------------------------------------------------
62835           63184               /dm/dmarch/ARCHIVE_LOCAL1_20191218054448318_0.log
63185           63186               /dm/dmarch/ARCHIVE_LOCAL1_20191219044822876_0.log

[dmdba@dw1 ~]$ service DmServicedave stop //关闭数据库
RMAN> backup archivelog lsn between 62835 and 63186 delete input database '/dm/dmdbms/data/cndba/dm.ini' backupset '/dm/dmbak/arch_increment_01';
```

注意，这里在备份的时候删除了归档。

2．归档还原

使用还原（RESTORE）命令可以将备份集中的归档文件还原到默认路径或指定路径，这里的备份集可以是脱机的备份集，也可以是联机的备份集。

归档还原的语法如下。

```
RESTORE<ARCHIVE LOG | ARCHIVELOG> FROM BACKUPSET '<备份集目录>'
[DEVICE TYPE DISK|TAPE[PARMS '<介质参数>']]
[IDENTIFIED BY <密码> [ENCRYPT WITH <加密算法>]]
```

```
[TASK THREAD <任务线程数>] [NOT PARALLEL]
[ALL | [FROM LSN <lsn 值>] | [UNTIL LSN <lsn 值>] | [LSN BETWEEN < lsn 值> AND < lsn 值>] | [FROM TIME '时间串'] | [UNTIL TIME '时间串'] | [TIME BETWEEN '时间串' AND '时间串'] ] TO <还原目录> [OVERWRITE level];
<还原目录>：：=
ARCHIVEDIR '<归档目录>' |
DATABASE '<INI 文件路径>'
```

参数 OVERWRITE 表示在还原归档时，对已经存在的归档文件的处理方式，有以下值。

（1）1：默认值，跳过已存在的归档日志，并将信息记录到/log/dm_BAKRES_年月.log。

（2）2：直接报错返回。

（3）3：强制覆盖存在的归档日志。

还原目录可以指定 ini 文件和目录，如果未指定 ini 文件，则还原到参数里配置的归档目录。

这里直接使用之前创建的备份进行恢复。

校验备份集的命令如下。

```
RMAN> check backupset '/dm/dmbak/arch_all_bak_01';
```

还原归档到归档路径的命令如下。

```
RMAN> restore archive log from backupset '/dm/dmbak/arch_all_bak_01' to database '/dm/dmdbms/data/cndba/dm.ini' ;
```

还原归档到指定路径的命令如下。

```
RMAN>restore archive log from backupset '/dm/dmbak/arch_all_bak_01' to archivedir '/tmp/dmarch' overwrite 2;
[dmdba@dw1 dmarch]$ ll /tmp/dmarch //查看该路径下的文件详细信息
总用量 56
-rw-rw-r-- 1 dmdba dmdba 56320 12月 19 05:44 ARCHIVE_LOCAL1_20191218054448318_0.log
```

4.6.4　归档修复

DM 实例在正常退出时，会将所有 REDO 日志写入本地归档日志文件；在数据库异常中断的情况下，可能存在部分 REDO 日志未写入本地归档日志文件的情况。归档修复就是扫描联机日志文件，将那些已经写入联机日志文件，但还没有写入归档日志文件的 REDO 日志，重新写入归档日志文件。

利用这些完整的日志可以将数据库恢复到故障前的状态，不会导致因没有及时刷入本地归档的联机日志造成的数据丢失。

归档修复的流程如下。

（1）收集本地归档日志文件。

（2）截断最后一个本地归档日志文件，并创建一个新的归档日志文件。

（3）扫描联机日志文件，将 CKPT_LSN 之后的 REDO 日志复制、写入到新创建的归档日志文件中。

归档修复的语法如下。

```
REPAIR<ARCHIVE LOG | ARCHIVELOG> DATABASE <'INI 文件路径'>;
```

必须在实例停止的状态下才能执行归档修复操作，归档修复的命令如下。

```
RMAN> repair archivelog database '/dm/dmdbms/data/cndba/dm.ini'; //归档修复
```

若为 DMDSC 环境，则在每个节点都要执行。

4.6.5 数据库还原恢复

1．还原恢复说明

此阶段包含 3 个动作：还原（RESTORE）、恢复（RECOVER）、数据库更新（UPDATE DB_MAGIC）。

使用还原（RESTORE）命令从备份集中进行对象的还原（配置文件和数据文件等），备份集可以是脱机库级备份集，也可以是联机库级备份集。

数据库还原的语法如下。

```
RESTORE DATABASE <restore_type> FROM BACKUPSET '<备份集目录>'
[DEVICE TYPE DISK|TAPE[PARMS '<介质参数>']]
[IDENTIFIED BY <密码> [ENCRYPT WITH <加密算法>]]
[WITH BACKUPDIR '<基备份集搜索目录>'{,'<基备份集搜索目录>'}]
[MAPPED FILE '<映射文件>'][TASK THREAD <任务线程数>] [NOT PARALLEL]
[RENAME TO '<数据库名>']; <restore_type>::=<type1>|<type2>
<type1>::='<INI文件路径>'[REUSE DMINI][OVERWRITE]
<type2>::= TO '<system_dbf 所在路径>' [OVERWRITE]
```

使用恢复命令在数据库还原后继续完成数据库恢复工作，可以基于备份集，也可以基于本地的归档日志，主要是利用日志来恢复数据的一致性。

数据库恢复有以下两种方式。

（1）从备份集恢复，即重做备份集中的 REDO 日志。

（2）从归档恢复，即重做归档中的 REDO 日志。

数据库恢复的语法如下。

```
RECOVER DATABASE '<INI 文件路径>' WITH ARCHIVEDIR '<归档日志目录>'{,'<归档日志目录>'}
[USE DB_MAGIC <db_magic>] [UNTIL TIME '<时间串>'] [UNTIL LSN <LSN>];
```

备份集恢复的语法如下。

```
RECOVER DATABASE '<INI 文件路径 >' FROM BACKUPSET '< 备份集目录 >'[DEVICE TYPE
DISK|TAPE[PARMS '<介质参数>']] [IDENTIFIED BY <密码> [ENCRYPT WITH <加密算法>]];
```

这里注意以下两个参数。

（1）WITH ARCHIVEDIR：本地归档日志搜索目录，若未指定，则仅使用目标库配置本地归档目录，DSC 环境还会取 REMOTE 归档目录。

（2）USE DB_MAGIC：指定本地归档日志对应数据库的 DB_MAGIC，若未指定，则默认使用目标恢复数据库的 DB_MAGIC。

DB_MAGIC 是一个唯一值，每个实例都不一样。举例来进一步说明 USE DB_MAGIC 的用法，假设现在有一个很大的达梦数据库需要迁移，源库和目标库在两台不同的服务器上，服务器 S1 与服务器 S2 上数据实例的名称均为 DAVE，但由于库很大，在最初同步时，在不中断业务的情况下，可以使用联机备份（SQL 语句）对全库进行备份，然后把备份恢复到服务器 S2 上。但由于库很大，这个过程可能会花费十几个小时，因此在恢复阶段必然会产生很多的归档。虽然服务器 S1 和服务器 S2 上的数据库名称相同，但是它们的 DB_MAGIC 并不一样。为了追加新的事务内容，必须利用服务器 S1 上的归档，因此在服务器 S2 上恢复 S1 归档时，就必须使用指定服务器 S1 上归档对应的 DB_MAGIC（使用 dmrachk 命令或在 DMRMAN 工具中使用 show 命令查看），而不能使用默认的服务器 S2 上实例的 DB_MAGIC。在数据同步后，最后进行 UPDATE DB_MAGIC，将数据库调整为正常状态，完成迁移工作。

数据库更新（UPDATE DB_MAGIC）也是利用恢复命令实现的。在数据库执行恢复命令后，需要执行更新操作（UPDATE MAGIC），将数据库调整为可正常工作的库。

当然，如果数据库在执行完还原操作后已处于一致性的状态（比如脱机备份的恢复），那么可以不进行恢复操作，直接进行数据库更新操作。

数据库更新的语法如下。

```
RECOVER DATABASE '<INI 文件路径>' UPDATE DB_MAGIC;
```

2. 从备份集还原恢复

在数据库比较大，或者事务比较多的情况下，备份过程中生成的日志也会存储到备份集中，比如在联机备份（SQL 语句备份）的情况下，执行数据库还原后，还需要重做备份集中备份的日志，从而将数据库恢复到备份时的一致状态，即从备份集恢复。

（1）SQL 联机备份数据库。

```
SQL> backup database backupset '/dm/dmbak/db_full_bak_01';
```

（2）停止实例。

```
[dmdba@dw1 dmarch]$ service DmServicedave stop
Stopping DmServicedave:            [ OK ]
```

（3）还原数据库。

```
RMAN>restore database '/dm/dmdbms/data/cndba/dm.ini' from backupset '/dm/dmbak/db_full_bak_01';
```

（4）从备份集恢复数据库。

```
RMAN>recover database '/dm/dmdbms/data/cndba/dm.ini' from backupset '/dm/dmbak/db_full_bak_01';
```

（5）更新数据库。

```
RMAN> recover database '/dm/dmdbms/data/cndba/dm.ini' update db_magic;
```

（6）如果没有进行恢复操作直接更新数据库，那么不满足条件会报如下错误。

```
RMAN> recover database '/dm/dmdbms/data/cndba/dm.ini' update db_magic; //更新数据库;
EP[0] max_lsn: 80445
EP[0]'s begin_lsn[80445] < end_lsn[83330]
[-8308]:需要先执行RECOVER DATABASE操作，再执行RECOVER DATABASE UPDATE DB_MAGIC操作
```

3. 从归档还原恢复

从备份集恢复只是将数据库恢复到与备份时一致的状态。如果是在数据迁移的情况下，后面还会生成许多归档日志文件，为了应用这些归档日志文件的内容、保证数据的同

步，可以利用归档继续恢复。由于这是一种数据追加操作，在追加的过程中，也可以指定备份点之后的任意时间点和 LSN。

（1）使用 SQL 语句联机备份数据库。

```
SQL> backup database backupset '/dm/dmbak/db_full_bak_02';

创建测试表CNDBA：
SQL> set lineshow off
SQL> select arch_lsn, clsn, path from v$arch_file; //查看归档日志文件信息

ARCH_LSN        CLSN            PATH
--------------- --------------- ---------------------------------------------
72920           78066           /dm/dmarch/ARCHIVE_LOCAL1_20191219130916990_0.log

SQL> create table cndba as select * from sysobjects; //创建表
```

（2）切换归档。

```
SQL> alter system switch logfile;
操作已执行
已用时间: 12.151(毫秒). 执行号:0.
SQL> select arch_lsn, clsn, path from v$arch_file; //查看归档日志文件信息

ARCH_LSN        CLSN            PATH
--------------- --------------- ---------------------------------------------
0               0               /dm/dmarch/ARCHIVE_LOCAL1_20191219131241635_0.log
72920           78181           /dm/dmarch/ARCHIVE_LOCAL1_20191219130916990_0.log

已用时间: 0.733(毫秒). 执行号:7.
```

（3）创建测试表 ustc。

```
SQL> create table ustc as select * from sysobjects;
```

（4）停库。

```
[dmdba@dw1 dmarch]$ service DmServicedave stop
```

（5）将数据库还原至备份点。

```
RMAN>restore database '/dm/dmdbms/data/cndba/dm.ini' from backupset '/dm/dmbak/db_full_bak_02'; //
还原数据库
RMAN>recover database '/dm/dmdbms/data/cndba/dm.ini' from backupset '/dm/dmbak/db_full_bak_02'; //
恢复数据库
```

（6）利用归档恢复：如果是数据迁移等非本地原始的归档文件，还需要指定 DB_MAGIC，对于同实例恢复则不需要指定。

```
RMAN> show backupset '/dm/dmbak/db_full_bak_02' info db; //查看备份集信息
……
system path:                /dm/dmdbms/data/cndba
db magic:                   1836296762
```

```
permanent magic:            760667157
……

RMAN>recover database '/dm/dmdbms/data/cndba/dm.ini' with archivedir '/dm/dmarch' use db_magic 1836296762; //恢复数据库
```

（7）更新数据库。

```
RMAN> recover database '/dm/dmdbms/data/cndba/dm.ini' update db_magic;
```

（8）启动数据库，查询测试表。

```
[dmdba@dw1 dmarch]$ service DmServicedave start //启动数据库

[dmdba@dw1 dmarch]$ disql SYSDBA/SYSDBA //用SYSDBA用户连接数据库

服务器[LOCALHOST:5236]:处于普通打开状态
登录使用时间: 41.791(毫秒)
disql V8.1.0.147-Build(2019.03.27-104581)ENT
SQL> select count(1) from cndba; //统计表cndba的行数

行号        COUNT(1)
---------- --------------------
1           1527

已用时间: 80.366(毫秒). 执行号:3.
SQL> select count(1) from ustc; //统计表ustc的行数

行号        COUNT(1)
---------- --------------------
1           1529

已用时间: 1.329(毫秒). 执行号:4.
```

如果归档恢复过程中提示缺少归档，可以利用 DMRACHK 工具校验归档的连续性，如果有缺少，可以利用备份进行归档还原，随后再进行归档恢复。

4．不完全恢复

若应用了所有的归档，则为数据库的完全恢复。因为在归档恢复的过程中，可以指定恢复的时间和 LSN，所以利用该方法可以进行不完全恢复，从而将数据库恢复到用户期待的时间点，比如误操作之前。

进行不完全恢复的操作流程如下。

（1）SQL 联机备份数据库。

```
SQL> backup database backupset '/dm/dmbak/db_full_bak_03';
```

（2）创建测试表 hefei。

```
SQL> create table hefei as select * from sysobjects;
```

（3）查看时间。

```
SQL> select sysdate();

SYSDATE()
-------------------------------------------------------------
2019-12-19 13:40:25
```

（4）查看 LSN。

```
SQL> select file_lsn from v$rlog;

FILE_LSN
--------------------
83444
```

（5）删除表。

```
SQL> drop table hefei;
```

（6）停库。

```
[dmdba@dw1 dmarch]$ service DmServicedave stop
```

（7）还原数据库。

```
RMAN>restore database '/dm/dmdbms/data/cndba/dm.ini' from backupset '/dm/dmbak/db_full_bak_03';
```

（8）恢复到指定的时间。

```
RMAN>recover database '/dm/dmdbms/data/cndba/dm.ini' with archivedir '/dm/dmarch' until time '2019-12-19 13:40:25';
```

（9）恢复到指定的 LSN。

```
RMAN>recover database '/dm/dmdbms/data/cndba/dm.ini' with archivedir '/dm/dmarch' until lsn 83444;
```

（10）更新数据库。

```
RMAN> recover database '/dm/dmdbms/data/cndba/dm.ini' update db_magic;
```

（11）启动数据库查询。

```
[dmdba@dw1 dmarch]$ service DmServicedave start //启动数据库

[dmdba@dw1 dmarch]$ disql SYSDBA/SYSDBA //用SYSDBA用户连接数据库

服务器[LOCALHOST:5236]:处于普通打开状态
登录使用时间: 41.163(毫秒)
disql V8.1.0.147-Build(2019.03.27-104581)ENT
SQL> select count(1) from hefei;

行号          COUNT(1)
---------- --------------------
1             1531

已用时间: 4.960(毫秒). 执行号:3.
```

（12）hefei 表成功恢复。

4.6.6 指定映射文件还原

在之前所描述的备份恢复内容里，都是将数据文件恢复到备份库的默认路径，若想把数据库恢复到新的路径，则可以通过指定映射文件来实现。

映射文件（Mapped File）指定了存放还原的目标路径，即备份集里数据文件的路径。可以首先利用备份生成备份集的映射文件，其次修改映射文件中的路径。在 DMRMAN 中，当参数 BACKUPSET 和 MAPPED FILE 指定的路径不一致时，以 MAPPED FILE 中指定的路径为主。

在 DMRMAN 工具中执行 DUMP 命令可以生成映射文件，语法如下。

```
DUMP BACKUPSET '<备份集目录>' [DEVICE TYPE DISK|TAPE [PARMS '介质参数']]
[DATABASE '<INI 文件路径>'] MAPPED FILE '<映射文件>';
```

（1）脱机完全备份数据库。

```
RMAN> backup database '/dm/dmdbms/data/cndba/dm.ini' full backupset '/dm/dmbak/cndba_full_bak_02';
```

（2）生成映射文件。

```
RMAN> dump backupset '/dm/dmbak/cndba_full_bak_02' database '/dm/dmdbms/data/cndba/dm.ini'
mapped file '/dm/dmbak/map_file_01.txt';
```

（3）查看并修改映射文件，这里将路径从/dm/dmdbms/data/cndba 改为/dm/dmdbms/data/hefei。

```
[dmdba@dw1 dmarch]$ cat /dm/dmbak/map_file_01.txt //查看该文件内容信息
/*****************************************************************/
/***   Delete the unnecessary modified groups                  **/
/***   Modify the data_path or mirror_path only in one group   **/
/*****************************************************************/


/**==========================================================**/
/*[cndba_SYSTEM_FIL_0]*/
fil_id              = 0
ts_id               = 0
ts_name             = SYSTEM
data_path           = /dm/dmdbms/data/hefei/SYSTEM.DBF
mirror_path         =
……
```

（4）还原数据库。

```
RMAN> restore database '/dm/dmdbms/data/cndba/dm.ini' from backupset '/dm/dmbak/cndba_full_
bak_02' mapped file '/dm/dmbak/map_file_01.txt';
```

（5）恢复数据库。

```
RMAN>recover database '/dm/dmdbms/data/cndba/dm.ini' from backupset '/dm/dmbak/cndba_
full_bak_02';
```

（6）更新数据库。

```
RMAN> recover database '/dm/dmdbms/data/cndba/dm.ini' update db_magic;
```

（7）查看新路径。

```
[dmdba@dw1 dmarch]$ ls -lrt /dm/dmdbms/data/hefei/
总用量 831508
-rw-rw-r-- 1 dmdba dmdba    134217728 12月  19 14:15 ROLL.DBF
-rw-rw-r-- 1 dmdba dmdba    134217728 12月  19 14:15 MAIN.DBF
-rw-rw-r-- 1 dmdba dmdba    157286400 12月  19 14:15 BOOKSHOP.DBF
-rw-rw-r-- 1 dmdba dmdba    134217728 12月  19 14:15 DMHR.DBF
-rw-rw-r-- 1 dmdba dmdba    134217728 12月  19 14:15 CNDBA.DBF
-rw-rw-r-- 1 dmdba dmdba    134217728 12月  19 14:15 CNDBA01.DBF
-rw-rw-r-- 1 dmdba dmdba    23068672 12月   19 14:17 SYSTEM.DBF
```

4.6.7 表空间还原

在 DMRMAN 工具中也可以利用还原命令进行表空间的脱机还原和恢复，这里的备份集可以是联机的，也可以是脱机的。

如果是脱机备份，不需要单独对表空间进行备份，可以直接利用数据库的脱机备份集来进行表空间的恢复。

而脱机备份本身也没有增量备份的说法，所以在脱机备份里，表空间只有全表空间恢复和数据文件恢复，并且不需要将表空间设置为 OFFLINE 状态，对 SYSTEM 表空间和 ROLL 表空间也可以进行还原操作。

与联机操作一样，脱机备份的表空间还原、恢复是一次性完成的，还原后不需要执行恢复操作。

表空间还原的语法如下。

```
RESTORE DATABASE '<INI 文件路径>' TABLESPACE <表空间名>
[DATAFILE<<文件编号> {,<文件编号>} | '<文件路径>' {,'<文件路径>'}>]
FROM BACKUPSET '<备份集目录>' [DEVICE TYPE DISK|TAPE[PARMS '<介质参数>']]
[IDENTIFIED BY <密码> [ENCRYPT WITH <加密算法>]]
[WITH BACKUPDIR '<基备份集搜索目录>'{,'<基备份集搜索目录>'}]
[<with_archdir_lst_stmt>]
[MAPPED FILE '<映射文件>'][TASK THREAD <任务线程数>] [NOT PARALLEL]
[UNTIL TIME '<时间串>'] [UNTIL LSN <LSN>]; <with_archdir_lst_stmt> ::=
WITH ARCHIVEDIR '<归档日志目录>'{,'<归档日志目录>'}
```

（1）查看表空间和数据文件信息。

```
SQL> set lineshow off
SQL> select a.name,b.id,b.path from v$tablespace a, v$datafile b where a.id=b.group_id; //查看表空间和
数据文件信息

NAME           ID          PATH
-------- ----------- ---------------------------------
SYSTEM         0           /dm/dmdbms/data/cndba/SYSTEM.DBF
DAVE           1           /dm/dmdbms/data/cndba/CNDBA01.DBF
DAVE           0           /dm/dmdbms/data/cndba/CNDBA.DBF
DMHR           0           /dm/dmdbms/data/cndba/DMHR.DBF
```

```
BOOKSHOP     0          /dm/dmdbms/data/cndba/BOOKSHOP.DBF
MAIN         0          /dm/dmdbms/data/cndba/MAIN.DBF
TEMP         0          /dm/dmdbms/data/cndba/TEMP.DBF
ROLL         0          /dm/dmdbms/data/cndba/ROLL.DBF

8 rows got
```

（2）联机备份表空间 dave。

```
SQL> backup tablespace dave backupset '/dm/dmbak/ts_dave_bak_02';
```

（3）停库。

```
[dmdba@dw1 dmarch]$ service DmServicedave stop
```

（4）物理删除数据文件。

```
[dmdba@dw1 data]$ mv /dm/dmdbms/data/cndba/CNDBA01.DBF /dm/dmdbms/data/cndba/ CNDBA01.DBF.bak

[dmdba@dw1 data]$ ll /dm/dmdbms/data/cndba/CNDBA01.DBF //查看CNDBA01.DBF文件
ls: 无法访问/dm/dmdbms/data/cndba/CNDBA01.DBF: 没有那个文件或目录
```

（5）还原表空间（使用 DMRMAN 工具）。

```
time used: 941.368（ms）
RMAN>restore database '/dm/dmdbms/data/cndba/dm.ini' tablespace dave from backupset '/dm/dmbak/ts_dave_bak_02';

[dmdba@dw1 data]$ ll /dm/dmdbms/data/cndba/CNDBA01.DBF //查看CNDBA01.DBF文件
-rw-rw-r-- 1 dmdba dmdba 134217728 12月  19 15:23 /dm/dmdbms/data/cndba/CNDBA01.DBF
```

（6）删除该数据文件。

```
[dmdba@dw1 dmarch]$ rm -rf   /dm/dmdbms/data/cndba/CNDBA01.DBF
```

（7）直接恢复数据文件，之前查询该数据文件对应的编号是 1，所以还原如下。

```
RMAN> restore database '/dm/dmdbms/data/cndba/dm.ini' tablespace dave datafile 1 from backupset '/dm/dmbak/ts_dave_bak_02';

[dmdba@dw1 data]$ ll /dm/dmdbms/data/cndba/CNDBA01.DBF   //查看CNDBA01.DBF文件
-rw-rw-r-- 1 dmdba dmdba 134217728 12月  19 15:25 /dm/dmdbms/data/cndba/CNDBA01.DBF
```

（8）启动数据库，查看数据和表空间信息。

```
[dmdba@dw1 dmarch]$ service DmServicedave start //启动数据库

SQL> select name,status$ from v$tablespace; //查看表空间信息
行号         NAME         STATUS$
---------- -------- -----------
1            SYSTEM       0
2            ROLL         0
3            TEMP         0
4            MAIN         0
5            BOOKSHOP     0
```

```
6          DMHR        0
7          DAVE        0

7 rows got
```

4.7 使用 DM 控制台工具进行脱机备份

DM 控制台工具是达梦数据库自带的脱机备份工具。该工具是一个 shell 命令，执行 dm/dmdbms/tool/console 程序启动，与 DM 管理工具不同，该工具只能在服务器端执行。主要可以进行数据库的参数配置，以及脱机备份与还原，DM 控制台工具如图 4-9 所示。

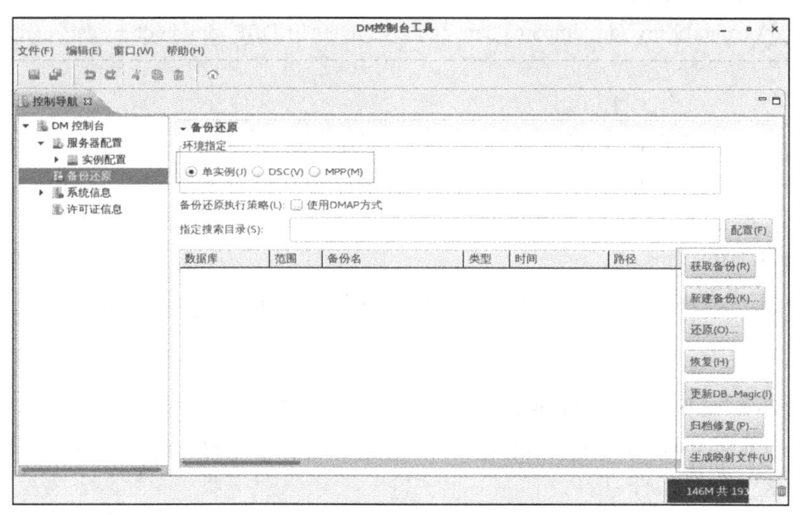

图 4-9　DM 控制台工具

利用 DM 控制台工具备份数据库，如图 4-10 所示。

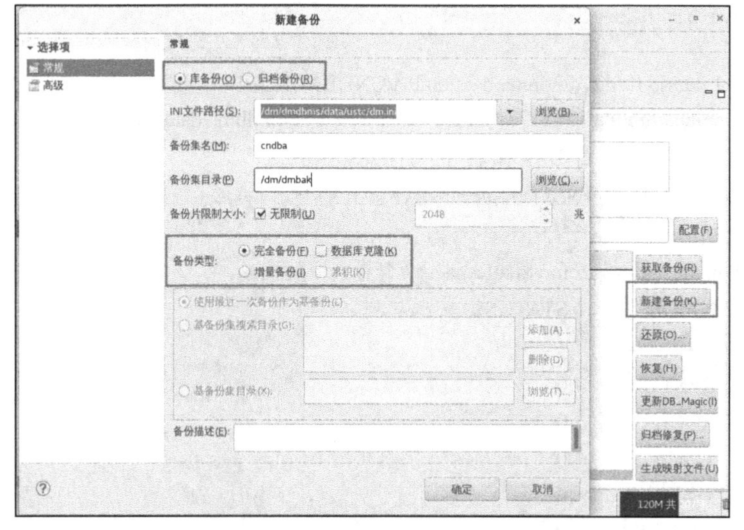

图 4-10　利用 DM 控制台工具备份数据库

利用 DM 控制台工具还原数据库，如图 4-11 所示。注意，还原完成后，再单击“恢复”按钮。

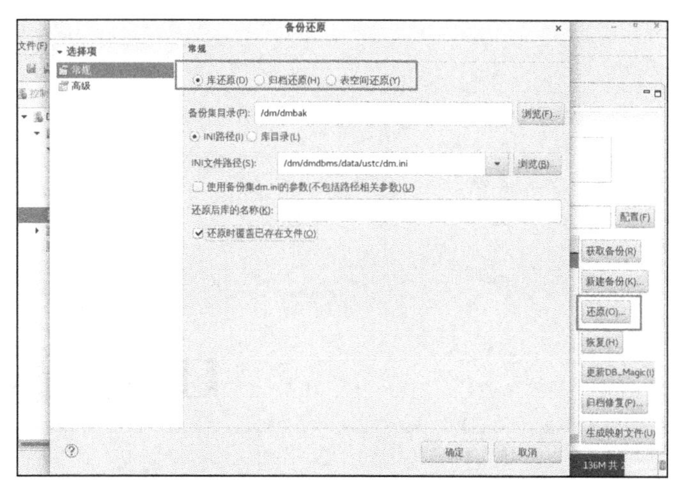

图 4-11　利用 DM 控制台工具还原数据库

5

第 5 章 DM8 数据守护

5.1 数据守护

达梦数据库的数据守护（Data Watch，DW）是一种高可用的数据库解决方案，通过主备库的方式提供数据库的容灾方案。根据归档的不同类型，数据守护方案有以下 3 种类型。

（1）基于实时归档（REALTIME）的实时主备。

（2）基于即时归档（TIMELY）的读写分离集群。

（3）基于异步归档（ASYNC）的异步主备。

这 3 种类型最主要的区别就是数据同步的时间不同。

（1）实时主备方案：实时归档要求主库将 RLOG_BUF 发送到备库，再将 RLOG_BUF 写入本地联机 REDO 日志文件中。注意，这里的备库仅仅是接收主库发送的 REDO 日志，并不保证备库已经重演这些 REDO 日志，因此主库和备库之间的数据同步还是存在一定的时间差的。

（2）读写分离集群方案：即时归档是主库先将日志写入本地联机 REDO 日志文件，再发送 RLOG_BUF 到备库。读写分离集群备库的日志重演有两种模式：事务一致模式（备库在重演 REDO 日志完成后再响应主库）和高性能模式（与实时主备相同，收到 REDO 日志后立即响应主库），此模式由 ARCH_WAIT_APPLY 参数决定。

（3）异步主备方案：通过定时器定期触发主库发送归档日志到异步备库。

还可以将数据守护和 MPP、DMDSC 方案结合，组成新的高可用、高性能的解决方案。比如，MPP 的每个节点都部署成数据守护，使用两套 DMDSC 架构来搭建数据守护，则新的方案既解决了性能问题，也解决了容灾问题。

数据守护的 3 种类型除了归档类型不同，其他搭建和维护都类似。本章以实时主备为基础，来讲解达梦数据库的数据守护。达梦数据库的实时主备数据守护解决方案由主库、实时备库、守护进程和监视器组成。

5.1.1　守护进程

守护进程（Dmwatcher）是管理数据守护系统的核心部件，是数据库实例和监视器之间的桥梁。数据库实例与监视器之间没有直接的消息交互。监视器（Dmmonitor）负责发起命令（switchover/takeover/open force 等），守护进程负责解析、处理命令。守护进程提供了数据库监控、故障检测、故障处理、故障恢复等功能。

守护进程有两种守护类型。

（1）本地守护：异步主备的守护进程类型，提供基本的守护进程功能，监控本地数据库服务，比如自动打开（OPEN）实例。数据库故障时，可以根据 INST_AUTO_RESTART 参数的配置决定是否重启数据库服务。

（2）全局守护：实时主备、MPP 主备和读写分离集群采用的守护进程类型。全局守护类型在本地守护类型的基础上，通过和远程守护进程的交互，增加了主备库切换、主备库故障检测、备库接管、数据库故障重加入等功能。

守护进程有两种故障切换模式。

（1）故障自动切换：主库发生故障时，由监视器自动选择一个备库，将其切换为主库对外提供服务。

（2）故障手动切换：主库发生故障时，由用户根据实际情况，通过监视器命令将备库切换为主库。

达梦数据库一直在对守护进程控制文件（dmwatcher.ctl）进行优化。DM V8.1.0.147 版本及之前版本使用的都是数据守护 3.0 版本。基于这些版本的达梦数据库搭建数据守护环境，还需要手工创建守护进程的控制文件。数据守护 4.0 版本则不再需要单独创建守护进程的控制文件。

在数据守护 4.0 版本以前，守护进程控制文件记录数据守护系统运行过程中守护进程组内主库变迁的历史信息。在同一个守护进程组内，所有控制文件的内容保持一致。本地类型的守护进程不需要配置控制文件，全局类型的守护进程必须配置控制文件。

守护进程根据控制文件中记录的控制项信息，自动判断故障库是否可以直接作为备库重新加入数据守护系统，如果不能加入，那么守护进程会将该库的控制文件修改为分裂状态，避免主库和备库出现数据不一致的情况。

数据守护 4.0 版本中对守护进程控制文件进行了简化，仅用于记录本地数据库的分裂状态和分裂描述信息，且在数据守护正常运行的情况下，并没有控制文件，仅在守护进程检测到本地库分裂时，才会自动创建控制文件，将其保存在本地库的 SYSTEM_PATH 路径下，且文件中记录的状态一定是分裂状态。

如果守护进程加载到控制文件，则认为对应的库一定是分裂状态。如果需要对分裂库进行重建，则需要手动将控制文件删除，否则守护进程仍然会认定本地库为分裂库。这也是 DM V8.1.0.147 版本的数据守护需要创建控制文件，而之后版本的数据守护不需要创建控制文件的原因。

5.1.2　监视器

监视器（Dmmonitor）是基于监视器接口实现的一个命令行工具，可以监控数据守护系统的运行情况，获取主备库状态、守护进程状态，以及主备库数据同步情况等信息。同时，监视器还提供了丰富的命令来监控和管理数据守护系统。

监控包括接收守护进程发送的消息、显示主备库的状态变化，以及故障切换过程中数据库模式、状态变化的完整过程。

管理包括启动、停止守护进程的监控功能，执行主备库切换、备库故障接管等操作。

监视器有两种运行模式：监控模式和确认模式。由 MON_DW_CONFIRM 参数来控制，参数的默认值为 0，表示监控模式；参数值为 1，则表示确认模式，确认模式下的监视器称为确认监视器。

（1）监控模式：数据守护系统中最多允许同时启动 10 个监视器，所有监视器都可以接收守护进程消息，获取守护系统状态。所有监视器都可以发起 switchover 等命令，但守护进程一次只能接收一个监视器的命令，在一个监视器命令执行完成之前，守护进程收到其他监视器发起的请求，会直接报错返回。

（2）确认模式：数据守护系统中只能配置 1 个确认监视器。和监控模式一样，确认监视器接收守护进程消息、获取数据守护系统状态，也可以执行各种监控命令。除了具备监控模式监视器所有的功能，确认监视器还具有状态确认和自动接管两个功能。故障自动切换模式的数据守护系统必须部署一个确认监视器，否则在出现实例故障时，会导致数据库服务中断。

状态确认指在故障自动切换的数据守护系统中，主库和备库在进行故障处理之前，需要通过监视器进行信息确认，确保对应的备库或主库真正产生了异常，避免主库和备库之间网络故障引发的脑裂。

自动接管指在故障自动切换模式下，确认监视器检测到主库故障后，根据收到的主备库 LSN、归档状态、MAL 链路状态等信息，确定一个接管备库，并将其切换为主库。

5.1.3 配置文件

在数据守护环境的搭建和管理中，还会涉及以下配置的修改。

（1）数据库配置文件 dm.ini。

（2）MAL 配置文件 dmmal.ini。

（3）REDO 日志归档配置文件 dmarch.ini。

（4）守护进程配置文件 dmwatcher.ini。

（5）守护进程控制文件 dmwatcher.ctl。

（6）监视器配置文件 dmmonitor.ini。

（7）定时器配置文件 dmtimer.ini。

（8）MPP 控制文件 dmmpp.ctl。

守护进程控制文件在数据守护 4.0 版本以后不再需要创建，定时器配置文件是异步主备的同步规则配置文件。MPP 控制文件是 MPP 集群的文件，其余 5 个文件是所有数据守护方案都要配置的文件。关于每个文件的参数说明将在具体操作中说明。

5.2　实时主备环境搭建

本节主要介绍 DM8 下数据守护 4.0 的实时主备环境搭建。

5.2.1　环境说明

这个实时主备的示例，使用了 3 台主机，具体的主机类型、IP 地址、端口规划见表 5-1 和表 5-2。实时主备中组名为“GRP1”，主库实例名定为“DW01”，备库实例名定为“DW02”，操作系统采用中标麒麟的 7.6 版本。达梦数据库的版本采用的是 DM V8.1.1.19，之前版本的达梦数据库采用的是数据守护 3.0 架构。

在开始数据守护的配置之前，要确保 3 台主机都安装了达梦数据库软件，不需要初始化实例。

数据守护配置环境说明如表 5-1 所示。

表 5-1　数据守护配置环境说明

主机类型	IP 地址	实　例　名	操作系统
主库	192.168.74.121（外部服务） 192.168.222.121（内部通信）	DW01	NeoKylin Linux General Server release 7.6
备库	192.168.74.122（外部服务） 192.168.222.122（内部通信）	DW02	NeoKylin Linux General Server release 7.6
监控	192.168.222.120		NeoKylin Linux General Server release 7.6

数据守护端口规划如表 5-2 所示。

表 5-2　数据守护端口规划

实　例　名	PORT_NUM	DW_PORT	MAL_HOST	MAL_PORT	MAL_DW_PORT
DW01	5236	5237	192.168.222.121	5238	5239
DW02	5236	5237	192.168.222.122	5238	5239

5.2.2　创建主库并同步原始数据

同一个数据守护环境中主备库的数据库名（db_name）相同，实例名（instance_name）不同。这里使用 dminit 命令直接创建实例，如果使用 DBCA 工具创建，注意修改对应的参数值。

数据守护的数据同步有多种方法，一般在生产环境中，由于受停机时间的限制，多采用联机热备的方式备份主库，然后将备份拿到备库中恢复，以进行数据同步。当然，如果不考虑停机时间问题，可以直接停止主库，采用脱机备份的方式备份主库，然后复制到备库中恢复。这里直接采用脱机备份的方式进行演示。

1. 创建主库

（1）创建主库实例。

```
[dmdba@dw1 ~]$ dminit path=/dm/dmdbms/data db_name=dw instance_name=dw01 port_num=5236
```

```
initdb V8
db version: 0x7000a
file dm.key not found, use default license!
License will expire on 2020-09-16
log file path: /dm/dmdbms/data/dw/dw01.log
log file path: /dm/dmdbms/data/dw/dw02.log
write to dir [/dm/dmdbms/data/dw].
create dm database success. 2019-12-30 11:06:55
```

（2）用“root”用户注册主库实例的服务，以方便管理。

```
[root@dw1 ~]#  /dm/dmdbms/script/root/dm_service_installer.sh -t dmserver -dm_ini /dm/dmdbms/data/dw/dm.ini -p dw
Created symlink from /etc/systemd/system/multi-user.target.wants/DmServicedw.service to /usr/lib/systemd/system/DmServicedw.service.
```

创建服务（DmServicedw）完成。

（3）这里要注意 dm_service_installer.sh 命令的变化，在 DM V8.1.1.19 版本之前，注册服务的命令如下。

```
[root@dw1 ~]# /dm/dmdbms/script/root/dm_service_installer.sh -t dmserver -i /dm/dmdbms/data/dw/dm.ini -p dw
```

（4）初始化主库，使用 DMINIT 创建的实例，在第一次启动时进行初始化。

```
[dmdba@dw1 ~]$ dmserver /dm/dmdbms/data/dw/dm.ini
file dm.key not found, use default license!
version info: develop
Use normal os_malloc instead of HugeTLB
Use normal os_malloc instead of HugeTLB
DM Database Server x64 V8 startup...
Database mode = 0, oguid = 0
License will expire on 2020-09-16
file lsn: 0
ndct db load finished
ndct fill fast pool finished
iid page's trxid[1002]
NEXT TRX ID = 1003
pseg_collect_items, collect 0 active_trxs, 0 cmt_trxs, 0 pre_cmt_trxs, 0 active_pages, 0 cmt_pages, 0 pre_cmt_pages
pseg_process_collect_items end, 0 active trx, 0 active pages, 0 committed trx, 0 committed pages
total 0 active crash trx, pseg_crash_trx_rollback begin ...
pseg_crash_trx_rollback end
purg2_crash_cmt_trx end, total 0 page purged
set EP[0]'s pseg state to inactive
pseg recv finished
nsvr_startup end.
```

```
aud sys init success.
aud rt sys init success.
trx: 2004 purged 1 pages
……
trx: 3358 purged 1 pages
systables desc init success.
ndct_db_load_info success.
nsvr_process_before_open begin.
nsvr_process_before_open success.
total 0 active crash trx, pseg_crash_trx_rollback begin ...
pseg_crash_trx_rollback end
SYSTEM IS READY.
```

（5）启动归档模式，否则后面无法备份主库。

```
SQL> alter database mount; //将数据库启动到MOUNT状态
SQL> alter database add archivelog 'dest=/dm/dmarch,type=local,file_size=128,space_ limit=0'; //设定数据库归档路径、类型、归档日志文件大小，空间大小不受限制
SQL> alter database archivelog; //开启归档
SQL> alter database open; //打开数据库
```

（6）停止主库，因为之前是使用 DMSERVER 启动的，所以直接在之前的窗口按“Ctrl+C”或者输入 exit 命令，完成实例的关闭。

```
exit
Server is stopping...
listener closed    and all sessions disconnected
purge undo records in usegs...OK
full check point starting...
generate force checkpoint, rlog free space[536862720], used space[0]
ckpt_lsn, ckpt_fil, ckpt_off are set as (37021, 0, 7783424)
checkpoint: 0 pages flushed.
checkpoint finished, rlog free space, used space is (536862720, 0)
full check point end.
……
shutdown dtype subsystem...OK
shutdown huge buffer and memory pools...OK
close lsnr socket
DM Database Server shutdown successfully.
```

2. 脱机备份主库

使用 DMRMAN 脱机备份主库的命令如下。注意，备份之前要确保 DMAP 是启动的。

```
[dmdba@dw1 bin]$ pwd //查看当前路径
/dm/dmdbms/bin
[dmdba@dw1 bin]$ ./dmrman CTLSTMT="backup database '/dm/dmdbms/data/dw/dm.ini' backupset '/dm/dmbak/dw_full_01'" //执行数据库完全备份
```

```
dmrman V8
backup database '/dm/dmdbms/data/dw/dm.ini' backupset '/dm/dmbak/dw_full_01'
file dm.key not found, use default license!
Database mode = 0, oguid = 0
EP[0]'s cur_lsn[51642]
BACKUP DATABASE [dw],execute......
CMD CHECK LSN......
BACKUP DATABASE [dw],collect dbf......
CMD CHECK ......
DBF BACKUP SUBS......
total 1 packages processed...
total 3 packages processed...
total 4 packages processed...
DBF BACKUP MAIN......
BACKUPSET [/dm/dmbak/dw_full_01] END, CODE [0]......
META GENERATING......
total 5 packages processed...
total 5 packages processed...
total 5 packages processed!
CMD END.CODE:[0]
backup successfully!
time used: 00:00:01.321
[dmdba@dw1 bin]$
```

3．创建备库

（1）在备库主机中创建备库实例。

```
[dmdba@dw2 ~]$ dminit path=/dm/dmdbms/data db_name=dw instance_name=dw02 port_num=5236
initdb V8
db version: 0x7000a
file dm.key not found, use default license!
License will expire on 2020-09-16
  log file path: /dm/dmdbms/data/dw/dw01.log
  log file path: /dm/dmdbms/data/dw/dw02.log
write to dir [/dm/dmdbms/data/dw].
create dm database success. 2019-12-30 11:33:11
```

（2）用“root”用户注册备库的实例服务。

```
[root@dw2 ~]# /dm/dmdbms/script/root/dm_service_installer.sh -t dmserver -dm_ini /dm/dmdbms/data/dw/dm.ini -p dw
Created symlink from /etc/systemd/system/multi-user.target.wants/DmServicedw.service to /usr/lib/systemd/system/DmServicedw.service.
创建服务(DmServicedw)完成
```

4．备库上恢复备份

（1）将主库备份传输到备库。

```
[dmdba@dw1 bin]$ scp -r /dm/dmbak/dw_full_01 192.168.74.122:/dm/dmbak/
dmdba@192.168.74.122's password:
dw_full_01.bak          100%    5710KB    5.6MB/s    00:01
dw_full_01.meta         100%    73KB      3.8MB/s    00:00
```

（2）恢复备库。

```
[dmdba@dw2 bin]$ pwd //查看当前路径
/dm/dmdbms/bin
[dmdba@dw2 bin]$ ./dmrman ctlstmt="restore database '/dm/dmdbms/data/dw/dm.ini' from backupset '/dm/dmbak/dw_full_01'" //对数据库做还原操作
dmrman V8
restore database '/dm/dmdbms/data/dw/dm.ini' from backupset '/dm/dmbak/dw_full_01'
file dm.key not found, use default license!
RESTORE DATABASE CHECK......
RESTORE DATABASE,dbf collect......
RESTORE DATABASE,dbf refresh ......
RESTORE BACKUPSET [/dm/dmbak/dw_full_01] START......
total 4 packages processed...
total 5 packages processed...
RESTORE DATABASE,UPDATE ctl file......
RESTORE DATABASE,REBUILD key file......
RESTORE DATABASE,CHECK db info......
RESTORE DATABASE,UPDATE db info......
total 5 packages processed...
total 5 packages processed!
CMD END.CODE:[0]
restore successfully.
time used: 00:00:01.537

[dmdba@dw2 bin]$ ./dmrman ctlstmt="recover database '/dm/dmdbms/data/dw/dm.ini' from backupset '/dm/dmbak/dw_full_01'" //对数据库做恢复操作
dmrman V8
recover database '/dm/dmdbms/data/dw/dm.ini' from backupset '/dm/dmbak/dw_full_01'
file dm.key not found, use default license!
Database mode = 0, oguid = 0
EP[0]'s cur_lsn[51642]
RESTORE RLOG CHECK......
CMD END.CODE:[603],DESC:[备份集[/dm/dmbak/dw_full_01]备份过程中未产生日志]
备份集[/dm/dmbak/dw_full_01]备份过程中未产生日志
recover successfully!
time used: 471.471(ms)
```

```
[dmdba@dw2 bin]$ ./dmrman ctlstmt="recover database '/dm/dmdbms/data/dw/dm.ini' update db_magic" //更新数据库db_magic
dmrman V8
recover database '/dm/dmdbms/data/dw/dm.ini' update db_magic
file dm.key not found, use default license!
Database mode = 0, oguid = 0
EP[0]'s cur_lsn[51642]
EP[0]'s apply_lsn[51642] >= end_lsn[51642]
recover successfully!
time used: 00:00:01.516
```

对 DMRMAN 的详细说明可以参考备份恢复章节。

5.2.3 配置主备库参数

搭建 4.0 版本的、实时主备的数据守护环境需要配置 4 个参数文件。这里要注意，虽然配置文件相同，但数据守护 4.0 版本的配置参数内容和数据守护 3.0 版本的有一些出入。这里的示例为数据守护 4.0 版本，之前版本的配置请参考达梦数据库的官方手册。

配置文件都在实例目录下创建。查看当前路径的命令如下。

```
[dmdba@dw1 dw]$ pwd //查看当前路径
/dm/dmdbms/data/dw
```

1. 配置 dm.ini

dm.ini 是达梦数据库的配置文件，在创建实例时会自动生成。配置数据守护时，需要修改 dm.ini 文件中的以下参数值。这里除了 INSTANCE_NAME 参数是根据不同节点来配置的，其他参数与数据守护主备库节点的配置相同。

在所有主备节点的 dm.ini 文件中修改以下参数值。

```
INSTANCE_NAME = DW01
#INSTANCE_NAME = DW02            #根据节点实例名填写具体值
PORT_NUM = 5236                  #数据库实例监听端口
DW_INACTIVE_INTERVAL = 60        #接收守护进程消息超时时间
ALTER_MODE_STATUS = 0            #不允许以手工方式修改实例模式/状态/OGUID
ENABLE_OFFLINE_TS = 2            #不允许备库OFFLINE表空间
MAL_INI = 1                      #打开MAL系统
ARCH_INI = 1                     #打开归档配置
RLOG_SEND_APPLY_MON = 64         #统计最近64次的日志发送信息
```

2. 配置 dmmal.ini

dmmal.ini 是 MAL 系统的配置文件，各主备库的 dmmal.ini 配置必须完全一致。默认没有 dmmal.ini 文件，需要单独创建并添加以下内容。

```
[dmdba@dw1 dw]$ vim dmmal.ini          //编辑文件
MAL_CHECK_INTERVAL = 5                 #MAL链路检测时间间隔
MAL_CONN_FAIL_INTERVAL = 5             #判定MAL链路断开的时间
```

```
[MAL_INST1]
MAL_INST_NAME = DW01                    #实例名，和dm.ini中的INSTANCE_NAME一致
MAL_HOST = 192.168.222.121              #MAL系统监听TCP连接的IP地址
MAL_PORT = 5238                         #MAL系统监听TCP连接的端口
MAL_INST_HOST = 192.168.74.121          #实例的对外服务IP地址
MAL_INST_PORT = 5236                    #实例的对外服务端口，和dm.ini中的PORT_NUM一致
MAL_DW_PORT = 5239                      #守护进程监听TCP连接的端口
MAL_INST_DW_PORT = 5237                 #实例监听守护进程TCP连接的端口

[MAL_INST2]
MAL_INST_NAME = DW02
MAL_HOST = 192.168.222.122
MAL_PORT = 5238
MAL_INST_HOST = 192.168.74.122
MAL_INST_PORT = 5236
MAL_DW_PORT = 5239
MAL_INST_DW_PORT = 5237
```

3．配置 dmarch.ini

dmarch.ini 是归档配置文件。在两个主备节点的环境中，数据同步的 ARCH_DEST 互相写对方的实例。比如，当前是 DW01，则对应的 ARCH_DEST 写 DW02。如果之前已经启用了归档，那么该文件已经存在；如果未启用归档，也需要手工创建文件并添加内容。

```
[dmdba@dw1 dw]$ cat dmarch.ini   //查看该文件内容信息

ARCH_WAIT_APPLY = 1   # 0表示备库收到REDO日志后立即响应主库，1表示重演完成后响应主库

[ARCHIVE_REALTIME]
ARCH_TYPE = REALTIME
ARCH_DEST = DW02        #主库写备库，备库写主库

[ARCHIVE_LOCAL1]
ARCH_TYPE = LOCAL
ARCH_DEST = /dm/dmarch
ARCH_FILE_SIZE = 128
ARCH_SPACE_LIMIT = 0
```

4．配置 dmwatcher.ini

dmwatcher.ini 是守护进程配置文件，除了异步主备，其他类型的主备必须配置为全局守护类型。在两个主备节点都创建并添加以下内容。

```
[dmdba@dw1 dw]$ cat dmwatcher.ini   //查看该文件内容信息
[GRP1]
DW_TYPE = GLOBAL                              #全局守护类型
```

```
DW_MODE = AUTO                                     #自动切换模式
DW_ERROR_TIME = 10                                 #远程守护进程故障认定时间
INST_RECOVER_TIME =60                              #主库守护进程启动恢复的间隔时间
INST_ERROR_TIME = 10                               #本地实例故障认定时间
INST_OGUID = 453331                                #守护系统唯一OGUID值
INST_INI = /dm/dmdbms/data/dw/dm.ini               #dm.ini配置文件路径
INST_AUTO_RESTART = 1                              #打开实例的自动启动功能
INST_STARTUP_CMD = /dm/dmdbms/bin/dmserver         #命令行方式启动
RLOG_SEND_THRESHOLD = 0                            #指定主库发送日志到备库的时间阈值，默认关闭
RLOG_APPLY_THRESHOLD = 0                           #指定备库重演日志的时间阈值，默认关闭
```

在数据守护 4.0 之前，还需要使用 DMCTLCVT 工具，根据守护进程配置文件生成一个控制文件，命令如下。

```
[dmdba@dw1 dw]$ dmctlcvt type=3 src=/dm/dmdbms/data/dw/dmwatcher.ini dest=/dm/dmdbms/data/dw
```

在数据守护 4.0 中，已经不需要执行这一步，并且 4.0 版本的 DMCTLCVT 工具也删除了该功能，DMCTLCVT 工具的 TYPE 如下。

```
[dmdba@dw1 dw]$   dmctlcvt help //查看控制文件转换帮助助手
DMCTLCVT V8

格式: ./dmctlcvt KEYWORD=value
注意: 控制文件名称必须指定为dm.ctl、dmmpp.ctl
关键字    说明
--------------------------------------------------------------------------------
TYPE      1 转换控制文件为文本文件（源文件路径中控制文件名称必须是dm.ctl或dmmpp.ctl）
          2 转换文本文件为控制文件（目标文件路径中控制文件名称必须是dm.ctl或dmmpp.ctl）
SRC       源文件路径
DEST      目标文件路径
DCR_INI   dmdcr.ini文件路径
……
```

5．启动主备库

前面的配置文件修改完成后，就可以启动实例了。为了保证主备库的数据一致性，在数据守护搭建时，这一步必须以配置模式启动主备库。

（1）启动主库。

```
[dmdba@dw1 dw]$ dmserver /dm/dmdbms/data/dw/dm.ini mount //启动数据库到MOUNT状态
file dm.key not found, use default license!
version info: develop
Use normal os_malloc instead of HugeTLB
Use normal os_malloc instead of HugeTLB
DM Database Server x64 V8 startup...
Database mode = 0, oguid = 0
License will expire on 2020-09-16
file lsn: 51642
```

```
ndct db load finished
ndct fill fast pool finished
nsvr_startup end.
aud sys init success.
aud rt sys init success.
systables desc init success.
ndct_db_load_info success.
SYSTEM IS READY.
```

（2）启动备库。

```
[dmdba@dw2 bin]$    dmserver /dm/dmdbms/data/dw/dm.ini mount //启动数据库到MOUNT状态
file dm.key not found, use default license!
version info: develop
Use normal os_malloc instead of HugeTLB
Use normal os_malloc instead of HugeTLB
DM Database Server x64 V8 startup...
Database mode = 0, oguid = 0
License will expire on 2020-09-16
file lsn: 51642
ndct db load finished
ndct fill fast pool finished
nsvr_startup end.
aud sys init success.
aud rt sys init success.
systables desc init success.
ndct_db_load_info success.
SYSTEM IS READY.
```

6．设置 OGUID

分别在主库和备库执行以下命令设置数据守护环境的 OGUID。

```
[dmdba@dw1 bin]$ disql    SYSDBA/SYSDBA    //用SYSDBA连接数据库

服务器[LOCALHOST:5236]:处于普通配置状态
登录使用时间: 47.066(毫秒)
disql V8
SQL> sp_set_oguid(453331); //设置  OGUID
DMSQL  过程已成功完成
已用时间: 252.077(毫秒). 执行号:1.
```

7．修改数据库模式

使用 SQL 语句，将主库的模式设置为 PRIMARY，备库的模式设置为 STANDBY。

```
SQL>alter database primary;    //修改数据库模式为主库
SQL> alter database standby;    //修改数据库模式为备库
```

以上操作是从 NORMAL 模式修改到其他模式，如果当前数据库不是 NORMAL 模式，那么需要先修改 dm.ini 中 ALTER_MODE_STATUS 值为 1，使允许修改数据库模式，在修改对应模式后再将该值改为 0。

```
SQL> sp_set_para_value(1, 'ALTER_MODE_STATUS', 1); //修改数据库模式为允许修改
SQL> alter database standby; //修改数据库模式为备库
SQL> sp_set_para_value(1, 'ALTER_MODE_STATUS', 0); //修改数据库模式为禁止修改
```

5.2.4 注册并启动守护进程

用“root”用户将守护进程注册到服务，方便管理，在主库和备库都需要注册。以主库操作为例，备库操作与主库操作相同。

（1）注册守护进程服务。

```
[root@dw1 ~]# /dm/dmdbms/script/root/dm_service_installer.sh -t dmwatcher -watcher_ini /dm/dmdbms/data/dw/dmwatcher.ini -p dw
Created symlink from /etc/systemd/system/multi-user.target.wants/DmWatcherServicedw.service to /usr/lib/systemd/system/DmWatcherServicedw.service.
创建服务(DmWatcherServicedw)完成
```

（2）启动守护进程。

```
[root@dw1 ~]# systemctl start DmWatcherServicedw
```

（3）守护进程启动后，会自动将 MOUNT 状态的实例启动到 OPEN 状态。

```
SQL> select instance_name,status$,mode$ from v$instance; //查看数据库实例的状态
行号        INSTANCE_NAME    STATUS$        MODE$
---------- ------------- ------- -------
1           DW01             OPEN           PRIMARY

已用时间: 3.577(毫秒). 执行号:7.

SQL>   select instance_name,status$,mode$ from v$instance; //查看数据库实例的状态

行号        INSTANCE_NAME    STATUS$        MODE$
---------- ------------- ------- -------
1           DW02             OPEN           STANDBY
已用时间: 296.035(毫秒). 执行号:2.
```

5.2.5 配置监视器

实际生产环境为了确保数据守护高可用的正常运行，需要独立的服务器来部署监视器，监视器上只需要安装达梦数据库软件。

在 5.1 节介绍数据守护时提到监视器有两种运行模式：监控模式和确认模式。为了实现自动故障切换，必须配置确认监视器，确认监视器也包含监控模式的功能。

在 4.0 版本的数据守护监视器中存在一个问题，就是监视器的监控命令和管理命令只能在前台启动的监视器中执行，后台启动的监视器不能输入命令。如果只配置一个确认监

视器，以前台方式启动，那么启动的命令窗口就不能关闭，并且可能会影响故障自动切换。另外，对于这种前台启动方式，人为误操作关闭监视器进程的可能性较大。

为了解决这个问题，可以配置两个监视器：确认监视器和普通监视器。确认监视器注册为服务，放置在后台自动启动，确保确认监视器一直处于工作状态，从而保证数据守护的高可用。普通监视器不需要注册成服务，只在需要时进行手工启动，执行完命令后可以关闭也可以不关闭。

1. 配置确认监视器参数文件

（1）在监控节点的/dm/dmdbms/data/目录下创建并修改 dmmonitor.ini 配置文件。

```
[dmdba@dw8_monitor data]$pwd //查看当前路径
/dm/dmdbms/data
[dmdba@dw8_monitor data]$ cat dmmonitor.ini //查看该文件内容信息
MON_DW_CONFIRM = 1                    #确认监视器模式
MON_LOG_PATH = /dm/dmdbms/log         #监视器日志文件存放路径
MON_LOG_INTERVAL = 60                 #每隔 60s 定时记录系统信息到日志文件
MON_LOG_FILE_SIZE = 32                #每个日志文件最大为32MB
MON_LOG_SPACE_LIMIT = 0               #不限定日志文件总占用空间

[GRP1]
MON_INST_OGUID = 453331               #组 GRP1 的唯一 OGUID 值
MON_DW_IP = 192.168.222.121:5239
MON_DW_IP = 192.168.222.122:5239      #IP和PORT与dmmal.ini中MAL_HOST和MAL_DW_PORT
                                      #保持一致
```

（2）用“root”用户注册，将确认监视器注册为服务。

```
[root@dw8_monitor ~]# /dm/dmdbms/script/root/dm_service_installer.sh -t dmmonitor -monitor_ini /dm/dmdbms/data/dmmonitor.ini -p dw
Created symlink from /etc/systemd/system/multi-user.target.wants/DmMonitorServicedw.service to /usr/lib/systemd/system/DmMonitorServicedw.service.
创建服务(DmMonitorServicedw)完成
```

（3）启动确认监视器。

```
[root@dw8_monitor ~]# systemctl start DmMonitorServicedw.service
[root@dw8_monitor ~]# ps -ef|grep dmmonitor //查看是否有dmmonitor进程
dmdba    15421    1      1   17:07   ?       00:00:00  /dm/dmdbms/bin/dmmonitor  /dm/dmdbms/data/dmmonitor.ini
root     15455    15186  0   17:08   pts/2   00:00:00  grep --color=auto dmmonitor
```

2. 配置普通监视器参数文件

在监控节点的/dm/dmdbms/data/目录下创建并修改 dmmonitor0.ini 配置文件的命令如下。该配置文件供普通监视器使用。

```
[dmdba@dw8_monitor data]$pwd //查看当前路径
/dm/dmdbms/data
[dmdba@dw8_monitor data]$ cat dmmonitor0.ini //查看该文件内容信息
```

```
MON_DW_CONFIRM = 0                          #监控模式监视器
MON_LOG_PATH = /dm/dmdbms/log               #监视器日志文件存放路径
MON_LOG_INTERVAL = 60                       #每隔 60s 定时记录系统信息到日志文件
MON_LOG_FILE_SIZE = 32                      #每个日志文件最大为32MB
MON_LOG_SPACE_LIMIT = 0                     #不限定日志文件总占用空间

[GRP1]
MON_INST_OGUID = 453331                 #组 GRP1 的唯一 OGUID 值
MON_DW_IP = 192.168.222.121:5239
MON_DW_IP = 192.168.222.122:5239        #IP和PORT与dmmal.ini 中 MAL_HOST 和MAL_DW_PORT
                                        #保持一致
```

3. 启动普通监视器

普通监视器用来查看和执行管理命令，其启动与否不会影响到数据守护的运行。

```
[dmdba@dw8_monitor data]$ dmmonitor /dm/dmdbms/data/dmmonitor0.ini //启动监视器
[monitor]           2019-12-30 17:14:10: DMMONITOR[4.0] V8
[monitor]           2019-12-30 17:14:10: DMMONITOR[4.0] IS READY.

[monitor]           2019-12-30 17:14:10: 收到守护进程(DW02)消息
WTIME               WSTATUS     INST_OK     INAME       ISTATUS     IMODE
RSTAT               N_OPEN      FLSN        CLSN
2019-12-30 17:14:10 OPEN        OK          DW02        OPEN        STANDBY
NULL                4           56371       56371

[monitor]           2019-12-30 17:14:10: 收到守护进程(DW01)消息
WTIME               WSTATUS     INST_OK     INAME       ISTATUS     IMODE
RSTAT               N_OPEN      FLSN        CLSN
2019-12-30 17:14:10 OPEN        OK          DW01        OPEN        PRIMARY
VALID               4           56371       56371

show
2019-12-30 17:14:13
#================================================================================#
GROUP           OGUID           MON_CONFIRM     MODE            MPP_FLAG
GRP1            453331          FALSE           AUTO            FALSE

<<DATABASE GLOBAL INFO:>>
IP                  MAL_DW_PORT     WTIME                   WTYPE       WCTLSTAT
WSTATUS             INAME           INST_OK                 N_EP        N_OK
ISTATUS             IMODE           DSC_STATUS              RTYPE       RSTAT
192.168.222.121     5239            2019-12-30 17:14:12     GLOBAL      VALID
OPEN                DW01            OK                      1           1
```

```
OPEN            PRIMARY         DSC_OPEN        REALTIME        VALID

EP INFO:
INST_PORT       INST_OK         INAME           ISTATUS         IMODE
DSC_SEQNO       DSC_CTL_NODE    RTYPE           RSTAT           FSEQ
FLSN            CSEQ            CLSN            DW_STAT_FLAG
5236            OK              DW01            OPEN            PRIMARY
0               0               REALTIME        VALID           3645
56371           3645            56371           NONE

<<DATABASE GLOBAL INFO:>>
IP                  MAL_DW_PORT     WTIME                   WTYPE       WCTLSTAT
WSTATUS             INAME           INST_OK                 N_EP        N_OK
ISTATUS             IMODE           DSC_STATUS              RTYPE       RSTAT
192.168.222.122     5239            2019-12-30 17:14:12     GLOBAL      VALID
OPEN                DW02            OK                      1           1
OPEN                STANDBY         DSC_OPEN                REALTIME    VALID

EP INFO:
INST_PORT       INST_OK         INAME       ISTATUS     IMODE       DSC_SEQNO
DSC_CTL_NODE    RTYPE           RSTAT       FSEQ        FLSN        CSEQ
CLSN            DW_STAT_FLAG
5236            OK              DW02        OPEN        STANDBY     0
0               REALTIME        VALID       3637        56371       3637
56371           NONE

DATABASE(DW02) APPLY INFO FROM (DW01):
DSC_SEQNO[0], (ASEQ, SSEQ, KSEQ)[3645, 3645, 3645], (ALSN, SLSN, KLSN)[56371, 56371,
56371], N_TSK[0], TSK_MEM_USE[0]

#================================================================================#
从普通监视器show命令的结果查看，数据守护环境运行是正常的。
```

5.2.6　主备同步测试

下面将进一步验证数据守护的数据同步情况。

（1）在主库进行建表操作。

```
SQL> create table dave as select * from sysobjects; //创建表
操作已执行
已用时间: 402.962(毫秒). 执行号:8.
SQL> select count(1) from dave; //统计表行数
```

```
行号        COUNT(1)
---------- --------------------
1           1295

已用时间: 36.170(毫秒). 执行号:9.
```

（2）备库查询验证。

```
SQL>  select instance_name,status$,mode$ from v$instance; //查看数据库实例状态、模式

行号        INSTANCE_NAME    STATUS$          MODE$
---------- ------------- ------- -------
1           DW02             OPEN             STANDBY

已用时间: 296.035(毫秒). 执行号:2.
SQL> select count(1) from dave;   //统计表行数

行号        COUNT(1)
---------- --------------------
1           1295

已用时间: 251.168(毫秒). 执行号:3.
```

2 节点的实时主备环境搭建完成。

5.3 数据守护的启动与关闭

5.3.1 启动说明

达梦数据库有 3 种模式：NORMAL、PRIMARY、STANDBY。默认是 NORMAL 模式，该模式下，数据库在启动时默认将实例启动到 OPEN 状态。但在 PRIMARY 和 STANDBY 模式下，数据库默认启动到 MOUNT 状态。默认情况下，守护进程启动后，会自动将 MOUNT 状态的实例启动到 OPEN 状态。注意，这里守护进程只能从 MOUNT 状态到 OPEN 状态。如果实例因其他错误导致无法启动到 MOUNT 状态，那么守护进程也不会打开实例。但如果在守护进程中配置了 INST_AUTO_RESTART 实例自动启动，那么在守护进程启动后会直接启动实例，而不关心实例状态。

所以在数据守护中，如果通过服务配置了实例，那么在守护进程和监控器自动启动的情况下，整个数据守护环境会自动启动。

如果选择手动方式启动数据守护系统，那么对于守护进程、数据库实例和监视器的启动顺序也没有特殊的要求，只要进程能正常启动即可。

如果实例打开失败，用户则可以在监视器中使用 check open 命令查看原因。

```
check open dw01
[monitor]         2020-01-01 14:13:48. 实例(dw01)的检测结果：Dmwatcher(DW01) has not received any
```

```
other dmwatcher messages, dmwatcher cannot notify instance(DW01) to open or switch self to OPEN status!
```

5.3.2　关闭说明

与数据守护环境启动不同，守护系统必须按照一定的顺序来关闭守护进程和数据库实例。特别是自动切换模式，如果退出守护进程或主备库的顺序不正确，可能会引起主备切换，甚至造成守护进程组分裂。

如果使用监视器来关闭，那么直接在监视器中执行 stop group 命令关闭数据守护系统。该命令首先通知守护进程切换为 SHUTDOWN 状态（此时进程还在），其次通知主库退出，最后通知其他备库退出。

如果使用手动方式关闭数据守护系统，必须按照以下顺序执行。

（1）关闭确认监视器（防止自动接管）。

（2）关闭主库守护进程（防止重启实例）。

（3）关闭备库守护进程（防止重启实例）。

（4）关闭主库。

（5）关闭备库。

这里必须先关闭主库，再关闭备库。主库在关闭的过程中，仍然会产生 REDO 日志。如果先关闭备库，会导致主库发送归档日志失败，从而导致主库异常关闭。

这里还有一点需要注意，如果数据库实例是通过服务启动的，那么在关闭守护进程时会自动关闭对应的 DM 实例。但如果 DM 实例是通过 dmserver 命令启动的，那么还需要单独地关闭实例。

5.3.3　关闭数据守护环境

下面演示使用手工方式关闭数据守护环境。

1. 关闭确认监视器

数据守护环境里配置了两个监视器：确认监视器和普通监视器。已注册服务的确认监视器通过服务关闭，普通监视器则直接在前台窗口关闭，按“Ctrl+C”结束命令。

```
[root@dw8_monitor ~]# systemctl stop DmMonitorServicedw.service //关闭监视器服务
```

2. 关闭备库守护进程

```
[root@dw2 ~]# ps -ef|grep dm.ini //查看守护进程
dmdba    16389    1       25    23:24   ?      00:00:02    /dm/dmdbms/bin/dmserver /dm/
dmdbms/data/dw/dm.ini mount
root     16468    16001   0     23:24   pts/3  00:00:00    grep --color=auto dm.ini
[root@dw2 ~]# ps -ef|grep dm.ini //查看守护进程
dmdba    16389    1       2     23:24   ?      00:00:12    /dm/dmdbms/bin/dmserver/dm/dmdbms/
data/dw/dm.ini mount
root     16559    16001   0     23:30   pts/3  00:00:00    grep --color=auto dm.ini
[root@dw2 ~]# ps -ef|grep dmwatcher
```

```
    dmdba    16367   1       0     23:23   ?      00:00:03   /dm/dmdbms/bin/dmwatcher
/dm/dmdbms/data/dw/dmwatcher.ini //查看守护进程
    root     16562   16001   0     23:31   pts/3  00:00:00   grep --color=auto dmwatcher
    [root@dw2 ~]# systemctl stop DmWatcherServicedw //关闭守护进程
    [root@dw2 ~]# ps -ef|grep dmwatcher //查看守护进程
    root     16613   16001   0     23:31   pts/3  00:00:00   grep --color=auto dmwatcher
    [root@dw2 ~]# ps -ef|grep dm.ini //查看守护进程
    root     16615   16001   0     23:31   pts/3  00:00:00   grep --color=auto dm.ini
```

3. 关闭主库守护进程

[root@dw1 ~]# ps -ef|grep dm.ini //查看守护进程

```
    dmdba    16609   1       2     23:24   ?      00:00:13   /dm/dmdbms/bin/dmserver
/dm/dmdbms/data/dw/dm.in mount
    root     16781   16521   0     23:32   pts/3  00:00:00   grep --color=auto dm.ini
    [root@dw1 ~]# ps -ef|grep dmwatcher //查看守护进程
    dmdba    16592   1       0     23:24   ?      00:00:04   /dm/dmdbms/bin/dmwatcher
/dm/dmdbms/data/dw/dmwatcher.ini
    root     16783   16521   0     23:32   pts/3  00:00:00   grep --color=auto dmwatcher
    [root@dw1 ~]# systemctl stop DmWatcherServicedw //关闭守护进程
    [root@dw1 ~]# ps -ef|grep dmwatcher
    root     16851   16521   0     23:33   pts/3  00:00:00   grep --color=auto dmwatcher
    [root@dw1 ~]# ps -ef|grep dm.ini //查看守护进程
    root     16853   16521   0     23:33   pts/3  00:00:00   grep --color=auto dm.ini
```

DM 实例是通过服务启动的，所以在关闭守护进程时，同时将数据库实例一起关闭了。如果是通过 DMSERVER 启动的，还需要在 DMSERVER 中关闭实例。

5.3.4 启动数据守护环境

默认情况下，在将确认监视器、守护进程、数据库实例都配置成服务后，都会开机自启动，那么在操作系统启动时，会自动启动这些进程，用户只需要在所有系统启动完成后连接监视器查看数据守护环境运行状态即可。

如果没有配置开机自启动，那么可以按如下命令手工启动进程。

1. 启动备库守护进程

```
    [root@dw2 ~]# systemctl start DmWatcherServicedw
    [root@dw2 ~]# ps -ef|grep dm.ini //查看守护进程
    dmdba    16389   1       25    23:24   ?      00:00:02   /dm/dmdbms/bin/dmserver/dm/dmdbms/
data/dw/dm.ini mount
    root     16468   16001   0     23:24   pts/3  00:00:00   grep --color=auto dm.ini
```

因为守护进程配置文件中启用了 INST_AUTO_RESTART 实例自启动，所以在启动守护进程后自动启动 DM 实例。

2．启动主库守护进程

```
[root@dw1 ~]# systemctl start DmWatcherServicedw
[root@dw1 ~]# ps -ef|grep dm.ini //查看守护进程
dmdba    16609    1       40    23:24    ?      00:00:03   /dm/dmdbms/bin/dmserver
/dm/dmdbms/data/dw/dm.in mount
root     16647    16521   4     23:25    pts/3  00:00:00   grep --color=auto dm.ini
```

3．启动确认监视器

启动监视器服务的命令如下。

```
[root@dw8_monitor ~]# systemctl start DmMonitorServicedw.service   //启动监视器服务
[root@dw8_monitor ~]# ps -ef|grep dmmonitor //查看监视器进程
dmdba    17035    1       3    23:28    ?      00:00:00   /dm/dmdbms/bin/dmmonitor
/dm/dmdbms/data/dmmonitor.ini
root     17063    16596   0    23:28    pts/1  00:00:00   grep --color=auto dmmonitor
```

通过普通监视器查看信息的命令如下。

```
[dmdba@dw8_monitor ~]$ dmmonitor /dm/dmdbms/data/dmmonitor0.ini //运行监视器
[monitor]         2019-12-30 23:29:28: DMMONITOR[4.0] V8
[monitor]         2019-12-30 23:29:28: DMMONITOR[4.0] IS READY.

[monitor]         2019-12-30 23:29:28:  收到守护进程(DW01)消息
WTIME                  WSTATUS        INST_OK      INAME      ISTATUS     IMODE
RSTAT                  N_OPEN         FLSN         CLSN
2019-12-30 23:29:28    OPEN           OK           DW01       OPEN        PRIMARY
VALID                  5              61649        61649

[monitor]         2019-12-30 23:29:28:  收到守护进程(DW02)消息
WTIME                  WSTATUS        INST_OK      INAME      ISTATUS     IMODE
RSTAT                  N_OPEN         FLSN         CLSN
2019-12-30 23:29:28    OPEN           OK           DW02       OPEN        STANDBY
VALID                  5              61649        61649

show //查看信息
2019-12-30 23:29:33
#================================================================================#
GROUP            OGUID          MON_CONFIRM          MODE          MPP_FLAG
GRP1             453331         FALSE                AUTO          FALSE


<<DATABASE GLOBAL INFO:>>
IP               MAL_DW_PORT    WTIME               WTYPE         WCTLSTAT
WSTATUS          INAME          INST_OK             N_EP          N_OK
```

```
ISTATUS            IMODE          DSC_STATUS             RTYPE       RSTAT
192.168.222.121    5239           2019-12-30 23:29:32    GLOBAL      VALID
OPEN               DW01           OK                     1           1
OPEN               PRIMARY        DSC_OPEN               REALTIME    VALID
EP INFO:
INST_PORT      INST_OK    INAME      ISTATUS    IMODE      DSC_SEQNO
DSC_CTL_NODE   RTYPE      RSTAT      FSEQ       FLSN       CSEQ
CLSN           DW_STAT_FLAG
5236           OK         DW01       OPEN       PRIMARY    0
0              REALTIME   VALID      3650       61649      3650
61649          NONE

<<DATABASE GLOBAL INFO:>>
IP                 MAL_DW_PORT    WTIME                  WTYPE       WCTLSTAT
WSTATUS            INAME          INST_OK                N_EP        N_OK
ISTATUS            IMODE          DSC_STATUS             RTYPE       RSTAT
192.168.222.122    5239           2019-12-30 23:29:32    GLOBAL      VALID
OPEN               DW02           OK                     1           1
OPEN               STANDBY        DSC_OPEN               REALTIME    VALID

EP INFO:
INST_PORT      INST_OK        INAME       ISTATUS         IMODE
DSC_SEQNO      DSC_CTL_NODE   RTYPE       RSTAT           FSEQ
FLSN           CSEQ           CLSN        DW_STAT_FLAG
5236           OK             DW02        OPEN            STANDBY
0              0              REALTIME    VALID           3637
61649          3637           61649       NONE

DATABASE(DW02) APPLY INFO FROM (DW01):
DSC_SEQNO[0], (ASEQ, SSEQ, KSEQ)[3650, 3650, 3650], (ALSN, SLSN, KLSN)[61649, 61649,
61649], N_TSK[0], TSK_MEM_USE[0]

#==========================================================================#
```

5.3.5 通过监视器启动和关闭

在监视器中也可以管理数据守护的启停，以组为对象的数据守护启停命令如表 5-3 所示。

表 5-3　数据守护启停命令

命　　令	说　　明
startup dmwatcher [group_name]	启动指定组的守护进程监控功能
stop dmwatcher [group_name]	关闭指定组的守护进程监控功能
startup group [group_name]	启动指定组的库
stop group [group_name]	关闭指定组的库
kill group [group_name]	强制 kill 指定组中的活动库

以实例为对象的数据守护对象管理命令如表 5-4 所示。

表 5-4　数据守护对象管理命令

命　　令	说　　明
detach database [group_name.]db_name	将指定的备库分离出守护进程组
attach database [group_name.]db_name	将分离出去的备库重新加回到守护进程组
startup dmwatcher database [group_name.]db_name	打开指定库的守护进程监控功能
stop dmwatcher database[group_name.]db_name	关闭指定库的守护进程监控功能
startup database [group_name.]db_name	启动指定组的指定库
stop database [group_name.]db_name	关闭指定组的指定库
kill database [group_name.]db_name	强制 kill 指定组的指定库

在监视器中执行管理命令时需要先登录，输入 login 命令，然后输入用户名和密码即可。另外，如果在监视器中单库进行关闭操作，需要先进行 detach 操作，启动之后再进行 attach 操作。

（1）启停守护进程组的示例如下，守护进程在停止时也会停止实例。

```
stop dmwatcher grp1
[monitor]        2019-12-31 15:39:24: STOP守护进程组GRP1
[monitor]        2019-12-31 15:39:24: STOP实例DW01[PRIMARY, OPEN, ISTAT_SAME:TRUE]的
                 守护进程
[monitor]        2019-12-31 15:39:24:守护进程(DW01)状态切换 [OPEN-->SHUTDOWN]
[monitor]        2019-12-31 15:39:24: STOP实例DW01[PRIMARY, OPEN, ISTAT_SAME:TRUE]的
                 守护进程成功

[monitor]        2019-12-31 15:39:24: STOP实例DW02[STANDBY, OPEN, ISTAT_SAME:TRUE]的
                 守护进程
[monitor]        2019-12-31 15:39:24:守护进程(DW02)状态切换 [OPEN-->SHUTDOWN]
[monitor]        2019-12-31 15:39:24: STOP实例DW02[STANDBY, OPEN, ISTAT_SAME:TRUE]的
                 守护进程成功

[monitor]        2019-12-31 15:39:24: 通知组(GRP1)的守护进程执行清理操作
[monitor]        2019-12-31 15:39:25: 清理守护进程(DW01)请求成功
[monitor]        2019-12-31 15:39:25: 清理守护进程(DW02)请求成功
```

```
[monitor]         2019-12-31 15:39:25: STOP守护进程组GRP1成功

startup dmwatcher grp1
[monitor]         2019-12-31 15:41:40: 通知组(GRP1)当前活动的守护进程设置MID
[monitor]         2019-12-31 15:41:40: 通知组(GRP1)当前活动的守护进程设置MID成功
[monitor]         2019-12-31 15:41:40: STARTUP守护进程组GRP1
[monitor]         2019-12-31 15:41:40: STARTUP实例DW01[PRIMARY, OPEN, ISTAT_SAME: TRUE]
                  的守护进程
[monitor]         2019-12-31 15:41:40: 守护进程(DW01)状态切换 [SHUTDOWN-->STARTUP]
[monitor]         2019-12-31 15:41:40: STARTUP实例DW01[PRIMARY, OPEN, ISTAT_SAME:TRUE]
                  的守护进程成功

[monitor]         2019-12-31 15:41:40: STARTUP实例DW02[STANDBY, OPEN, ISTAT_SAME:TRUE]
                  的守护进程
[monitor]         2019-12-31 15:41:40: 守护进程(DW02)状态切换 [SHUTDOWN-->STARTUP]
[monitor]         2019-12-31 15:41:40: STARTUP实例DW02[STANDBY, OPEN, ISTAT_SAME:TRUE]
                  的守护进程成功

[monitor]         2019-12-31 15:41:40: 通知组(GRP1)的守护进程执行清理操作
[monitor]         2019-12-31 15:41:40: 守护进程(DW02)状态切换 [STARTUP-->OPEN]
[monitor]         2019-12-31 15:41:40: 守护进程(DW01)状态切换 [STARTUP-->OPEN]
[monitor]         2019-12-31 15:41:40: 清理守护进程(DW01)请求成功
[monitor]         2019-12-31 15:41:40: 清理守护进程(DW02)请求成功
[monitor]         2019-12-31 15:41:40: STARTUP守护进程组GRP1成功
```

（2）启停数据库组。

```
stop group grp1
[monitor]         2019-12-31 15:28:48: STOP实例DW01[PRIMARY, OPEN, ISTAT_SAME:TRUE]的
                  守护进程
[monitor]         2019-12-31 15:28:48: 守护进程(DW01)状态切换 [OPEN-->SHUTDOWN]
[monitor]         2019-12-31 15:28:48: STOP实例DW01[PRIMARY, OPEN, ISTAT_SAME:TRUE]的
                  守护进程成功

[monitor]         2019-12-31 15:28:48: STOP实例DW02[STANDBY, OPEN, ISTAT_SAME:TRUE]的
                  守护进程
[monitor]         2019-12-31 15:28:48: 守护进程(DW02)状态切换 [OPEN-->SHUTDOWN]
[monitor]         2019-12-31 15:28:48: STOP实例DW02[STANDBY, OPEN, ISTAT_SAME:TRUE]的
                  守护进程成功

[monitor]         2019-12-31 15:28:48: 通知实例(DW01)SHUTDOWN
[monitor]         2019-12-31 15:29:02: 通知实例(DW01)SHUTDOWN成功，请等待实例完全退出

[monitor]         2019-12-31 15:29:02: 通知实例(DW02)SHUTDOWN
[monitor]         2019-12-31 15:29:12: 通知实例(DW02)SHUTDOWN成功，请等待实例完全退出
```

```
[monitor]        2019-12-31 15:29:12: 通知组(GRP1)的守护进程执行清理操作
[monitor]        2019-12-31 15:29:12: 清理守护进程(DW01)请求成功

[monitor]        2019-12-31 15:29:12: 清理守护进程(DW02)请求成功
[monitor]        2019-12-31 15:29:12: 退出组(GRP1)中所有活动实例成功

startup group grp1
[monitor]        2019-12-31 15:29:39: 通知启动组(GRP1)中的所有实例
[monitor]        2019-12-31 15:29:39: 通知组(GRP1)当前活动的守护进程设置MID
[monitor]        2019-12-31 15:29:39: 通知组(GRP1)当前活动的守护进程设置MID成功
[monitor]        2019-12-31 15:29:39: STARTUP实例DW01[PRIMARY, SHUTDOWN, ISTAT_
                 SAME:TRUE]的守护进程
[monitor]        2019-12-31 15:29:39: 守护进程(DW01)状态切换 [SHUTDOWN-->STARTUP]
[monitor]        2019-12-31 15:29:39: STARTUP实例DW01[PRIMARY, SHUTDOWN, ISTAT_
                 SAME:TRUE]的守护进程成功

[monitor]        2019-12-31 15:29:39: 实例DW01的守护进程配置有自动拉起，请等待守护进程将
                 其自动拉起

[monitor]        2019-12-31 15:29:39: STARTUP实例DW02[STANDBY, SHUTDOWN, ISTAT_
                 SAME:TRUE]的守护进程
[monitor]        2019-12-31 15:29:39: 守护进程(DW02)状态切换 [SHUTDOWN-->STARTUP]
[monitor]        2019-12-31 15:29:40: STARTUP实例DW02[STANDBY, SHUTDOWN, ISTAT_
                 SAME:TRUE]的守护进程成功

[monitor]        2019-12-31 15:29:40: 实例DW02的守护进程配置有自动拉起，请等待守护进程将
                 其自动拉起

[monitor]        2019-12-31 15:29:40: 通知组(GRP1)的守护进程执行清理操作
[monitor]        2019-12-31 15:29:40: 清理守护进程(DW01)请求成功
[monitor]        2019-12-31 15:29:40: 清理守护进程(DW02)请求成功
[monitor]        2019-12-31 15:29:40: 启动组(GRP1)中的所有实例成功
```

（3）启停单库。

```
login
用户名:SYSDBA
密码:
[monitor]        2019-12-31 15:10:34: 登录监视器成功!

detach database dw02
[monitor]        2019-12-31 15:18:18: 开始修改组GRP1中主库到实例DW02的恢复时间间隔
[monitor]        2019-12-31 15:18:18: 实例DW02[STANDBY, OPEN, ISTAT_SAME:TRUE]对应的
                 PRIMARY实例为DW01[PRIMARY, OPEN, ISTAT_SAME:TRUE]
[monitor]        2019-12-31 15:18:18: 通知守护进程DW01修改到实例DW02的恢复时间间隔为
```

```
                86400(s)
[monitor]       2019-12-31 15:18:19: 修改组GRP1中主库到实例DW02的恢复时间间隔为86400(s)
                成功

[monitor]       2019-12-31 15:18:19: 开始修改组GRP1中实例DW02的归档为无效状态
[monitor]       2019-12-31 15:18:19: 实例DW02[STANDBY, OPEN, ISTAT_SAME:TRUE]对应的
                PRIMARY实例为DW01[PRIMARY, OPEN, ISTAT_SAME:TRUE]
[monitor]       2019-12-31 15:18:19: 通知守护进程DW01切换CHANGE ARCH状态
[monitor]       2019-12-31 15:18:19: 守护进程(DW01)状态切换 [OPEN-->CHANGE ARCH]
[monitor]       2019-12-31 15:18:19: 切换守护进程DW01为CHANGE ARCH状态成功
[monitor]       2019-12-31 15:18:19: 实例DW01开始执行SP_SET_GLOBAL_DW_STATUS(0, 13)语句
[monitor]       2019-12-31 15:18:19: 实例DW01执行SP_SET_GLOBAL_DW_STATUS(0, 13)语句成功
[monitor]       2019-12-31 15:18:19: 实例DW01开始执行SP_SET_ARCH_STATUS('DW02', 1)语句
[monitor]       2019-12-31 15:18:19: 实例DW01执行SP_SET_ARCH_STATUS('DW02', 1)语句成功
[monitor]       2019-12-31 15:18:19: 实例DW01开始执行SP_SET_GLOBAL_DW_STATUS(13, 0)语句
[monitor]       2019-12-31 15:18:19: 实例DW01执行SP_SET_GLOBAL_DW_STATUS(13, 0)语句成功
[monitor]       2019-12-31 15:18:19: 通知守护进程DW01切换OPEN状态
[monitor]       2019-12-31 15:18:19: 守护进程(DW01)状态切换 [CHANGE ARCH-->OPEN]
[monitor]       2019-12-31 15:18:19: 切换守护进程DW01为OPEN状态成功
[monitor]       2019-12-31 15:18:19: 修改实例DW02的归档为无效状态成功

[monitor]       2019-12-31 15:18:19: 通知组(GRP1)的守护进程执行清理操作
[monitor]       2019-12-31 15:18:19: 清理守护进程(DW01)请求成功
[monitor]       2019-12-31 15:18:19: 清理守护进程(DW02)请求成功
[monitor]       2019-12-31 15:18:19: 将实例(DW02)分离出守护进程组GRP1成功

stop database dw02
[monitor]       2019-12-31 15:18:27: STOP实例DW02[STANDBY, OPEN, ISTAT_SAME:TRUE]的
                守护进程
[monitor]       2019-12-31 15:18:27: 守护进程(DW02)状态切换 [OPEN-->SHUTDOWN]
[monitor]       2019-12-31 15:18:28: STOP实例DW02[STANDBY, OPEN, ISTAT_SAME:TRUE]的
                守护进程成功

[monitor]       2019-12-31 15:18:28: 通知实例(DW02)SHUTDOWN
[monitor]       2019-12-31 15:18:40: 通知实例(DW02)SHUTDOWN成功，请等待实例完全退出

[monitor]       2019-12-31 15:18:40: 通知组(GRP1)的守护进程执行清理操作
[monitor]       2019-12-31 15:18:40: 清理守护进程(DW01)请求成功
[monitor]       2019-12-31 15:18:40: 清理守护进程(DW02)请求成功
[monitor]       2019-12-31 15:18:40: 退出实例(DW02)成功

startup database dw02
[monitor]       2019-12-31 15:18:54: 通知组(GRP1)当前活动的守护进程设置MID
```

```
[monitor]         2019-12-31 15:18:55: 通知组(GRP1)当前活动的守护进程设置MID成功
[monitor]         2019-12-31 15:18:55: STARTUP实例DW02[STANDBY, SHUTDOWN, ISTAT_
SAME:TRUE]的守护进程
[monitor]         2019-12-31 15:18:55: 守护进程(DW02)状态切换 [SHUTDOWN-->STARTUP]
[monitor]         2019-12-31 15:18:55: STARTUP实例DW02[STANDBY, SHUTDOWN, ISTAT_
SAME:TRUE]的守护进程成功

[monitor]         2019-12-31 15:18:55: 实例DW02的守护进程配置有自动拉起，请等待守护进程将
其自动拉起

[monitor]         2019-12-31 15:18:55: 通知组(GRP1)的守护进程执行清理操作
[monitor]         2019-12-31 15:18:56: 清理守护进程(DW01)请求成功
[monitor]         2019-12-31 15:18:56: 清理守护进程(DW02)请求成功
[monitor]         2019-12-31 15:18:56: 启动实例(DW02)成功

attach
[monitor]         2019-12-31 15:19:07: 守护进程(DW02)状态切换 [STARTUP-->UNIFY EP]
WTIME                  WSTATUS      INST_OK      INAME        ISTATUS      IMODE
RSTAT                  N_OPEN       FLSN         CLSN
2019-12-31 15:19:07    UNIFY EP     OK           DW02         MOUNT        STANDBY
INVALID                6            66820        66820

[monitor]         2019-12-31 15:19:07: 守护进程(DW02)状态切换 [UNIFY EP-->STARTUP]
WTIME                  WSTATUS      INST_OK      INAME        ISTATUS      IMODE
RSTAT                  N_OPEN       FLSN         CLSN
2019-12-31 15:19:07    STARTUP      OK           DW02         OPEN         STANDBY
INVALID                6            66820        66820

[monitor]         2019-12-31 15:19:07: 守护进程(DW02)状态切换 [STARTUP-->OPEN]
WTIME                  WSTATUS      INST_OK      INAME        ISTATUS      IMODE
RSTAT                  N_OPEN       FLSN         CLSN
2019-12-31 15:19:07    OPEN         OK           DW02         OPEN         STANDBY
INVALID                6            66820        66820

attach database dw02
[monitor]         2019-12-31 15:19:43: 开始修改组GRP1中主库到实例DW02的恢复时间间隔
[monitor]         2019-12-31 15:19:43: 实例DW02[STANDBY, OPEN, ISTAT_SAME:TRUE]对应的
PRIMARY实例为DW01[PRIMARY, OPEN, ISTAT_SAME:TRUE]
[monitor]         2019-12-31 15:19:43: 通知守护进程DW01修改到实例DW02的恢复时间间隔为3(s)
[monitor]         2019-12-31 15:19:43: 修改组GRP1中主库到实例DW02的恢复时间间隔为3(s)成功

[monitor]         2019-12-31 15:19:43: 通知组(GRP1)的守护进程执行清理操作
```

```
[monitor]          2019-12-31 15:19:43: 清理守护进程(DW01)请求成功
[monitor]          2019-12-31 15:19:43: 清理守护进程(DW02)请求成功
[monitor]          2019-12-31 15:19:43: 实例(DW02)加回到守护进程组(GRP1)成功，主库守护进程
                   会自动发起恢复流程

[monitor]          2019-12-31 15:19:46: 守护进程(DW01)状态切换 [OPEN-->RECOVERY]
WTIME              WSTATUS        INST_OK    INAME      ISTATUS    IMODE
RSTAT              N_OPEN         FLSN       CLSN
2019-12-31 15:19:46 RECOVERY      OK         DW01       OPEN       PRIMARY
VALID              6              66820      66820

[monitor]        2019-12-31 15:19:49: 守护进程(DW01)状态切换 [RECOVERY-->OPEN]
WTIME              WSTATUS        INST_OK    INAME      ISTATUS    IMODE
RSTAT              N_OPEN         FLSN       CLSN
2019-12-31 15:19:49 OPEN          OK         DW01       OPEN       PRIMARY
VALID              6              66820      66820
```

5.4 数据守护信息查看

5.4.1 通过监视器查看

在监视器中可以执行以下命令，查看数据守护的信息，如表 5-5 所示。

表 5-5 监视器命令

命　令	说　明
show version	显示监视器自身版本信息
show global info	显示所有组的全局信息
show database [group_name.]db_name	显示指定库的详细信息
show [group_name]	显示指定组的实例信息，如果未指定组名，则显示所有组信息
show i[nterval] n	每隔 *n* 秒自动显示所有组的实例信息
q	取消自动显示
list [[group_name.]db_name]	列出指定组的库对应的守护进程配置信息，如果都未指定，则列出所有守护进程的配置信息
show open info [group_name.]db_name	显示指定库的 OPEN 历史信息
show arch send info [group_name.] db_name	查看源库到指定组的指定库的归档同步信息（包含恢复间隔信息）
show apply stat [group_name.]db_name	查看指定组的指定库的日志重演信息
show monitor [group_name[.]] [db_name]	列出连接到指定守护进程的所有监视器信息
tip	查看系统的当前运行状态

操作示例如下。

```
#连接监视器
[dmdba@dw8_monitor data]$ dmmonitor dmmonitor0.ini
[monitor]        2019-12-31 11.00.02. DMMONITOR[4.0] V8
```

```
[monitor]         2019-12-31 11:00:02: DMMONITOR[4.0] IS READY.

[monitor]         2019-12-31 11:00:02: 收到守护进程(DW01)消息
WTIME                WSTATUS      INST_OK      INAME       ISTATUS      IMODE
RSTAT                N_OPEN       FLSN         CLSN
2019-12-31 11:00:02  OPEN         OK           DW01        OPEN         PRIMARY
VALID                6            66817        66817

[monitor]         2019-12-31 11:00:02: 收到守护进程(DW02)消息
WTIME                WSTATUS      INST_OK      INAME       ISTATUS      IMODE
RSTAT                N_OPEN       FLSN         CLSN
2019-12-31 11:00:02  OPEN         OK           DW02        OPEN         STANDBY
VALID                6            66817        66817


#查看系统当前运行状态
tip
[monitor]         2019-12-31 11:00:09: [!!! 提示：本监视器不是确认监视器，在故障自动切换模式
                  下如果发生主库故障，本监视器无法执行自动接管 !!!]

[monitor]         2019-12-31 11:00:09: 实例DW01[PRIMARY, OPEN, ISTAT_SAME:TRUE]不可加
                  入其他实例，守护进程状态：OPEN，OPEN记录状态：VALID
[monitor]         2019-12-31 11:00:09: 实例DW01[PRIMARY, OPEN, ISTAT_SAME:TRUE]当前没
                  有命令正在执行
[monitor]         2019-12-31 11:00:09: 实例DW01[PRIMARY, OPEN, ISTAT_SAME:TRUE]运行正
                  常，守护进程是OPEN状态，守护类型是GLOBAL

[monitor]         2019-12-31 11:00:09: 实例DW02[STANDBY, OPEN, ISTAT_SAME:TRUE]可加入
                  实例DW01[PRIMARY, OPEN, ISTAT_SAME:TRUE]
[monitor]         2019-12-31 11:00:09: 实例DW02[STANDBY, OPEN, ISTAT_SAME:TRUE]当前没
                  有命令正在执行
[monitor]         2019-12-31 11:00:09: 实例DW02[STANDBY, OPEN, ISTAT_SAME:TRUE]运行正
                  常，守护进程是OPEN状态，守护类型是GLOBAL

[monitor]         2019-12-31 11:00:09: 组(GRP1)当前活动实例运行正常

[monitor]         2019-12-31 11:00:09: 所有组中的活动实例运行正常！

#查看监视器版本
show version
DMMONITOR[4.0] V8

show global info
2019-12-31 11:00:38
#==========================================================================#
```

```
GROUP              OGUID              MON_CONFIRM           MODE              MPP_FLAG
GRP1               453331             FALSE                 AUTO              FALSE

<<DATABASE GLOBAL INFO:>>
IP                 MAL_DW_PORT        WTIME                 WTYPE             WCTLSTAT
WSTATUS            INAME              INST_OK               N_EP              N_OK
ISTATUS            IMODE              DSC_STATUS            RTYPE             RSTAT
192.168.222.121 5239                  2019-12-31 11:00:37   GLOBAL            VALID
OPEN               DW01               OK                    1                 1
OPEN               PRIMARY            DSC_OPEN              REALTIME          VALID

IP                 MAL_DW_PORT        WTIME                 WTYPE             WCTLSTAT
WSTATUS            INAME              INST_OK               N_EP              N_OK
ISTATUS            IMODE              DSC_STATUS            RTYPE             RSTAT
192.168.222.122    5239               2019-12-31 11:00:37   GLOBAL            VALID
OPEN               DW02               OK                    1                 1
OPEN               STANDBY            DSC_OPEN              REALTIME          VALID


#================================================================================#

show database grp1.dw01
2019-12-31 11:00:50
#================================================================================#

<<DATABASE GLOBAL INFO:>>
IP                 MAL_DW_PORT        WTIME                 WTYPE             WCTLSTAT
WSTATUS            INAME              INST_OK               N_EP              N_OK
ISTATUS            IMODE              DSC_STATUS            RTYPE             RSTAT
192.168.222.121    5239               2019-12-31 11:00:49   GLOBAL            VALID
OPEN               dw01               OK                    1                 1
OPEN               PRIMARY            DSC_OPEN              REALTIME          VALID

EP INFO:
INST_PORT          INST_OK            INAME                 ISTATUS           IMODE             DSC_SEQNO
DSC_CTL_NODE                          RTYPE                 RSTAT             FSEQ              FLSN
CSEQ               CLSN               DW_STAT_FLAG
5236               OK                 DW01                  OPEN              PRIMARY           0
0                                     REALTIME              VALID             3659              66817
3659               66817              NONE

#================================================================================#
```

```
#查看指定组的实例信息，也可以不加组，显示所有组的实例信息
show grp1
2019-12-31 11:00:55
#================================================================================#
GROUP             OGUID         MON_CONFIRM      MODE              MPP_FLAG
grp1              453331        FALSE            AUTO              FALSE


<<DATABASE GLOBAL INFO:>>
IP                MAL_DW_PORT   WTIME                  WTYPE       WCTLSTAT
WSTATUS           INAME         INST_OK                N_EP        N_OK
ISTATUS           IMODE         DSC_STATUS             RTYPE       RSTAT
192.168.222.121   5239          2019-12-31 11:00:55    GLOBAL      VALID
OPEN              DW01          OK                     1           1
OPEN              PRIMARY       DSC_OPEN               REALTIME    VALID

EP INFO:
INST_PORT         INST_OK         INAME         ISTATUS          IMODE
DSC_SEQNO         DSC_CTL_NODE    RTYPE         RSTAT            FSEQ
FLSN              CSEQ            CLSN          DW_STAT_FLAG
5236              OK              DW01          OPEN             PRIMARY
0                 0               REALTIME      VALID            3659
66817             3659            66817         ONE
<<DATABASE GLOBAL INFO:>>
IP                MAL_DW_PORT   WTIME                  WTYPE       WCTLSTAT
WSTATUS           INAME         INST_OK                N_EP        N_OK
ISTATUS           IMODE         DSC_STATUS             RTYPE       RSTAT
192.168.222.122   5239          2019-12-31 11:00:55    GLOBAL      VALID
OPEN              DW02          OK                     1           1
OPEN              STANDBY       DSC_OPEN               REALTIME    VALID

EP INFO:
INST_PORT         INST_OK         INAME         ISTATUS          IMODE
DSC_SEQNO         DSC_CTL_NODE    RTYPE         RSTAT            FSEQ
FLSN              CSEQ            CLSN          DW_STAT_FLAG
5236              OK              DW02          OPEN             STANDBY
0                 0               REALTIME      VALID            3637
66817             3637            66817         NONE

DATABASE(DW02) APPLY INFO FROM (DW01):
DSC_SEQNO[0], (ASEQ, SSEQ, KSEQ)[3659, 3659, 3659], (ALSN, SLSN, KLSN)[66817, 66817,
66817], N_TSK[0], TSK_MEM_USE[0]


#================================================================================#
```

```
#列出指定组的库对应的守护进程配置信息，如果都未指定，则列出所有守护进程配置信息
list dw01
#-------------------dmwatcher configuration of instance(DW01)----------------------#
[GRP1]
DW_TYPE                         = GLOBAL
DW_MODE                         = AUTO
DW_ERROR_TIME                   = 10
INST_ERROR_TIME                 = 10
INST_RECOVER_TIME               = 60
INST_INI                        = /dm/dmdbms/data/dw/dm.ini
DCR_INI                         =
INST_OGUID                      = 453331
INST_STARTUP_CMD                = /dm/dmdbms/bin/dmserver
INST_AUTO_RESTART               = 1
INST_SERVICE_IP_CHECK           = 0
RLOG_SEND_THRESHOLD             = 0
RLOG_APPLY_THRESHOLD            = 0

#显示指定库的OPEN历史信息
show open info dw01
2019-12-31 11:01:17
#--------------------------------------------------------------------------------#
INST_NAME     = dw01
N_ITEM        = 6
CTL_STATUS    = VALID
DESC          =
TGUID              ROWID           OPEN_TIME            SYS_MODE      PRI_INST_NAME
CUR_INST_NAME      PRI_DB_MAGIC    CUR_DB_MAGIC         N_EP          ASEQ_ARR
ALSN_ARR
DW01_1             1               2019-12-30 11:12:56  NORMAL        DW01
DW01               918422821       918422821            1             [3614]
[33178]
DW01_2             2               2019-12-30 11:28:1   NORMAL        DW01
DW01               918422821       918422821            1             [3629]
[37359]
DW01_3             3               2019-12-30 11:28:57  NORMAL        DW01
DW01               918422821       918422821            1             [3633]
[42086]
DW01_4             4               2019-12-30 16:26:4   PRIMARY       DW01
DW01               918422821       918422821            1             [3637]
[51642]
DW01_5             5               2019-12-30 23.25.8   PRIMARY       DW01
```

DW01　918422821　918422821　1　[3648]

[56481]

DW01_6　6　2019-12-30 23:38:49　PRIMARY　DW01

DW01　918422821　918422821　1　[3653]

[61649]

#---#

#查看源库到指定组的指定库的归档同步信息(包含恢复间隔信息)

show arch send info dw01

[monitor]　2019-12-31　11:01:32: 实例dw01[PRIMARY, OPEN, ISTAT_SAME:TRUE]是PRIMARY模式，不允许执行此命令

show arch send info dw02

2019-12-31 11:01:40

#---#

THE FOLLOWING INFO IS GET FROM SOURCE INSTANCE(DW01):

#----DMWATCHER(DW01) RECOVER INFO FOR (DW02)----#

THE RECOVER INFO IS VALID FOR NON-LOCAL WATCH TYPE INSTANCE:

LAST RECOVER TIME: 2019-12-30 23:38:59

LAST RECOVER CODE: 100

INST_RECOVER_TIME(IN DMWATCHER.INI)　= 60(s)

INST_RECOVER_TIME(IN DMWATCHER MEMORY)　= 3(s)

#***#

#----DMSERVER(DW01) MAL/ARCH STATUS TO (DW02)----#

MPP_FLAG　= FALSE

ARCH TYPE　= REALTIME

MAL STATUS　= CONNECTED

ARCH STATUS　= VALID

#----DMSERVER(DW01) LAST ARCH SEND INFO TO (DW02)----#

SEND TYPE　= FOR REALTIME SEND

SEND START TIME　= 2019-12-30 23:48:45

SEND END TIME　= 2019-12-30 23:48:45

SEND TIME USED　= 12019(us)

SEND START LSN　= 66817

SEND END LSN　= 66817

SEND LOG LEN　= 10240(bytes)

SEND PTX COUNT　= 1

SEND CODE　= 0

```
SEND DESC INFO                  = send arch to site(DW02) success, begin lsn:66817, end lsn:66817

#----DMSERVER(DW01) RECENT 4 ARCH SEND INFO TO (DW02)----#
SEND LOG LEN                    = 106496(bytes)
SEND PTX COUNT                  = 4
SEND TIME USED                  = 50771(us)

#----DMSERVER(DW01) MAX ARCH SEND INFO TO (DW02)----#
MAX END TIME                    = 2019-12-30 23:38:55
MAX SEND TIME USED              = 97250(us)
MAX PTX COUNT                   = 4877
MAX SEND LOG LEN                = 414720(bytes)
MAX END LSN                     = 66817

#----DMSERVER(DW01) TOTAL ARCH SEND INFO TO (DW02)----#
TOTAL SEND COUNT                = 8
TOTAL SEND LOG LEN              = 1150976(bytes)
TOTAL SEND PTX COUNT            = 10050
TOTAL SEND TIME USED            = 277521(us)

#*****************************************************************#
#-----------------------------------------------------------------#

#查看指定组的指定库的日志重演信息
show apply stat dw02
2019-12-31 11:01:49
#-----------------------------------------------------------------#
THE FOLLOWING INFO IS GET FROM INSTANCE(DW02):

#*****************************************************************#
#------DMSERVER(DW02) LAST ARCH APPLY INFO FROM INSTANCE(DW01)------#
RECEIVED LOG LEN                = 10240(bytes)
RESPONSE TIME USED              = 1122(us)
WAIT TIME USED                  = 952442(us)
APPLY LOG LEN                   = 10240(bytes)
APPLY TIME USED                 = 1810(us)

#----DMSERVER(DW02) RECENT 6 ARCH APPLY INFO FROM INSTANCE(DW01)----#
RECEIVED LOG LEN                = 732672(bytes)
RESPONSE TIME USED              = 3493(us)
WAIT TIME USED                  = 2156291(us)
APPLY LOG LEN                   = 732672(bytes)
APPLY TIME USED                 = 4110322(us)
```

```
#----DMSERVER(DW02) MAX ARCH APPLY INFO FROM INSTANCE(DW01)----#
MAX RESPONSE TIME             = 1122(us)
MAX WAIT TIME                 = 952442(us)
MAX APPLY TIME                = 3566001(us)
MAX APPLY LOG LEN             = 414720(bytes)

#----DMSERVER(DW02) TOTAL ARCH APPLY INFO FROM INSTANCE(DW01)----#
TOTAL RECEIVED NUM            = 6
TOTAL RECEIVED LOG LEN        = 732672(bytes)
TOTAL APPLY NUM               = 6
TOTAL APPLY LOG LEN           = 732672(bytes)
TOTAL RESPONSE TIME           = 3493(us)
TOTAL WAIT TIME               = 2156291(us)
TOTAL APPLY TIME              = 4110322(us)
#*****************************************************************#
#-----------------------------------------------------------------#

#列出连接到指定守护进程的所有监视器信息
show monitor dw01
2019-12-31 11:02:05
#-----------------------------------------------------------------#
GET MONITOR CONNECT INFO FROM DMWATCHER(dw01), THE FIRST LINE IS SELF INFO.

DW_CONN_TIME          MON_CONFIRM     MID           MON_IP                     MON_VERSION
2019-12-31 11:00:02   FALSE           1577761202    ::ffff:192.168.222.120     DMMONITOR[4.0] V8

2019-12-31 09:46:37   TRUE            1577720304    ::ffff:192.168.222.120     DMMONITOR[4.0] V8

#-----------------------------------------------------------------#

#每隔n秒自动显示所有组的实例信息
show i 2
设置自动显示失败，时间间隔必须为5~3600(s)

show i 5
设置自动显示成功

2019-12-31 11:02:51
#=================================================================#
GROUP               OGUID          MON_CONFIRM      MODE             MPP_FLAG
GRP1                453331         FALSE            AUTO             FALSE
```

```
<<DATABASE GLOBAL INFO:>>
IP               MAL_DW_PORT      WTIME                  WTYPE        WCTLSTAT
WSTATUS          INAME            INST_OK                N_EP         N_OK
ISTATUS          IMODE            DSC_STATUS             RTYPE        RSTAT
192.168.222.121  5239             2019-12-31 11:02:50    GLOBAL       VALID
OPEN             DW01             OK                     1            1
OPEN             PRIMARY          DSC_OPEN               REALTIME     VALID

EP INFO:
INST_PORT        INST_OK             INAME          ISTATUS      IMODE
DSC_SEQNO        DSC_CONTROL_NODE    RTYPE          RSTAT        PKG_SEQNO
FLSN             CLSN                DW_STAT_FLAG
5236             OK                  DW01           OPEN         PRIMARY
0                0                   REALTIME       VALID        3659
66817            66817               NONE

<<DATABASE GLOBAL INFO:>>
IP               MAL_DW_PORT      WTIME                  WTYPE        WCTLSTAT
WSTATUS          INAME            INST_OK                N_EP         N_OK
ISTATUS          IMODE            DSC_STATUS             RTYPE        RSTAT
192.168.222.122  5239             2019-12-31 11:02:50    GLOBAL       VALID
OPEN             DW02             OK                     1            1
OPEN             STANDBY          DSC_OPEN               REALTIME     VALID

EP INFO:
INST_PORT        INST_OK             INAME          ISTATUS      IMODE
DSC_SEQNO        DSC_CONTROL_NODE    RTYPE          RSTAT        PKG_SEQNO
FLSN             CLSN                DW_STAT_FLAG
5236             OK                  DW02           OPEN         STANDBY
0                0                   REALTIME       VALID        3637
66817            66817               NONE

DATABASE(DW02) APPLY INFO FROM (DW01):
DSC_SEQNO[0], (ASEQ, SSEQ, KSEQ)[3659, 3659, 3659], (ALSN, SLSN, KLSN)[66817, 66817, 66817], N_TSK[0], TSK_MEM_USE[0]

#================================================================#

#取消自动显示
q
自动显示已取消
```

5.4.2　通过视图查看

除了在监视器中查看数据守护的信息，也可以通过以下视图来查看数据守护的信息。具体如表 5-6 所示。

表 5-6　数据守护常用视图

视　图	说　明
V$UTSK_INFO	查询守护进程向实例发送请求的执行情况
V$UTSK_SYS2	查询实例当前的全局信息
V$RECOVER_STATUS	在主库上查询备库的恢复进度，如果已恢复完成，查询结果为空
V$KEEP_RLOG_PKG	在备库上查询 KEEP_RLOG_PKG 信息
V$RLOG_PKG	显示日志包信息
V$RLOG_PKG_STAT	显示当前实例日志系统中日志包使用的统计信息
V$RAPPLY_SYS	在备库上查询备库重演日志时的一些系统信息
V$RAPPLY_LOG_TASK	在备库上查询备库当前重做任务的日志信息
V$RAPPLY_STAT	在备库上查询备库重演日志的统计信息
V$RAPPLY_LSN_INFO	在备库上查询备库的重演信息
V$ARCH_FILE	查询本地已经远程归档的日志信息
V$ARCH_SEND_INFO	在主库上查询备库的日志发送统计信息
V$MAL_LINK_STATUS	查询本地实例到远程实例的 MAL 链路连接状态
V$MAL_SYS MAL	查询主库的 MAL 系统信息
V$MAL_SITE_INFO	查询 MAL 站点信息视图
V$DM_ARCH_INI	查询归档参数信息
V$DM_MAL_INI	查询 MAL 参数信息
V$DM_TIMER_INI	查询定时器参数信息
V$DMWATCHER	查询当前登录实例所对应的守护进程信息

信息直接查询视图即可，这里不再演示。

5.5　数据守护主备库切换

数据守护主备库切换也是在监视器中执行的。数据守护主备库切换命令如表 5-7 所示。

表 5-7　数据守护主备库切换命令

命　令	说　明
choose switchover [group_name]	列出可切换为主库的备库列表
choose takeover [group_name]	列出可接管故障主库的备库列表
choose takeover force [group_name]	列出可强制接管故障主库的备库列表
switchover [group_name[.]] [db_name]	切换指定组的指定库为主库
takeover [group_name[.]] [db_name]	使用指定组的指定库接管故障主库
takeover force [group_name[.]] [db_name]	使用指定组的指定库强制接管故障主库

5.5.1 Switchover

Switchover（切换）是在主库和备库都运行正常的情况下执行的一种主备库角色互换。原主库切换为备库，原备库切换为主库，整个过程是可逆的。切换不会导致数据丢失，或者数据库分裂等情况，适用于主库维护、滚动升级等场景。

监视器中执行 switchover 命令的过程如下。

```
#登录监视器
login
用户名:SYSDBA
密码:
[monitor]          2019-12-31 15:54:46: 登录监视器成功!

#列出可切换为主库的备库
choose switchover grp1
Can choose one of the following instances to do switchover:
1: DW02

#将DW02切换为主库
switchover grp1.dw02
[monitor]          2019-12-31 15:55:09: 开始切换实例DW02
[monitor]          2019-12-31 15:55:09: 通知守护进程DW01切换SWITCHOVER状态
[monitor]          2019-12-31 15:55:09: 守护进程(DW01)状态切换 [OPEN-->SWITCHOVER]
……
[monitor]          2019-12-31 15:55:17: 通知组(GRP1)的守护进程执行清理操作
[monitor]          2019-12-31 15:55:17: 清理守护进程(DW01)请求成功

[monitor]          2019-12-31 15:55:17: 清理守护进程(DW02)请求成功
[monitor]          2019-12-31 15:55:17: 实例DW02切换成功

……
#查看实例状态：这里已经完成主备库的Switchover操作
show
2019-12-31 15:55:41
#================================================================================#
GROUP        OGUID        MON_CONFIRM        MODE        MPP_FLAG
GRP1         453331       FALSE              AUTO        FALSE


<<DATABASE GLOBAL INFO:>>
IP           MAL_DW_PORT  WTIME              WTYPE       WCTLSTAT
WSTATUS      INAME        INST_OK            N_EP        N_OK
ISTATUS      IMODE        DSC_STATUS         RTYPE       RSTAT
```

```
192.168.222.122    5239            2019-12-31 15:55:41    GLOBAL      VALID
OPEN               DW02            OK                     1           1
OPEN               PRIMARY         DSC_OPEN               REALTIME    VALID

EP INFO:
INST_PORT          INST_OK         INAME                  ISTATUS     IMODE
DSC_SEQNO          DSC_CTL_NODE    RTYPE                  RSTAT       FSEQ
FLSN               CSEQ            CLSN                   DW_STAT_FLAG
5236               OK              DW02                   OPEN        PRIMARY
0                  0               REALTIME               VALID       3669
77052              3669            77052                  NONE

<<DATABASE GLOBAL INFO:>>
IP                 MAL_DW_PORT     WTIME                  WTYPE       WCTLSTAT
WSTATUS            INAME           INST_OK                N_EP        N_OK
ISTATUS            IMODE           DSC_STATUS             RTYPE       RSTAT
192.168.222.121    5239            2019-12-31 15:55:41    GLOBAL      VALID
OPEN               DW01            OK                     1           1
OPEN               STANDBY         DSC_OPEN               REALTIME    VALID

EP INFO:
INST_PORT          INST_OK         INAME                  ISTATUS     IMODE
DSC_SEQNO          DSC_CTL_NODE    RTYPE                  RSTAT       FSEQ
FLSN               CSEQ            CLSN                   DW_STAT_FLAG
5236               OK              DW01                   OPEN        STANDBY
0                  0               REALTIME               VALID       3667
77052              3667            77052                  NONE

DATABASE(DW01) APPLY INFO FROM (DW02):
DSC_SEQNO[0], (ASEQ, SSEQ, KSEQ)[3669, 3669, 3669], (ALSN, SLSN, KLSN)[77052, 77052,
77052], N_TSK[0], TSK_MEM_USE[0]

#================================================================================#
```

5.5.2 Takeover

1．Takeover（接管）说明

在主库因服务器发生故障无法正常运行，或网络故障暂时无法恢复等情况下，可以使用 Takeover 备库接管，将备库切换为主库对外服务。数据守护有两种模式，如果是故障自动切换模式，那么确认监视器会自动选择符合条件的备库进行接管；如果是手动切换模式，

则需要管理员手工选择备库并执行 takeover 命令。

这里切换的前提条件是故障发生之前数据守护是正常运行的，如果之前数据守护就已经无法正常工作，那么 takeover 命令也无法正常执行。

具体来说，执行 takeover 命令必须满足下列条件。

（1）主库在 PRIMARY 模式、OPEN 状态下发生故障。

（2）主库守护进程故障，故障前是 STARTUP/OPEN/RECOVERY 状态；或者主库守护进程正常。

（3）主库在故障前到接管备库时的归档状态为 VALID。

（4）接管备库是 STANDBY 模式、OPEN 状态。

（5）故障主库和接管备库的 OPEN 记录项内容相同。

在某些特殊的情况下，takeover 命令会执行失败，此时可以使用 takeover force 命令进行备库强制接管。该操作存在一定的风险，可能会导致备库和故障主库的数据不一致，或者出现数据库分裂的情况。强制备库接管无法自动实现，必须管理员手工执行。

执行强制备库接管必须满足以下条件。

（1）不存在活动主库。

（2）备库守护进程处于 OPEN 状态或 STARTUP 状态。

（3）备库实例运行正常。

（4）备库是 STANDBY 模式。

（5）备库处于 OPEN 状态或 MOUNT 状态。

（6）备库的 KLSN 必须是所有备库中最大的。

2. takeover 操作示例

注意，数据守护在正常运行的情况下，是无法进行 takeover 操作的，会报如下错误。

```
show
2020-01-01 12:08:10
#================================================================================#
GROUP           OGUID         MON_CONFIRM       MODE              MPP_FLAG
GRP1            453331        FALSE             AUTO              FALSE


<<DATABASE GLOBAL INFO:>>
IP                MAL_DW_PORT     WTIME                 WTYPE          WCTLSTAT
WSTATUS           INAME           INST_OK               N_EP           N_OK
ISTATUS           IMODE           DSC_STATUS            RTYPE          RSTAT
192.168.222.122   5239            2020-01-01 12:08:10   GLOBAL         VALID
OPEN              DW02            OK                    1              1
OPEN              PRIMARY         DSC_OPEN              REALTIME       VALID

EP INFO:
INST_PORT         INST_OK         INAME                 ISTATUS        IMODE
DSC_SEQNO         DSC_CTL_NODE    RTYPE                 RSTAT          FSEQ
```

```
FLSN              CSEQ              CLSN              DW_STAT_FLAG
5236              OK                DW02              OPEN              PRIMARY
0                 0                 REALTIME          VALID             3674
77052             3674              77052             NONE

<<DATABASE GLOBAL INFO:>>
IP                MAL_DW_PORT       WTIME             WTYPE             WCTLSTAT
WSTATUS           INAME             INST_OK           N_EP              N_OK
ISTATUS           IMODE             DSC_STATUS        RTYPE             RSTAT
192.168.222.121   5239              2020-01-01 12:08:10 GLOBAL          VALID
OPEN              DW01              OK                1                 1
OPEN              STANDBY           DSC_OPEN          REALTIME          VALID

EP INFO:
INST_PORT         INST_OK           INAME             ISTATUS           IMODE
DSC_SEQNO         DSC_CTL_NODE      RTYPE             RSTAT             FSEQ
FLSN              CSEQ              CLSN              DW_STAT_FLAG
5236              OK                DW01              OPEN              STANDBY
0                 0                 REALTIME          VALID             3674
77052             3674              77052             NONE

DATABASE(DW01) APPLY INFO FROM (DW02):
DSC_SEQNO[0], (ASEQ, SSEQ, KSEQ)[3674, 3674, 3674], (ALSN, SLSN, KLSN)[77052, 77052, 77052], N_TSK[0], TSK_MEM_USE[0]


#================================================================================#

choose takeover grp1
组(grp1)中有活动PRIMARY实例，不再查找可接管实例列表！
```

为了能完成 switchover 操作，首先要将主库网络直接中断，模拟网络故障，命令如下。

```
[root@dw2 ~]# systemctl stop network
```

但是查看监视器可以发现，由于配置的是故障自动切换模式，因此后台运行的确认监视器进行了自动切换，如下。

```
#================================================================================#

[monitor]         2020-01-01 12:11:05: [!!! 实例DW02的守护进程配置为故障自动切换模式，但本
                  监视器不是确认监视器，无法对实例DW02执行自动接管 !!!]

[monitor]         2020-01-01 12:11:05: 接收守护进程(DW02)消息超时
WTIME             WSTATUS           INST_OK           INAME             ISTATUS
IMODE             RSTAT             N_OPEN            FLSN              CLSN
```

```
2020-01-01 12:10:54  ERROR       OK           DW02         OPEN
PRIMARY              VALID       8            77052        77052

[monitor]         2020-01-01 12:11:06: 守护进程(DW01)状态切换 [OPEN-->TAKEOVER]
WTIME                WSTATUS     INST_OK      INAME        ISTATUS
IMODE                RSTAT       N_OPEN       FLSN         CLSN
2020-01-01 12:11:06  TAKEOVER    OK           DW01         OPEN
STANDBY              NULL        8            77052        77052

[monitor]         2020-01-01 12:11:16: 守护进程(DW01)状态切换 [TAKEOVER-->OPEN]
WTIME                WSTATUS     INST_OK      INAME        ISTATUS
IMODE                RSTAT       N_OPEN       FLSN         CLSN
2020-01-01 12:11:16  OPEN        OK           DW01         OPEN
PRIMARY              VALID       9            77343        82220

show
2020-01-01 12:14:51
#================================================================================#
GROUP            OGUID           MON_CONFIRM            MODE            MPP_FLAG
GRP1             453331          FALSE                  AUTO            FALSE


<<DATABASE GLOBAL INFO:>>
IP                   MAL_DW_PORT     WTIME                  WTYPE       WCTLSTAT
WSTATUS              INAME           INST_OK                N_EP        N_OK
ISTATUS              IMODE           DSC_STATUS             RTYPE       RSTAT
192.168.222.121      5239            2020-01-01 12:14:50    GLOBAL      VALID
OPEN                 DW01            OK                     1           1
OPEN                 PRIMARY         DSC_OPEN               REALTIME    VALID

EP INFO:
INST_PORT            INST_OK         INAME                  ISTATUS     IMODE
DSC_SEQNO            DSC_CTL_NODE    RTYPE                  RSTAT       FSEQ
FLSN                 CSEQ            CLSN                   DW_STAT_FLAG
5236                 OK              DW01                   OPEN        PRIMARY
0                    0               REALTIME               VALID       3679
82220                3679            82220                  NONE

ERROR DATABASE:

<<DATABASE GLOBAL INFO:>>
IP                   MAL_DW_PORT     WTIME                  WTYPE       WCTLSTAT
```

```
WSTATUS             INAME               INST_OK             N_EP            N_OK
ISTATUS             IMODE               DSC_STATUS          RTYPE           RSTAT
192.168.222.122     5239                2020-01-01 12:10:54 GLOBAL          VALID
OPEN                DW01                OK                  1               1
OPEN                PRIMARY             DSC_OPEN            REALTIME        VALID

EP INFO:
INST_PORT           INST_OK             INAME               ISTATUS         IMODE
DSC_SEQNO           DSC_CTL_NODE        RTYPE               RSTAT           FSEQ
FLSN                CSEQ                CLSN                DW_STAT_FLAG
5236                OK                  DW02                OPEN            PRIMARY
0                   0                   REALTIME            VALID           3674
77052               3674                77052               NONE

#================================================================================#
```

从日志可以看出切换之后两个节点都是主库。

如果是手工切换模式，执行如下命令。

```
#先查看可以接管的备库
choose takeover grp1
Can choose one of the following instances to do takeover:
1: DAVE2

#执行监管动作
takeover dave2
[monitor]         2019-09-20 12:54:13: 开始使用实例DAVE2接管
[monitor]         2019-09-20 12:54:13: 通知守护进程DAVE2切换TAKEOVER状态
……
```

5.5.3 数据守护的自动恢复

1. 自动恢复说明

当数据守护的主库发生故障时，比如主库网络异常后执行了 takeover 操作，待故障修复之后，对应的守护进程会自动判断恢复的节点能否加入当前主库系统，如果满足条件，就会自动进行数据恢复，实现主备库的再同步。

在满足以下条件时，主库的守护进程可自动进入 RECOVERY 状态，进行数据恢复。

（1）本地主库［PRIMARY,OPEN］，守护进程 OPEN 状态。

（2）远程备库［STANDBY,OPEN］，归档状态 INVALID，守护进程 OPEN 状态。

（3）远程备库［STANDBY,OPEN］的 ASEQ/ALSN 和 SSEQ/SLSN 相等，没有待重做的日志。

（4）根据 OPEN 记录等信息判断备库可加入。

（5）远程备库［STANDBY,OPEN］达到了设置的启动恢复的时间间隔。

用户可以在监视器中执行 check recover［group_name.］db_name 命令，来查看实例是否满足自动恢复条件。

启动恢复的时间间隔由主库守护进程配置文件（dmwatcher.ini）的 INST_RECOVER_TIME 参数来控制，取值是 3～86400s，该参数仅对备库有效，之前配置的是 60s。也可以在监视器中执行 show arch send info 命令或 list 命令查看。

```
show arch send info dw01
2019-12-31 23:36:19
#--------------------------------------------------------------------#
THE FOLLOWING INFO IS GET FROM SOURCE INSTANCE(DW02):

#----DMWATCHER(DW02) RECOVER INFO FOR (DW01)----#
THE RECOVER INFO IS VALID FOR NON-LOCAL WATCH TYPE INSTANCE:


LAST RECOVER TIME: 2019-12-31 15:55:23
LAST RECOVER CODE: 100

INST_RECOVER_TIME(IN DMWATCHER.INI)                = 60(s)
INST_RECOVER_TIME(IN DMWATCHER MEMORY)             = 3(s)
……


list dw01
#-------------------dmwatcher configuration of instance(DW01)----------------------#
[GRP1]
DW_TYPE                     = GLOBAL
DW_MODE                     = AUTO
DW_ERROR_TIME               = 10
INST_ERROR_TIME             = 10
INST_RECOVER_TIME           = 60
INST_INI                    = /dm/dmdbms/data/dw/dm.ini
……
```

当然也可以在监视器中使用 set recover time 命令来动态设置指定备库的恢复间隔。但要注意，在监视器中动态修改 INST_RECOVER_TIME 参数仅修改主库守护进程的内存值，不会写入到 dmwatcher.ini 文件中。

动态修改指定备库实例的恢复间隔，命令如下。

```
set database [group_name.]db_name recover time time_value
```

动态修改指定组或所有组中所有备库的恢复间隔，命令如下。

```
set group [group_name] recover time time_value
```

修改示例如下。

```
login
```

```
用户名:SYSDBA
密码:
[monitor]         2019-12-31 23:48:37: 登录监视器成功!

set database dw01 recover time 3
[monitor]         2019-12-31 23:48:58: 开始修改组GRP1中主库到实例DW01的恢复时间间隔
[monitor]         2019-12-31 23:48:58: 实例DW01[STANDBY, OPEN, ISTAT_SAME:TRUE]对应的
                  PRIMARY实例为DW02[PRIMARY, OPEN, ISTAT_SAME:TRUE]
[monitor]         2019-12-31 23:48:58: 通知守护进程DW02修改到实例DW01的恢复时间间隔为3(s)
[monitor]         2019-12-31 23:48:58: 通知组(GRP1)的守护进程执行清理操作
[monitor]         2019-12-31 23:48:58: 清理守护进程(DW01)请求成功
[monitor]         2019-12-31 23:48:58: 清理守护进程(DW02)请求成功
[monitor]         2019-12-31 23:48:58: 修改组GRP1中主库到实例DW01的恢复时间间隔为3(s)成功
```

修改完成后，若主库对备库执行过恢复操作，不管恢复执行成功还是失败，通过监视器动态修改的内存值都不再有效。主库守护进程在恢复完成后，会根据恢复结果重置内存中的恢复间隔值，若备库恢复成功，会将此备库的恢复间隔重置为主库 dmwatcher.ini 中配置的值。

2. 自动恢复示例

在模拟网络故障中，将原主库的网络中断，自动切换模式监视器激活备库，显示的状态还是两个主库。此时在监视器中进行 check 操作，会有如下提示。

```
check recover dw01
[monitor]         2020-01-01  12:22:13: 实例DW01[PRIMARY,  OPEN,  ISTAT_SAME:TRUE]是
PRIMARY模式，不满足RECOVER条件
```

这个并不影响恢复原主库的网络，恢复原主库的网络的命令如下。

```
[root@dw2 ~]# systemctl start network
```

此时直接查看监视器的日志，如下。

```
[monitor]         2020-01-01 12:23:24: 守护进程(DW02)状态切换  [NONE-->OPEN]
WTIME                WSTATUS      INST_OK       INAME        ISTATUS
IMODE                RSTAT        N_OPEN        FLSN         CLSN
2020-01-01 12:23:24  OPEN         OK            DW02         OPEN
PRIMARY              VALID        8             77052        77052

[monitor]         2020-01-01 12:23:27: 实例DW02[PRIMARY, OPEN, ISTAT_SAME:TRUE]故障
WTIME                WSTATUS      INST_OK       INAME        ISTATUS
IMODE                RSTAT        N_OPEN        FLSN         CLSN
2020-01-01 12:23:27  STARTUP      ERROR         DW02         OPEN
PRIMARY              VALID        8             77052        77052

[monitor]         2020-01-01 12:23:27: 守护进程(DW02)状态切换  [OPEN-->STARTUP]
WTIME                WSTATUS      INST_OK       INAME        ISTATUS
IMODE                RSTAT        N_OPEN        FLSN         CLSN
2020-01-01 12:23:27  STARTUP      ERROR         DW02         OPEN
```

```
PRIMARY              VALID          8             77052          77052

[monitor]            2020-01-01 12:23:27: [!!! 实例DW02的守护进程配置为故障自动切换模式，但本
                     监视器不是确认监视器，无法对实例DW02执行自动接管 !!!]

[monitor]            2020-01-01 12:23:55: 实例DW02[PRIMARY, MOUNT, ISTAT_SAME:TRUE]恢复
                     正常
WTIME                WSTATUS        INST_OK       INAME          ISTATUS        IMODE
RSTAT                N_OPEN         FLSN          CLSN
2020-01-01 12:23:55  STARTUP        OK            DW02           MOUNT          PRIMARY
VALID                8              77052         77052

[monitor]            2020-01-01 12:23:55: 守护进程(DW02)状态切换 [STARTUP-->UNIFY EP]
WTIME                WSTATUS        INST_OK       INAME          ISTATUS        IMODE
RSTAT                N_OPEN         FLSN          CLSN
2020-01-0112:23:55   UNIFY EP       OK            DW02           MOUNT          PRIMARY
VALID                8              77052         77052

[monitor]            2020-01-01 12:23:56: 守护进程(DW02)状态切换 [UNIFY EP-->STARTUP]
WTIME                WSTATUS        INST_OK       INAME          ISTATUS        IMODE
RSTAT                N_OPEN         FLSN          CLSN
2020-01-01 12:23:56  STARTUP        OK            DW02           MOUNT          STANDBY
INVALID              8              77052         77052

[monitor]            2020-01-01 12:23:56: 守护进程(DW02)状态切换 [STARTUP-->UNIFY EP]
WTIME                WSTATUS        INST_OK       INAME          ISTATUS        IMODE
RSTAT                N_OPEN         FLSN          CLSN
2020-01-01 12:23:56  UNIFY EP       OK            DW02           MOUNT          STANDBY
INVALID              8              77052         77052

[monitor]            2020-01-01 12:23:56: 守护进程(DW02)状态切换 [UNIFY EP-->STARTUP]
WTIME                WSTATUS        INST_OK       INAME          ISTATUS        IMODE
RSTAT                N_OPEN         FLSN          CLSN
2020-01-01 12:23:56  STARTUP        OK            DW02           OPEN           STANDBY
INVALID              8              77052         77052

[monitor]            2020-01-01 12:23:56: 守护进程(DW02)状态切换 [STARTUP-->OPEN]
WTIME                WSTATUS        INST_OK       INAME          ISTATUS        IMODE
RSTAT                N_OPEN         FLSN          CLSN
2020-01-01 12:23:56  OPEN           OK            DW02           OPEN           STANDBY
INVALID              8              77052         77052

[monitor]            2020-01-01 12:23:57: 守护进程(DW01)状态切换 [OPEN-->RECOVERY]
WTIME                WSTATUS        INST_OK       INAME          ISTATUS        IMODE
```

```
RSTAT                N_OPEN      FLSN          CLSN
2020-01-01 12:23:56  RECOVERY    OK            DW01          OPEN          PRIMARY
VALID                9           82220         82220

[monitor]            2020-01-01 12:24:07: 守护进程(DW01)状态切换 [RECOVERY-->OPEN]
WTIME                WSTATUS     INST_OK       INAME         ISTATUS       IMODE
RSTAT                N_OPEN      FLSN          CLSN
2020-01-01 12:24:07  OPEN        OK            DW01          OPEN          PRIMARY
VALID                9           82220         82220

show
2020-01-01 12:24:19
#================================================================================#
GROUP                OGUID       MON_CONFIRM   MODE          MPP_FLAG
GRP1                 453331      FALSE         AUTO          FALSE


<<DATABASE GLOBAL INFO:>>
IP              MAL_DW_PORT      WTIME                WTYPE        WCTLSTAT
WSTATUS         INAME            INST_OK              N_EP         N_OK
ISTATUS         IMODE            DSC_STATUS           RTYPE        RSTAT
192.168.222.121 5239             2020-01-01 12:24:19  GLOBAL       VALID
OPEN            DW01             OK                   1            1
OPEN            PRIMARY          DSC_OPEN             REALTIME     VALID

EP INFO:
INST_PORT       INST_OK          INAME                ISTATUS      IMODE
DSC_SEQNO       DSC_CTL_NODE     RTYPE                RSTAT        FSEQ
FLSN            CSEQ             CLSN                 DW_STAT_FLAG
5236            OK               DW01                 OPEN         PRIMARY
0               0                REALTIME             VALID        3680
82220           3680             82220                NONE

<<DATABASE GLOBAL INFO:>>
IP              MAL_DW_PORT      WTIME                WTYPE        WCTLSTAT
WSTATUS         INAME            INST_OK              N_EP         N_OK
ISTATUS         IMODE            DSC_STATUS           RTYPE        RSTAT
192.168.222.122 5239             2020-01-01 12:24:19  GLOBAL       VALID
OPEN            DW02             OK                   1            1
OPEN            STANDBY          DSC_OPEN             REALTIME     VALID

EP INFO:
INST_PORT       INST_OK          INAME                ISTATUS      IMODE
DSC_SEQNO       DSC_CTL_NODE     RTYPE                RSTAT        FSEQ
```

```
FLSN            CSEQ            CLSN            DW_STAT_FLAG
5236            OK              DW02            OPEN            STANDBY
0               0               REALTIME        VALID           3674
82220           3674            82220           NONE

DATABASE(DW02) APPLY INFO FROM (DW01):
DSC_SEQNO[0], (ASEQ, SSEQ, KSEQ)[3680, 3680, 3680], (ALSN, SLSN, KLSN)[82220, 82220,
82220], N_TSK[0], TSK_MEM_USE[0]

#================================================================================#
```

从日志看，原主库自动加入到了数据守护环境中，并且从主库变成了备库，这个就是自动恢复功能。只要满足条件，就会恢复主备环境。

5.6 重建数据守护的备库

5.5.3 节主要介绍了数据守护的自动恢复。但如果遇到了一些极端的情况，不能进行自动恢复，就只能通过手工重建备库的方式进行恢复了。

在本章最开始搭建数据守护环境时使用的是脱机备份的方式，重建时采用的是联机备份的方式。在实际生产环境中，没有较多的停机时间可供操作，联机备份解决了停机时间不足的问题。

为了更贴近实际操作，假设要重建的数据库很大，能够达到 TB 级别，此时联机备份的时间很长，由于在备份期间，主库还正常对外提供服务，因此也会产生大量的归档。在这种场景下，用户需要将数据库和归档都备份并恢复到备库，从而减少备库加入主备系统后的历史数据同步时间。若不利用归档追加数据，而采用直接恢复的方式，则可能需要很长的时间来追加历史数据，这个过程也是一个增量数据同步的过程，具体操作如下。

5.6.1 模拟备库故障

由于之前的数据守护环境是正常运行的，所以这里模拟备库故障不能直接停用备库的守护进程和实例，否则会导致主库切换成 SUSPEND 状态，影响主库的正常使用。

这里模拟故障的一个简单原则就是保证主库实例的正常运行，可以在监视器里先将备库实例从监视器中分离（detach）出去，然后再关闭备库实例，进行恢复操作。这样操作不会影响主库运行。

登录监视器的命令如下。

```
login
用户名:SYSDBA
密码:
[monitor]           2020-01-01 15:13:48: 登录监视器成功!

detach database dw02
```

```
[monitor]            2020-01-01 15:14:00: 开始修改组GRP1中主库到实例DW02的恢复时间间隔
[monitor]            2020-01-01 15:14:00: 实例DW02[STANDBY, OPEN, ISTAT_SAME:TRUE]对应的
PRIMARY实例为DW01[PRIMARY, OPEN, ISTAT_SAME:TRUE]
[monitor]            2020-01-01 15:14:00: 通知守护进程DW01修改到实例DW02的恢复时间间隔为
86400(s)
[monitor]            2020-01-01 15:14:00: 修改组GRP1中主库到实例DW02的恢复时间间隔为86400(s)
成功
```

停止备库实例的命令如下。

```
[root@dw2 dmarch]# systemctl stop DmServicedw.service
```

5.6.2　重建备库实例

如果备库已经完全损坏，比如更换了服务器或者重装了操作系统，那么就需要重建备库实例，但如果只是部分文件损坏，实例不能打开，那么可以跳过该步骤。

在备库主机创建备库实例的命令如下。

```
[dmdba@dw2 ~]$ dminit path=/dm/dmdbms/data db_name=dw instance_name=dw02 port_num=5236
```

用“root”用户注册备库的实例服务的命令如下。

```
[root@dw2 ~]# /dm/dmdbms/script/root/dm_service_installer.sh -t dmserver -dm_ini /dm/dmdbms/
data/dw/dm.ini -p dw
```

5.6.3　配置参数文件

参考主库的配置文件，配置新备库的 dm.ini、dmmal.ini、dmarch.ini 和 dmwatcher.ini 文件。这里不再详细描述。

5.6.4　备份主库

```
[dmdba@dw1 ~]$ disql SYSDBA/SYSDBA
服务器[LOCALHOST:5236]:处于主库OPEN状态
登录使用时间: 158.098(毫秒)
disql V8
SQL> backup database full backupset '/dm/dmbak/dw_full_02' without log;
操作已执行
已用时间: 00:00:09.614. 执行号:8.
```

注意，这里追加备份归档，在备份库时加入 without log 选项。如果不考虑归档备份，直接采用搭建时使用的备份恢复方法，也可以实现数据初始化，只是在备份库较大时，可能需要很长的时间来追加数据。

5.6.5　在备库上还原主库

将主库备份复制到库的命令如下。

```
[dmdba@dw1 ~]$ scp -r /dm/dmbak/dw_full_02 192.168.74.122:/dm/dmbak/
dmdba@192.168.74.122's password:
dw_full_02.bak          100%    40MB    8.9MB/s    00:04
dw_full_02.meta         100%    69KB    5.8MB/s    00:00
```

在备库还原数据库的命令如下，这里使用脱机还原操作。

```
[dmdba@dw2 ~]$ cd /dm/dmdbms/bin //切换路径
[dmdba@dw2 bin]$ ./dmrman ctlstmt="restore database '/dm/dmdbms/data/dw/dm.ini' from backupset '/dm/dmbak/dw_full_02'" //对数据库还原
dmrman V8
restore database '/dm/dmdbms/data/dw/dm.ini' from backupset '/dm/dmbak/dw_full_02'
file dm.key not found, use default license!
RESTORE DATABASE CHECK......
RESTORE DATABASE,dbf collect......
RESTORE DATABASE,dbf refresh ......
RESTORE BACKUPSET [/dm/dmbak/dw_full_02] START......
total 4 packages processed...
total 5 packages processed...
RESTORE DATABASE,UPDATE ctl file......
RESTORE DATABASE,REBUILD key file......
RESTORE DATABASE,CHECK db info......
RESTORE DATABASE,UPDATE db info......
total 5 packages processed...
total 5 packages processed!
CMD END.CODE:[0]
restore successfully.
time used: 00:00:02.241
```

5.6.6 备份主库归档

在之前备份时没有备份日志，所以在备份归档之前要先查询备份集的BEGIN_LSN，然后从BEGIN_LSN开始备份主库的归档日志，SQL语句如下。

```
SQL>  select sf_bakset_backup_dir_add('DISK','/dm/dmbak/dw_full_02'); //添加备份目录
行号      SF_BAKSET_BACKUP_DIR_ADD('DISK','/dm/dmbak/dw_full_02')
---------- -----------------------------------------------------
1         1

已用时间: 87.793(毫秒). 执行号:4.
SQL>  select backup_name,begin_lsn from v$backupset; //查看备份的归档日志文件信息

行号      BACKUP_NAME                          BEGIN_LSN
---------- -------------------------------- --------------------
1         DB_dw_FULL_20200101_145835_000896    87401
```

```
已用时间: 00:00:01.074. 执行号:5.
```

这里从 87401 开始备份归档，SQL 语句如下。

```
SQL> backup archive log from lsn 87401 backupset '/dm/dmbak/dw_arch_01';
操作已执行
已用时间: 00:00:01.052. 执行号:6.
```

5.6.7　在备库上恢复归档

将归档备份集复制到备库的命令如下。

```
[dmdba@dw1 ~]$ scp -r /dm/dmbak/dw_arch_01 192.168.74.122:/dm/dmbak/
dmdba@192.168.74.122's password:
dw_arch_01.bak          100%    728KB    3.7MB/s     00:00
dw_arch_01.meta         100%    61KB     1.3MB/s     00:00
```

还原并恢复归档的命令如下。

```
[dmdba@dw2 bin]$ pwd //查看当前路径
/dm/dmdbms/bin
[dmdba@dw2 bin]$ ./dmrman ctlstmt="restore archive log from backupset '/dm/dmbak/dw_arch_01' to archivedir '/dm/dmarch'" //还原归档日志文件
[dmdba@dw2 bin]$ ./dmrman ctlstmt="recover database '/dm/dmdbms/data/dw/dm.ini' with archivedir '/dm/dmarch'" //恢复数据库
[dmdba@dw2 bin]$ ./dmrman ctlstmt="recover database '/dm/dmdbms/data/dw/dm.ini' update db_magic" //更新数据库db_magic
```

5.6.8　MOUNT 启动备库

将数据库启动到 MOUNT 状态的命令如下。

```
[dmdba@dw2 bin]$ ./dmserver /dm/dmdbms/data/dw/dm.ini mount //将数据库启动到MOUNT状态
file dm.key not found, use default license!
version info: develop
Use normal os_malloc instead of HugeTLB
Use normal os_malloc instead of HugeTLB
……
ndct_db_load_info success.
SYSTEM IS READY.
```

5.6.9　修改备库模式

在备库 DISQL 中执行如下命令。

```
SQL> SP_SET_PARA_VALUE(1, 'ALTER_MODE_STATUS', 1); //修改数据库模式为允许修改
DMSQL 过程已成功完成
已用时间: 231.629(毫秒). 执行号:1.
```

```
SQL> sp_set_oguid(453331); //设置OGUID
DMSQL 过程已成功完成
已用时间: 47.831(毫秒). 执行号:2.
SQL> alter database standby; //将数据库模式切换为备库
操作已执行
已用时间: 29.926(毫秒). 执行号:0.
SQL> SP_SET_PARA_VALUE(1, 'ALTER_MODE_STATUS', 0); //修改数据库模式为禁止修改
DMSQL 过程已成功完成
已用时间: 24.459(毫秒). 执行号:3.
```

5.6.10 在备库注册并启动守护进程

如果之前的守护进程丢失，那么需要重新注册，命令如下。

```
[root@dw2 ~]# /dm/dmdbms/script/root/dm_service_installer.sh -t dmwatcher -watcher_ini /dm/dmdbms/data/dw/dmwatcher.ini -p dw
Created symlink from /etc/systemd/system/multi-user.target.wants/DmWatcherServicedw.service to /usr/lib/systemd/system/DmWatcherServicedw.service.
创建服务(DmWatcherServicedw)完成
```

启动守护进程的命令如下。

```
[root@dw2 ~]# systemctl start DmWatcherServicedw
```

在监视器中检查数据守护状态，命令如下。

```
show
2020-01-01 15:10:33
#================================================================================#
GROUP    OGUID       MON_CONFIRM          MODE       MPP_FLAG
GRP1     453331      FALSE                AUTO       FALSE


<<DATABASE GLOBAL INFO:>>
IP                 MAL_DW_PORT    WTIME                 WTYPE        WCTLSTAT
WSTATUS            INAME          INST_OK               N_EP         N_OK
ISTATUS            IMODE          DSC_STATUS            RTYPE        RSTAT
192.168.222.121    5239           2020-01-01 15:10:33   GLOBAL       VALID
OPEN               DW01           OK                    1            1
OPEN               PRIMARY        DSC_OPEN              REALTIME     VALID

EP INFO:
INST_PORT      INST_OK          INAME       ISTATUS          IMODE
DSC_SEQNO      DSC_CTL_NODE     RTYPE       RSTAT            FSEQ
FLSN           CSEQ             CLSN        DW_STAT_FLAG
5236           OK               DW01        OPEN             PRIMARY
```

```
0            0              REALTIME    VALID       3701
87417        3701           87417       NONE

<<DATABASE GLOBAL INFO:>>
IP               MAL_DW_PORT    WTIME                  WTYPE       WCTLSTAT
WSTATUS          INAME          INST_OK                N_EP        N_OK
ISTATUS          IMODE          DSC_STATUS             RTYPE       RSTAT
192.168.222.122  5239           2020-01-01 15:10:33    GLOBAL      VALID
OPEN             DW02           OK                     1           1
OPEN             STANDBY        DSC_OPEN               REALTIME    VALID

EP INFO:
INST_PORT        INST_OK        INAME                  ISTATUS     IMODE
DSC_SEQNO        DSC_CTL_NODE   RTYPE                  RSTAT       FSEQ
FLSN             CSEQ           CLSN                   DW_STAT_FLAG
5236             OK             DW02                   OPEN        STANDBY
0                0              REALTIME               VALID       3697
87417            3697           87417                  NONE

DATABASE(DW02) APPLY INFO FROM (DW01):
DSC_SEQNO[0], (ASEQ, SSEQ, KSEQ)[3701, 3701, 3701], (ALSN, SLSN, KLSN)[87417, 87417,
87417], N_TSK[0], TSK_MEM_USE[0]

#================================================================================#
```

5.7　为实时主备添加备库节点

实时主备添加备库节点和重建备库类似，只是添加备库节点时需要修改主库和其他备库的参数，在 dmmal.ini、dmarch.ini、dmmonitor.ini 配置文件中添加新节点的信息。

按照官方文档的说法，可以在线添加备库节点，但在实际测试时，在 dmmal.ini 中添加备库节点没有问题，但 dmarch.ini 无法在线进行添加，主要由于其需要在 MOUNT 状态下才能执行添加目录操作，而数据守护环境手工将数据库切换为 MOUNT 状态很容易导致其他问题，比如数据守护节点的分裂，所以这里建议在添加数据守护节点时，直接修改所有节点的参数配置文件，然后重启数据库实例让修改生效即可，这样实际的停机时间也是可控的。

下面在之前一主一备的环境中继续添加一个备库。

5.7.1　环境说明

操作系统与数据库版本和当前数据守护环境保持一致。数据守护配置说明如表 5-8 所示，其中包括添加新备库后的主机类型和 IP 地址。

表 5-8 数据守护配置说明

主机类型	IP 地址	实 例 名	操作系统
主库	192.168.74.121（外部服务） 192.168.222.121（内部通信）	DW01	NeoKylin Linux General Server release 7.6
监控	192.168.222.120		NeoKylin Linux General Server release 7.6
备库 1	192.168.74.122（外部服务） 192.168.222.122（内部通信）	DW02	NeoKylin Linux General Server release 7.6
备库 2	192.168.74.123（外部服务） 192.168.222.123（内部通信）	DW03	NeoKylin Linux General Server release 7.6

数据守护端口规划如表 5-9 所示。

表 5-9 数据守护端口规划

实 例 名	PORT_NUM	DW_PORT	MAL_HOST	MAL_PORT	MAL_DW_PORT
DW01	5236	5237	192.168.222.121	5238	5239
DW02	5236	5237	192.168.222.122	5238	5239
DW03	5236	5237	192.168.222.123	5238	5239

5.7.2 准备新备库

这里的步骤与重建备库的操作完全相同。这里要注意参数文件的配置。

dmmal.ini 文件中需要包含所有节点的信息。在数据守护环境所有节点的 dmmal.ini 中也同步进行修改。

```
[dmdba@dw3 dw]$ cat dmmal.ini    //查看mail文件的内容信息
MAL_CHECK_INTERVAL = 5                #MAL 链路检测时间间隔
MAL_CONN_FAIL_INTERVAL = 5            #判定 MAL 链路断开的时间

[MAL_INST1]
MAL_INST_NAME = DW01                  #实例名，和 dm.ini 中的 INSTANCE_NAME 一致
MAL_HOST = 192.168.222.121            #MAL 系统监听 TCP 连接的 IP 地址
MAL_PORT = 5238                       #MAL 系统监听 TCP 连接的端口
MAL_INST_HOST = 192.168.74.121        #实例的对外服务 IP 地址
MAL_INST_PORT = 5236                  #实例的对外服务端口，和 dm.ini 中的 PORT_NUM 一致
MAL_DW_PORT = 5239                    #守护进程监听 TCP 连接的端口
MAL_INST_DW_PORT = 5237               #实例监听守护进程 TCP 连接的端口

[MAL_INST2]
MAL_INST_NAME = DW02
MAL_HOST = 192.168.222.122
```

```
MAL_PORT = 5238
MAL_INST_HOST = 192.168.74.122
MAL_INST_PORT = 5236
MAL_DW_PORT = 5239
MAL_INST_DW_PORT = 5237

[MAL_INST3]
MAL_INST_NAME = DW03
MAL_HOST = 192.168.222.123
MAL_PORT = 5238
MAL_INST_HOST = 192.168.74.123
MAL_INST_PORT = 5236
MAL_DW_PORT = 5239
MAL_INST_DW_PORT = 5237
```

归档配置文件 dmarch.ini 中要包含其他所有节点的信息。这里当前节点是 DW03，所以 ARCH_DEST 写 DW01 和 DW02，在其他节点也要进行类似的修改，比如对于 DW01，ARCH_DEST 写 DW03 和 DW02。

```
[dmdba@dw3 dw]$ cat dmarch.ini    //查看归档日志配置信息
ARCH_WAIT_APPLY           = 1

[ARCHIVE_REALTIME]
ARCH_TYPE = REALTIME
ARCH_DEST = DW01

[ARCHIVE_REALTIME2]
ARCH_TYPE = REALTIME
ARCH_DEST = DW02

[ARCHIVE_LOCAL1]
ARCH_TYPE             = LOCAL
ARCH_DEST             = /dm/dmarch
ARCH_FILE_SIZE        = 128
ARCH_SPACE_LIMIT      = 0
```

其他相同的配置参数在这里不再描述。

5.7.3　修改监视器配置文件

环境里两个监视器配置文件都要修改，监视器确认修改后还需要重启。

在 dmmonitor.ini 中添加新节点信息的命令如下。

```
[dmdba@dw8_monitor data]$ cat dmmonitor.ini    //查看监视器配置信息
......
MON_DW_IP = 192.168.222.123:5239  # IP和PORT与dmmal.ini 中 MAL_HOST 和MAL_DW_PORT
                                  # 保持一致
```

重启确认监视器的命令如下。

```
[root@dw8_monitor ~]#   systemctl restart DmMonitorServicedw.service
```

5.7.4 验证新的数据守护环境

重启数据守护环境的所有实例。DW03 节点还需要另外启动守护进程，命令如下。

```
[root@dw3 ~]# systemctl start DmWatcherServicedw
```

在监视器中查看的命令如下。

```
show
2020-01-01 19:51:52
#================================================================================#
GROUP           OGUID           MON_CONFIRM             MODE            MPP_FLAG
GRP1            453331          FALSE                   AUTO            FALSE

<<DATABASE GLOBAL INFO:>>
IP              MAL_DW_PORT     WTIME                   WTYPE           WCTLSTAT
WSTATUS         INAME           INST_OK                 N_EP            N_OK
ISTATUS         IMODE           DSC_STATUS              RTYPE           RSTAT
192.168.222.121 5239            2020-01-0119:51:52      GLOBAL          VALID
OPEN            DW01            OK                      1               1
OPEN            PRIMARY         DSC_OPEN                REALTIME        VALID

EP INFO:
INST_PORT       INST_OK         INAME           ISTATUS         IMODE
DSC_SEQNO       DSC_CTL_NODE    RTYPE           RSTAT           FSEQ
FLSN            CSEQ            CLSN            DW_STAT_FLAG
5236            OK              DW01            OPEN            PRIMARY
0               0               REALTIME        VALID           3723
97850           3723            97850           NONE

<<DATABASE GLOBAL INFO:>>
IP                  MAL_DW_PORT     WTIME                   WTYPE       WCTLSTAT
WSTATUS             INAME           INST_OK                 N_EP        N_OK
ISTATUS             IMODE           DSC_STATUS              RTYPE       RSTAT
192.168.222.122     5239            2020-01-01 19:51:52     GLOBAL      VALID
OPEN                DW02            OK                      1           1
OPEN                STANDBY         DSC_OPEN                REALTIME    VALID
```

```
EP INFO:
INST_PORT      INST_OK        INAME      ISTATUS      IMODE
DSC_SEQNO      DSC_CTL_NODE   RTYPE      RSTAT        FSEQ
FLSN           CSEQ           CLSN       DW_STAT_FLAG
5236           OK             DW02       OPEN         STANDBY
0              0              REALTIME   VALID        3697
97850          3697           97850      NONE

DATABASE(DW02) APPLY INFO FROM (DW01):
DSC_SEQNO[0], (ASEQ, SSEQ, KSEQ)[3723, 3723, 3723], (ALSN, SLSN, KLSN)[97850, 97850,
97850], N_TSK[0], TSK_MEM_USE[0]

<<DATABASE GLOBAL INFO:>>
IP               MAL_DW_PORT   WTIME                 WTYPE      WCTLSTAT
WSTATUS          INAME         INST_OK               N_EP       N_OK
ISTATUS          IMODE         DSC_STATUS            RTYPE      RSTAT
192.168.222.123  5239          2020-01-01 19:51:52   GLOBAL     VALID
OPEN             DW03          OK                    1          1
OPEN             STANDBY       DSC_OPEN              REALTIME   VALID

EP INFO:
INST_PORT      INST_OK        INAME      ISTATUS      IMODE
DSC_SEQNO      DSC_CTL_NODE   RTYPE      RSTAT        FSEQ
FLSN           CSEQ           CLSN       DW_STAT_FLAG
5236           OK             DW03       OPEN         STANDBY
0              0              REALTIME   VALID        3717
97850          3717           97850      NONE

DATABASE(DW03) APPLY INFO FROM (DW01):
DSC_SEQNO[0], (ASEQ, SSEQ, KSEQ)[3723, 3723, 3723], (ALSN, SLSN, KLSN)[97850, 97850,
97850], N_TSK[0], TSK_MEM_USE[0]


#================================================================================#

tip
[monitor]         2020-01-01 19:52:09: [!!! 提示：本监视器不是确认监视器，在故障自动切换模式
                  下如果发生主库故障，本监视器无法执行自动接管 !!!]

[monitor]         2020-01-01 19:52:09: 实例DW01[PRIMARY, OPEN, ISTAT_SAME:TRUE]不可加
                  入其他实例，守护进程状态：OPEN，OPEN记录状态：VALID
[monitor]         2020-01-01 19:52:09: 实例DW01[PRIMARY, OPEN, ISTAT_SAME:TRUE]当前没
                  有命令正在执行
```

```
[monitor]         2020-01-01 19:52:09: 实例DW01[PRIMARY, OPEN, ISTAT_SAME:TRUE]运行正
                  常，守护进程是OPEN状态，守护类型是GLOBAL

[monitor]         2020-01-01 19:52:09: 实例DW02[STANDBY, OPEN, ISTAT_SAME:TRUE]可加入
                  实例DW01[PRIMARY, OPEN, ISTAT_SAME:TRUE]
[monitor]         2020-01-01 19:52:09: 实例DW02[STANDBY, OPEN, ISTAT_SAME:TRUE]当前没
                  有命令正在执行
[monitor]         2020-01-01 19:52:09: 实例DW02[STANDBY, OPEN, ISTAT_SAME:TRUE]运行正
                  常，守护进程是OPEN状态，守护类型是GLOBAL

[monitor]         2020-01-01 19:52:09: 实例DW03[STANDBY, OPEN, ISTAT_SAME:TRUE]可加入
                  实例DW01[PRIMARY, OPEN, ISTAT_SAME:TRUE]
[monitor]         2020-01-01 19:52:09: 实例DW03[STANDBY, OPEN, ISTAT_SAME:TRUE]当前没
                  有命令正在执行
[monitor]         2020-01-01 19:52:09: 实例DW03[STANDBY, OPEN, ISTAT_SAME:TRUE]运行正
                  常，守护进程是OPEN状态，守护类型是GLOBAL

[monitor]         2020-01-01 19:52:09: 组(GRP1)当前活动实例运行正常

[monitor]         2020-01-01 19:52:09: 所有组中的活动实例运行正常！
```

6

第 6 章 达梦共享存储数据库集群

6.1 DMDSC 说明

达梦共享存储数据库集群（DM Data Shared Cluster，DMDSC）解决方案是一种高可用、高性能、负载均衡的解决方案，DMDSC 可以让多个数据库实例同时对一套数据库进行 DML 操作和 DDL 操作，并且 DMDSC 支持故障自动切换和故障自动重加入的功能。达梦数据库支持最多 16 个节点的 DMDSC。

DMDSC 主要由数据库、实例、共享存储、本地存储、通信网络（MAL）、DMCSS 组成。其最主要的特点是共享存储的使用，通过共享存储，可以让多个实例同时访问、修改数据。目前 DMDSC 支持使用裸设备或 DMASM 文件系统作为共享存储，但是要注意，目前 DMDSC 集群依赖的 DCR 磁盘和 VOTE 磁盘只能存储在裸设备上，无法存储到 DMASM 中。

在开始 DMDSC 的学习之前，需要先了解以下 6 个概念。

1. 裸设备（Raw Device）

裸设备是一种没有经过格式化，不被 Unix/Linux 通过文件系统来读取的特殊字符设备，是一种允许直接访问磁盘而不经过操作系统的高速缓存和缓冲器。

2. 达梦自动存储管理器

达梦自动存储管理器（DM Auto Storage Manager，DMASM）是达梦数据库专用的分布式文件系统。支持多个节点同时访问、修改数据文件，并减少直接使用裸设备存在的诸多限制。

3. 达梦集群注册表

达梦集群注册表（DM Clusterware Registry，DCR）用于存储和维护集群配置的详细信息，如 DMDSC、DMASM、DMCSS 的资源、实例名、监听端口，以及集群中故障节点信息等。DM8 目前仅支持将 DCR 磁盘存在裸设备中。注意，一个集群环境中只能配置一个 DCR 磁盘。

4. 表决磁盘（VOTE 磁盘）

VOTE 磁盘记录了集群成员信息，DM 集群通过 VOTE 磁盘进行心跳检测，确定集群中节点的状态，判断节点是否出现故障。当集群中出现网络故障时，使用 VOTE 磁盘来确定哪些 DMDSC 节点被踢出集群。VOTE 磁盘还用来传递命令，在集群的不同状态（启动、节点故障、节点重加入等）下，DMCSS 通过 VOTE 磁盘传递控制命令，通知节点执行相应命令。同 DCR 磁盘一样，达梦数据库目前版本仅支持将 VOTE 磁盘存储在裸设备中。一个集群环境只能配置一个 VOTE 磁盘。

集群中各实例启动时，通过访问 DCR 磁盘获取集群配置信息。被监控实例从 VOTE 磁盘读取监控命令，并向 VOTE 磁盘写入命令响应及自身心跳信息；DMCSS 也向 VOTE 磁盘写入自己的心跳信息，并从 VOTE 磁盘访问各被监控节点的运行情况，并将监控命令写入 VOTE 磁盘，供被监控实例访问执行。

5. 达梦集群同步服务

达梦集群同步服务（DM Cluster Synchronization Services，DMCSS）负责集群环境中节点启动、故障处理、节点重加入等操作。DMDSC 和 DMASM 的运行都依赖 DMCSS。DMCSS 的心跳机制是通过 VOTE 磁盘的 Disk Heartbeat 实现的。DMASM 实例和 DMServer 实例使用独立的 MAL 系统，当 MAL 链路异常时，DMCSS 会进行裁定，并从集群中踢出一个节点，保证集群环境的正常运行。

6. 达梦集群监视器

达梦集群监视器（DM Cluster Synchronization Services Monitor，DMCSSM）与 DMCSS 相互通信，获取并监控整个集群系统的状态信息。DMCSSM 提供了一系列的命令来管理、维护集群。同一个集群中，最多允许同时启动 10 个监视器。

6.2 DMASM 说明

6.2.1 DMASM 概念

DMASM 是达梦数据库专用的分布式文件系统，通过 DMASM 可以方便地管理 DMDSC 集群的数据库文件。DMASM 的功能由 DMASMSVR 实例提供，每个节点都有对应的 DMASMSVR 实例，它们之间使用 MAL 系统进行信息和数据的传递。

DMASMSVR 实例在启动时会扫描/dev/raw/路径下的所有裸设备，加载 DMASM 磁盘，构建 DMASM 磁盘组和 DMASM 文件系统。DMASM 不是一个通用的文件系统，所有使用 DMASM 文件系统的程序都使用 DMASMAPI 接口连接 DMASMSVR。

用户可以使用 DMASMCMD 工具来格式化裸设备为 DMASM 磁盘，并初始化 DCR 磁盘、VOTE 磁盘。使用 DMASMTOOL 工具来管理磁盘组和 DMASM 文件。同样，

DMASMTOOL 工具使用 DMASMAPI 连接到 DMAMSVR，并调用相应的 DMASMAPI 函数，实现创建、复制、删除等文件操作命令。

DMASMSVR 的启动、关闭、故障处理等流程由 DMCSS 控制，DMASMSVR 定时向 VOTE 磁盘写入时间戳、状态、命令，以及命令执行结果等信息，DMCSS 主节点定时从 VOTE 磁盘读取信息，检查 DMASMSVR 实例的状态变化，启动相应的处理流程。

DMASMSVR 中只有一个主节点，其他都是从节点，DMASMSVR 的主节点由 DMCSS 选取；所有 DDL 操作（如创建文件、创建磁盘组等）都是在主节点执行的，用户登录时从节点发起的 DDL 请求，会通过 MAL 系统发送到主节点执行并返回；而 DMASM 文件的读、写等操作，则由登录节点直接完成，不需要传递到主节点执行。

6.2.2　磁盘组说明

DMASM 文件系统由磁盘组体现，DMASM 中所有的文件都存放在磁盘组中。磁盘组是一个逻辑概念，其由至少一个磁盘组成。存放在磁盘组中的文件由簇（Extent）组成，簇又由 AU（Allocate Unit）组成。

簇是 DMASM 文件的最小分配单位，一个簇由一组物理上连续的 AU 构成。簇的大小为 4，即一个 DMASM 文件至少占用 4 个 AU。

AU 是 DMASM 存储管理的最小单位，AU 的大小为 1MB。DMASM 以 AU 为单位将磁盘划分为若干逻辑单元，DMASM 文件也是由一系列 AU 组成的。根据 AU 的不同用途，系统内部定义了一系列 AU 类型，包括 desc AU、inode AU、redo AU 和 data AU。

DMASM 中最多可以创建 124 个磁盘组，一个磁盘组中最多可以创建 8388607 个 DMASM 文件。单个 DMASM 文件最小是 4MB，最大是 4PB。

另外，需要注意以下 3 点。

（1）存放在磁盘组中的文件路径都是以+GROUP_NAME 开头的，并使用/作为路径分隔符。比如，+DATA/ctl/dm.ctl 表示 dm.ctl 文件保存在 DMASM 文件系统 DATA 磁盘组的 ctl 目录下。

（2）目前 DMASM 还没有实现异步格式化机制，创建磁盘组、添加磁盘等操作需要较长的执行时间，并且格式化过程中会阻塞创建 DMASM 文件等操作。

（3）目前 DMASM 只提供了基本的数据文件管理功能，不支持镜像存储、条带化存储、数据再平衡等功能。

6.3　DMCSS 说明

DMCSS 是 DMASM 和 DMDSC 的底层支撑。DMASM 或 DMDSC 中的每个节点都需要配置一个 DMCSS 服务。DMCSS 中负责监控、管理整个 DMASM 和 DMDSC 的节点称为主节点，其他 DMCSS 节点称为从节点。DMCSS 从节点不参与 DMASM 管理和 DMDSC 管理，当 DMCSS 主节点故障时，会从活动的从节点中重新选取一个 DMCSS 主节点。

在 VOTE 磁盘中，为每个被监控对象（DMASMSVR、DMSERVER、DMCSS）分配

一片独立的存储区域，被监控对象定时向 VOTE 磁盘写入信息（包括时间戳、状态、命令，以及命令执行结果等）。DMCSS 主节点定时从 VOTE 磁盘读取信息，检查被监控对象的状态变化，启动相应的处理流程。被监控对象只会被动地接收 DMCSS 主节点命令，执行并响应。

DMCSS 的主要功能包括心跳信息写入、DMCSS 主节点选取、DMASM/DMDSC 主节点选取、被监控对象的启动流程管理、集群状态监控、节点故障处理、节点重加入等，DMCSS 还可以接收并执行 DMCSSM 指令。

6.4 搭建 DMDSC 环境

搭建一个 2 节点的 DMDSC 环境，使用 DMASM 管理磁盘组。首先要了解一点，这里虽然使用 DMASM 来管理，但还是在裸设备的基础上进行的，就是说目前只能基于裸设备来创建磁盘组，无法直接使用 UDEV 的磁盘来创建磁盘组。另外，DCR 磁盘和 VOTE 磁盘是直接存放在裸设备上的。

根据前面的说明，可以知道 DMDSC 集群中有 3 个组件：CSS、ASM、DB。这 3 个组件的配置文件需要用“root”用户来配置，置于/home/data 目录下。DB 组件的配置和单实例一样，由 dmdba 用户管理，置于/dm/dmdbms 目录下，并且 CSS 组件和 ASM 组件的通信走内网，DB 组件走外网。

6.4.1 环境准备

DSC 环境说明如表 6-1 所示。

表 6-1　DSC 环境说明

主机类型	IP 地址	实 例 名	操作系统
节点 1	192.168.74.131（外部服务） 192.168.222.131（内部通信）	RAC1	NeoKylin Linux General Server release 7.6
节点 2	192.168.74.132（外部服务） 192.168.222.132（内部通信）	RAC2	NeoKylin Linux General Server release 7.6
监控	192.168.222.130		NeoKylin Linux General Server release 7.6

创建 3 块共享磁盘，共享磁盘规划如表 6-2 所示。

表 6-2　共享磁盘规划

磁盘类型	大　小
DCR 磁盘	200MB
VOTE 磁盘	200MB
Data Disk1	4GB

这里使用的是 VMWare 的虚拟机，关于虚拟机添加共享磁盘的方法参考 CNDBA 社区中的相关博客。

6.4.2　UDEV 绑定磁盘

配置好共享磁盘后，在操作系统上可以直接看到这些磁盘，如下。

```
[root@dmdsc2 ~]# fdisk -l|grep /dev/sd //在操作系统中查找以/dev/sd开头的设备
磁盘 /dev/sda：21.5 GB, 21474836480 字节，41943040 个扇区
/dev/sda1    *    2048       2099199     1048576     83  Linux
/dev/sda2         2099200    41943039    19921920    8e  Linux LVM
磁盘 /dev/sdb：213 MB, 213909504 字节，417792 个扇区
磁盘 /dev/sdc：213 MB, 213909504 字节，417792 个扇区
磁盘 /dev/sdd：4294 MB, 4294967296 字节，8388608 个扇区
```

磁盘/dev/sdb、/dev/sdc 和/dev/sdd 这 3 个磁盘是用户添加的磁盘。但是每次系统重启后硬盘盘符不一定和之前一样，因此使用 UDEV 或 MULTIPATH 进行绑定，以保证盘符的一致性。

Linux 中不同版本的 UDEV 绑定脚本的方式有所区别，这里的系统版本为 Linux 7.6，在两个集群节点都执行以下脚本进行 UDEV 绑定。

```
[root@dmdsc1 ~]# for i in b c d; //生成脚本文件
do
echo
"KERNEL==\"sd*\",ENV{DEVTYPE}==\"disk\",SUBSYSTEM==\"block\",PROGRAM==\"/usr/lib/udev/scsi_id -g -u -d \$devnode\",RESULT==\"`/usr/lib/udev/scsi_id --whitelisted --replace-whitespace --device=/dev/sd$i`\", RUN+=\"/bin/sh -c 'mknod /dev/dm-disk$i b \$major \$minor; chown dmdba:dmdba /dev/dm-disk$i; chmod 0660 /dev/dm-disk$i'\"">> /etc/udev/rules.d/99-dm-devices.rules
done;

[root@dmdsc1 ~]# cat /etc/udev/rules.d/99-dm-devices.rules //查看该文件内容信息
KERNEL=="sd*",ENV{DEVTYPE}=="disk",SUBSYSTEM=="block",PROGRAM=="/usr/lib/udev/scsi_id -g -u -d $devnode",RESULT=="36000c2943f9a2a555d66be7511a2df65", RUN+="/bin/sh -c 'mknod /dev/dm-diskb b $major $minor; chown dmdba:dmdba /dev/dm-diskb; chmod 0660 /dev/dm-diskb'"
KERNEL=="sd*",ENV{DEVTYPE}=="disk",SUBSYSTEM=="block",PROGRAM=="/usr/lib/udev/scsi_id -g -u -d $devnode",RESULT=="36000c290796384ac54b08951fcbb8132", RUN+="/bin/sh -c 'mknod /dev/dm-diskc b $major $minor; chown dmdba:dmdba /dev/dm-diskc; chmod 0660 /dev/dm-diskc'"
KERNEL=="sd*",ENV{DEVTYPE}=="disk",SUBSYSTEM=="block",PROGRAM=="/usr/lib/udev/scsi_id -g -u -d $devnode",RESULT=="36000c29d6d88ae306799cb7c5d4714ac", RUN+="/bin/sh -c 'mknod /dev/dm-diskd b $major $minor; chown dmdba:dmdba /dev/dm-diskd; chmod 0660 /dev/dm-diskd'"
```

使 UDEV 生效的命令如下。

```
[root@dmdsc1 ~]# udevadm control --reload-rules //重新加载信息
[root@dmdsc1 ~]# /sbin/udevadm trigger --type=devices --action=change  //让信息生效
[root@dmdsc1 ~]# ll /dev/dm-* //查看绑定的设备信息
brw-rw---- 1 root    disk    253,   0  1月  4  18:31  /dev/dm-0
brw-rw---- 1 root    disk    253,   1  1月  4  18:31  /dev/dm-1
brw-rw---- 1 dmdba   dmdba   8,    16  1月  4  18:31  /dev/dm-diskb
brw-rw---- 1 dmdba   dmdba   8,    32  1月  4  18:31  /dev/dm-diskc
brw-rw---- 1 dmdba   dmdba   8,    48  1月  4  18:31  /dev/dm-diskd
```

将 99-dm-devices.rules 文件复制到另一个节点，让规则生效。

UDEV 的详细说明可以参考 CNDBA 社区中 Dave 的文章《Linux 7.x 中 UDEV 配置的变化》。

6.4.3 配置裸设备

裸设备的映射在两个节点都要配置。在 Linux7 中需要先给/etc/rc.local 文件添加执行权限，否则添加的内容在开机时不会执行。对文件添加执行权限的命令如下。

```
[root@dmdsc2 ~]# chmod a+x /etc/rc.local    //对该文件添加执行权限
```

在 rc.local 中添加以下内容。

```
[root@rac2 ~]# cat /etc/rc.d/rc.local    //查看该文件内容信息
#DCR
raw /dev/raw/raw1 /dev/dm-diskb    //生成raw1设备
sleep 2
chown dmdba:dmdba /dev/raw/raw1 //将raw1拥有者改为dmdba，所属组为dmdba
chmod 660 /dev/raw/raw1 //将raw1权限更改660

#Votingdisk
raw /dev/raw/raw2 /dev/dm-diskc    //生成raw2设备
sleep 2
chown dmdba:dmdba /dev/raw/raw2    //将raw2拥有者改为dmdba，所属组为dmdba
chmod 660 /dev/raw/raw2    //将raw2权限更改660

#Data
raw /dev/raw/raw3 /dev/dm-diske    //生成raw3设备
sleep 2
chown dmdba:dmdba /dev/raw/raw3    //将raw3拥有者改为dmdba，所属组为dmdba
chmod 660 /dev/raw/raw3    //将raw3权限更改660

touch /var/lock/subsys/local
#注意这里touch必须放在最后一行，否则开机不会自动映射裸设备
```

验证裸设备的命令如下。

```
[root@dmdsc1 ~]# ll /dev/raw/raw*
crw-rw---- 1 dmdba dmdba 162, 1 1月     4 22:02 /dev/raw/raw1
crw-rw---- 1 dmdba dmdba 162, 2 1月     4 22:02 /dev/raw/raw2
crw-rw---- 1 dmdba dmdba 162, 3 1月     4 22:02 /dev/raw/raw3
crw-rw---- 1 root    disk    162, 0 1月     4 18:31 /dev/raw/rawctl
```

查看裸设备大小的命令如下。

```
[root@dmdsc1 ~]#    blockdev --getsize64 /dev/raw/raw1
213909504
```

6.4.4　安装达梦数据库软件

在两个节点安装达梦数据库软件，不创建实例。具体过程参考前述章节，这里不再描述。

6.4.5　配置 dmdcr_cfg.ini 文件

用“root”用户创建/home/data 目录，并在该目录下创建配置文件 dmdcr_cfg.ini。dmdcr_cfg. ini 是格式化 DCR 磁盘和 VOTE 磁盘的配置文件，配置内容有集群环境全局信息、集群组信息，以及组内节点信息。DMASMCMD 工具根据 dmdcr_cfg.ini 配置文件格式化 DCR 磁盘和 VOTE 磁盘。

在 dmdcr_cfg.ini 文件中添加以下内容。

```
[root@dmdsc1 bin]# cat /home/data/dmdcr_cfg.ini    //查看该文件内容信息
DCR_N_GRP = 3                      #当前配置的组数，这里设置为3组，根据实际情况进行修改。
                                   #最多16组
DCR_VTD_PATH = /dev/raw/raw2       #这里指定的是VOTE磁盘的路径。前面的DCR是参数前缀
DCR_OGUID = 63635                  #消息标识，DMCSSM登录，用于DMCSS消息校验

[GRP]
DCR_GRP_TYPE = CSS                 #组类型
DCR_GRP_NAME = GRP_CSS             #组名
DCR_GRP_N_EP = 2                   #组内成员数，也是集群的节点数，最大为16个节点
DCR_GRP_DSKCHK_CNT = 60            #磁盘心跳机制，容错时间，单位为秒，默认为60s，取值范围为
                                   #5～600s
[GRP_CSS]
DCR_EP_NAME = CSS0                 #节点名
DCR_EP_HOST = 192.168.222.131      #节点IP地址，内网通信的IP地址，仅CSS/ASM 需要配置
DCR_EP_PORT = 5237                 #节点TCP 监听端口
[GRP_CSS]
DCR_EP_NAME = CSS1
DCR_EP_HOST = 192.168.222.132
DCR_EP_PORT = 5237

[GRP]
DCR_GRP_TYPE = ASM
DCR_GRP_NAME = GRP_ASM
DCR_GRP_N_EP = 2
DCR_GRP_DSKCHK_CNT = 60
[GRP_ASM]
DCR_EP_NAME = ASM0
DCR_EP_SHM_KEY = 93360             #共享内存标识，数值类型（ASM有效，初始化共享内存的标
                                   #识符）
```

```
DCR_EP_SHM_SIZE = 10              #共享内存大小，单位MB（ASM有效，初始化共享内存大
                                  #小），取值范围为10～1024MB
DCR_EP_HOST = 192.168.222.131
DCR_EP_PORT = 5238
DCR_EP_ASM_LOAD_PATH = /dev/raw      #ASM 磁盘扫描路径，在Linux系统下一般为/dev/raw
[GRP_ASM]
DCR_EP_NAME = ASM1
DCR_EP_SHM_KEY = 93361
DCR_EP_SHM_SIZE = 10
DCR_EP_HOST = 192.168.222.132
DCR_EP_PORT = 5238
DCR_EP_ASM_LOAD_PATH = /dev/raw

[GRP]
DCR_GRP_TYPE = DB
DCR_GRP_NAME = GRP_RAC
DCR_GRP_N_EP = 2
DCR_GRP_DSKCHK_CNT = 60
[GRP_RAC]
DCR_EP_NAME = RAC0
DCR_EP_SEQNO = 0                  #组内序号，仅DB可配置，从0开始，如不配置则自动分配
DCR_EP_PORT = 5236                #实例对外提供服务的端口
DCR_CHECK_PORT = 5239             #DCR 检查端口号，用来检查实例是否活动
[GRP_RAC]
DCR_EP_NAME = RAC1
DCR_EP_SEQNO = 1
DCR_EP_PORT = 5236
DCR_CHECK_PORT = 5239
```

6.4.6 使用 DMASMCMD 工具初始化

DMASMCMD 工具是 DMASM 文件系统初始化工具，用来格式化裸设备为 DMASM 磁盘，并初始化 DCR 磁盘、VOTE 磁盘。格式化 DMASM 磁盘就是在裸设备的头部写入 DMASM 磁盘特征描述符号，包括 DMASM 标识串、DMASM 磁盘名，以及 DMASM 磁盘大小等信息。其中 VOTE 磁盘和 DCR 磁盘也会被格式化为 DMASM 磁盘。

注意，这里需要用“root”用户执行 dmasmcmd 命令，执行时不能使用 dmasmdcmd 命令的绝对路径，必须先切换到/dm/dmdbms/bin 目录下再执行，否则执行会报错。因为磁盘是共享磁盘，所以初始化命令只需要在一个节点执行。

```
[root@dmdsc1 data]# cd /dm/dmdbms/bin //切换到该路径
[root@dmdsc1 bin]# ./dmasmcmd   //运行命令
DMASMCMD V8
ASM>create dcrdisk '/dev/raw/raw1' 'dcr'   //创建DCR磁盘组
```

```
[Trace]The ASM initialize dcrdisk /dev/raw/raw1 to name DMASMdcr
Used time: 12.129(ms).
ASM>create votedisk '/dev/raw/raw2' 'vote' //创建VOTE磁盘组
[Trace]The ASM initialize votedisk /dev/raw/raw2 to name DMASMvote
Used time: 9.489(ms).
ASM>create asmdisk '/dev/raw/raw3' 'DATA0' //创建DATA0磁盘组
[Trace]The ASM initialize asmdisk /dev/raw/raw3 to name DMASMDATA0
Used time: 9.657(ms).
ASM>init dcrdisk '/dev/raw/raw1' from '/home/data/dmdcr_cfg.ini' identified by 'cndba' //初始化DCR
[Trace]DG 126 allocate 4 extents for file 0xfe000002.
Used time: 43.667(ms).
ASM>init votedisk '/dev/raw/raw2' from '/home/data/dmdcr_cfg.ini' //初始化VOTE磁盘
[Trace]DG 125 allocate 4 extents for file 0xfd000002.
Used time: 27.550(ms).
```

6.4.7　配置 dmasvrmal.ini 文件

用“root”用户在/home/data 目录下创建 DMASM 的 MAL 配置文件 dmasvrmal.ini，集群内所有 DMASM 节点的配置文件要完全相同。

这里列的是需要修改的值，其他配置选项使用默认值，如需修改，请参考官方手册。

```
[root@dmdsc1 data]# pwd //查看当前路径
/home/data
[root@dmdsc1 data]# ls   //查看当前路径下的文件
dmasvrmal.ini   dmdcr_cfg.ini
[root@dmdsc1 data]# cat dmasvrmal.ini   //查看该文件的内容信息
[MAL_INST1]                          #MAL 名称，同一个配置文件中的MAL名称需保持唯一性
MAL_INST_NAME = ASM0
MAL_HOST =192.168.222.131            #MAL IP 地址，内网通信IP地址
MAL_PORT = 6236                      #MAL 监听端口
[MAL_INST2]
MAL_INST_NAME = ASM1
MAL_HOST = 192.168.222.132
MAL_PORT = 6236
```

6.4.8　准备 dmdcr.ini 配置文件

用“root”用户在所有节点的/home/data 下创建 dmdcr.ini 配置文件，该文件是 DMCSS、DMASMSVR、DMASMTOOL 工具的输入参数。这里列的是需要修改的值，其他配置选项使用默认值，如需修改，请参考官方手册。

```
#对于节点 192.168.222.131
[root@dmdsc1 data]# cat dmdcr.ini   //查看该文件的内容信息
DMDCR_PATH = /dev/raw/raw1                          #DCR 磁盘路径
```

```
DMDCR_MAL_PATH =/home/data/dmasvrmal.ini                    #DMASMSVR的MAL配置文件路径
DMDCR_SEQNO = 0                                             #当前节点序号（用来获取 ASM 登录信息）

#ASM重启参数，以命令行方式启动
DMDCR_ASM_RESTART_INTERVAL = 60                             #DMCSS 认定DMASM节点故障重启的时间
间隔为0～86400s，超过设置的时间后，如果 DMASM 节点的active标记仍然为FALSE，则 DMCSS会执
行自动拉起操作。如果配置为0，则不会执行自动拉起操作，默认为60s。
DMDCR_ASM_STARTUP_CMD = /dm/dmdbms/bin/dmasmsvr
dcr_ini=/home/data/dmdcr.ini #执行自动拉起的命令串

#DB重启参数，以命令行方式启动
DMDCR_DB_RESTART_INTERVAL = 60                              #DMCSS 认定 DMDSC 节点故障重启的时
间间隔为0～86400s，超过设置的时间后，如果 DMDSC 节点的 active 标记仍然为 FALSE，则 DMCSS
会执行自动拉起操作。如果配置为 0，则不会执行自动拉起操作，默认为 60s。
DMDCR_DB_STARTUP_CMD = /dm/dmdbms/bin/dmserver path=/home/data/rac0_config/dm.ini dcr_
ini=/home/data/dmdcr.ini          #执行自动拉起的命令串


#对于节点 192.168.222.132
[root@dmdsc2 data]# cat dmdcr.ini //查看该文件的内容信息
DMDCR_PATH = /dev/raw/raw1
DMDCR_MAL_PATH =/home/data/dmasvrmal.ini
DMDCR_SEQNO = 1

#ASM 重启参数，以命令行方式启动
DMDCR_ASM_RESTART_INTERVAL = 60
DMDCR_ASM_STARTUP_CMD = /dm/dmdbms/bin/dmasmsvr dcr_ini=/home/data/dmdcr.ini

#DB 重启参数，以命令行方式启动
DMDCR_DB_RESTART_INTERVAL = 60
DMDCR_DB_STARTUP_CMD = /dm/dmdbms/bin/dmserver path=/home/data/rac1_config/dm.ini dcr_
ini=/home/data/dmdcr.ini
```

注意，DMDCR_DB_STARTUP_CMD 在配置文件中需要写成一行，不可换行。

6.4.9 启动 DMCSS/DMASM 程序

分别在两个节点启动 DMCSS、DMASMSVR 程序。注意，这里先启动节点 1，再启动节点 2，不要同时启动，并使用“root”用户进入/dm/dmdbms/bin 目录执行。

手动启动 dmcss 程序的命令如下。

```
dmcss DCR_INI=/home/data/dmdcr.ini


/dmasmsvr DCR_INI=/home/data/dmdcr.ini
```

因为之前配置 dmdcr.ini 时使用的是自动启动方式，所以 DMCSS 会自动拉起 dmasmsvr 程序，不需要手动启动。

```
#对于节点1
[root@dmdsc1 data]# cd /dm/dmdbms/bin //进入到指定路径下
[root@dmdsc1 bin]# ./dmcss DCR_INI=/home/data/dmdcr.ini
DMCSS V8
DMCSS IS READY
[CSS]: 设置EP CSS0[0]为控制节点

[CSS]: 重启本地ASM实例，命令：[/dm/dmdbms/bin/dmasmsvr dcr_ini=/home/data/dmdcr.ini]

Waitpid error!

ASM SELF EPNO:0
DMASMSVR V8
dmasmsvr task worker thread startup
the ASM server is Ready.
[ASM]: 设置EP ASM0[0]为控制节点

[ASM]: 设置命令[START NOTIFY], 目标站点 ASM0[0], 命令序号[2]

check css cmd: START NOTIFY, cmd_seq: 2
[ASM]: 设置命令[EP START], 目标站点 ASM0[0], 命令序号[3]

check css cmd: EP START, cmd_seq: 3

ASM Control Node EPNO:0
[ASM]: 设置命令[NONE], 目标站点 ASM0[0], 命令序号[0]

[ASM]: 设置命令[EP START], 目标站点 ASM1[1], 命令序号[5]

[ASM]: 设置命令[NONE], 目标站点 ASM1[1], 命令序号[0]

[ASM]: 设置命令[EP OPEN], 目标站点 ASM0[0], 命令序号[8]

[ASM]: 设置命令[EP OPEN], 目标站点 ASM1[1], 命令序号[9]

check css cmd: EP OPEN, cmd_seq: 8
[ASM]: 设置命令[NONE], 目标站点 ASM0[0], 命令序号[0]

[ASM]: 设置命令[NONE], 目标站点 ASM1[1], 命令序号[0]
#对于节点2：
```

```
[root@dmdsc2 data]# cd /dm/dmdbms/bin //进入到指定路径下
[root@dmdsc2 bin]#  ./dmcss DCR_INI=/home/data/dmdcr.ini
DMCSS V8
DMCSS IS READY
[CSS]: 设置EP CSS0[0]为控制节点

[CSS]: 重启本地ASM实例，命令：[/dm/dmdbms/bin/dmasmsvr dcr_ini=/home/data/dmdcr.ini]
```

6.4.10 创建 DMASM 磁盘组

DMASMTOOL 工具是 DMASM 文件系统管理工具，这里使用 DMASMTOOL 工具来创建 DMASM 磁盘组。这里使用“root”用户在其中一个节点创建磁盘组。同样，执行时需要切换到/dm/dmdbms/bin 目录下执行，执行命令如下。

```
[root@dmdsc1 ~]# cd /dm/dmdbms/bin   //进入到指定路径下
[root@dmdsc1 bin]# ./dmasmtool DCR_INI=/home/data/dmdcr.ini   //运行该命令
DMASMTOOL V8
```

创建数据磁盘组的命令如下。

```
ASM>create diskgroup 'DMDATA' asmdisk '/dev/raw/raw3'
Used time: 00:00:01.038.
```

6.4.11 配置 dminit.ini 文件

dminit.ini 是 DMINIT 工具初始化数据库环境的配置文件。使用裸设备或 ASM 文件系统的实例时，必须使用 DMINIT 工具进行初始化。使用“root”用户在/home/data 目录下创建 dminit.ini 配置文件，添加如下内容。

```
[root@dmdsc1 data]# cat dminit.ini //查看该文件内容信息
db_name = rac
system_path = +DMDATA/data
system = +DMDATA/data/rac/system.dbf
system_size = 128
roll = +DMDATA/data/rac/roll.dbf
roll_size = 128
main = +DMDATA/data/rac/main.dbf
main_size = 128
ctl_path = +DMDATA/data/rac/dm.ctl
ctl_size = 8
log_size = 256
dcr_path = /dev/raw/raw1            #DCR磁盘路径，目前不支持ASM，只支持裸设备
dcr_seqno = 0
auto_overwrite = 1
[RAC0]                              #inst_name与dmdcr_cfg.ini中DB类型组中的DCR_EP_NAME对应
config_path = /home/data/rac0_config
```

```
port_num = 5236
mal_host = 192.168.222.131
mal_port = 6237
log_path = +DMDATA/log/rac0_log01.log
log_path = +DMDATA/log/rac0_log02.log
[RAC1]                                  #inst_name与dmdcr_cfg.ini中DB类型组中的DCR_EP_NAME对应
config_path = /home/data/rac1_config
port_num = 5236
mal_host = 192.168.222.132
mal_port = 6237
log_path = +DMDATA/log/rac1_log01.log
log_path = +DMDATA/log/rac1_log02.log
```

6.4.12　使用 dminit 初始化数据库环境

在节点 1 用“root”用户执行 DMINIT 工具初始化数据库。dminit 执行完成后，会在 config_path 目录（/home/data/rac0_config 和/home/data/rac1_config）下生成实例的配置文件：dm.ini 和 dmmal.ini。具体操作命令如下。

```
[root@dmdsc1 data]# cd /dm/dmdbms/bin    //进入到指定路径下
[root@dmdsc1 bin]# ./dminit control=/home/data/dminit.ini //初始化数据库环境
initdb V8
db version: 0x7000a
file dm.key not found, use default license!
License will expire on 2020-09-16

 log file path: +DMLOG/log/rac0_log01.log
 log file path: +DMLOG/log/rac0_log02.log
 log file path: +DMLOG/log/rac1_log01.log
 log file path: +DMLOG/log/rac1_log02.log

write to dir [+DMDATA/data/rac].
create dm database success. 2020-01-05 01:05:36
```

查看生成的文件的命令如下。

```
[root@dmdsc1 bin]# cd /home/data    //进入到指定路径下
[root@dmdsc1 data]# ls //查看该路径下的文件
dmasvrmal.ini   dmdcr_cfg.ini   dmdcr.ini   dminit.ini   rac0_config   rac1_config
[root@dmdsc1 data]# ll rac0_config/ //查看该目录下的文件信息
总用量 64
-rw-r--r-- 1 dmdba dmdba         46744     1月   5   01:05   dm.ini
-rw-r--r-- 1 dmdba dmdba         922       1月   5   00:57   dminit20200105005749.log
-rw-r--r-- 1 dmdba dmdba         1011      1月   5   01:05   dminit20200105010532.log
-rw-r--r-- 1 dmdba dmdba         210       1月   5   01:05   dmmal.ini
```

```
-rw-r--r-- 1 dmdba dmdba        479      1月  5  01:05  sqllog.ini
[root@dmdsc1 data]# ll rac1_config/ //查看该目录下的文件信息
总用量 56
-rw-r--r-- 1 dmdba dmdba        46744    1月  5  01:05  dm.ini
-rw-r--r-- 1 dmdba dmdba        210      1月  5  01:05  dmmal.ini
-rw-r--r-- 1 dmdba dmdba        479      1月  5  01:05  sqllog.ini
```

6.4.13 启动数据库服务器

将节点 1 的/home/data/rac1_config 目录复制到节点 2 的相同目录下，再分别启动 DMSERVER 即可完成 DMDSC 的搭建，命令如下。

```
[root@dmdsc1 data]# scp -r rac1_config/ 192.168.74.132:`pwd`
root@192.168.74.132's password:
dm.ini          100%     46KB     32.9MB/s      00:00
sqllog.ini      100%     479      1.1MB/s       00:00
dmmal.ini       100%     210      361.0KB/s     00:00
```

注意，复制完成后需要修改 rac1_config 的权限，命令如下。

```
[root@dmdsc2 data]# chown dmdba:dmdba rac1_config -R //将rac1_config拥有者和所属组都改为dmdba
```

如果 DMCSS 配置有自动拉起 DMSERVER 的功能，可以等待 DMCSS 自动拉起实例，不需要手动启动；如果需要手动启动，同样是用“root”用户在/dm/dmdbms/bin 目录下执行。

```
#对于节点1
./dmserver /home/data/rac0_config/dm.ini dcr_ini=/home/data/dmdcr.ini //启动数据库实例
#对于节点2
./dmserver /home/data/rac1_config/dm.ini dcr_ini=/home/data/dmdcr.ini //启动数据库实例
```

节点 1 的操作过程如下。

```
[root@dmdsc1 data]# cd /dm/dmdbms/bin    //进入到指定路径下
[root@dmdsc1 bin]# ./dmserver /home/data/rac0_config/dm.ini dcr_ini=/home/data/dmdcr.ini //启动数据库实例
file dm.key not found, use default license!
version info: develop
Use normal os_malloc instead of HugeTLB
Use normal os_malloc instead of HugeTLB
DM Database Server x64 V8 startup...
Database mode = 0, oguid = 0
License will expire on 2020-09-16
check CSS cmd: START NOTIFY, cmd_seq: 2
……
ndct_db_load_info success.
nsvr_process_before_open begin.
EP(0) slot ctl page(1, 0, 16) trxid[4010], pseg_state[1]
nsvr_process_before_open success.
SYSTEM IS READY.
```

6.4.14　连接数据库验证

```
[dmdba@dmdsc2 data]$ disql SYSDBA/SYSDBA //用SYSDBA用户连接数据库
服务器[LOCALHOST:5236]:处于普通打开状态
登录使用时间: 14.194(毫秒)
disql V8
SQL> select * from v$dsc_ep_info; //查看数据库实例的信息

行号 EP_NAME  EP_SEQNO  EP_GUID     EP_TIMESTAMP  EP_MODE       EP_STATUS
---------- ------- ----------- ------------------- ------------------- ----------- ---------
1    RAC0     0         936965416   936965693     Control Node  OK
2    RAC1     1         936996524   936996744     Normal Node   OK

已用时间: 34.362(毫秒). 执行号:1.
```

至此所有的安装配置已经结束，最后将这些启动命令注册到服务，方便后续启动。

6.4.15　注册服务

分别在两个集群节点用“root”用户注册。

注册 DMCSS 服务的命令如下。

```
[root@dmdsc1 ~]# /dm/dmdbms/script/root/dm_service_installer.sh -t dmcss -dcr_ini /home/data/dmdcr.ini -p rac
Created symlink from /etc/systemd/system/multi-user.target.wants/DmCSSServicerac.service to /usr/lib/systemd/system/DmCSSServicerac.service.
```

创建服务（DmCSSServicerac）的命令如下。

```
#注册DMASMSVR服务
[root@dmdsc1 ~]# /dm/dmdbms/script/root/dm_service_installer.sh -t dmasmsvr -dcr_ini /home/data/dmdcr.ini -p rac
DMASMSVR(RAC)服务需设置依赖服务(DMCSS)!
[root@dmdsc1 ~]# /dm/dmdbms/script/root/dm_service_installer.sh -t dmasmsvr -dcr_ini /home/data/dmdcr.ini -p rac -y DmCSSServicerac
Created symlink from /etc/systemd/system/multi-user.target.wants/DmASMSvrServicerac.service to /usr/lib/systemd/system/DmASMSvrServicerac.service.
创建服务(DmASMSvrServicerac)完成
```

注册达梦数据库服务的命令如下。

```
[root@dmdsc1 rac0_config]# /dm/dmdbms/script/root/dm_service_installer.sh -t dmserver -dm_ini /home/data/rac0_config/dm.ini -y DmASMSvrServicerac -p rac
Created symlink from /etc/systemd/system/multi-user.target.wants/DmServicerac.service to /usr/lib/systemd/system/DmServicerac.service.
```

节点 2 上除了数据库实例服务的参数路径不同，其语法与节点 1 相同。

```
[root@dmdsc2 dm]# /dm/dmdbms/script/root/dm_service_installer.sh -t dmserver -dm_ini /home/data/rac1_config/dm.ini -y DmASMSvrServicerac -p rac
Created symlink from /etc/systemd/system/multi-user.target.wants/DmServicerac.service to /usr/lib/systemd/system/DmServicerac.service.
```

6.4.16 启动服务验证

启动之前先关闭之前以窗口启动的所有进程。

服务操作的命令如下。

```
systemctl start|stop|status DmCSSServicerac
systemctl start|stop|status DmASMSvrServicerac
systemctl start|stop|status DmServicerac
```

因为在 CSS 中配置了 ASM 组和 DB 组的自启动，如 dmdcr.ini 配置文件中的 DMDCR_ASM_ RESTART_INTERVAL 参数和 DMDCR_DB_RESTART_INTERVAL 参数，所以只需要在两个节点启动 CSS 即可。

```
#对于节点1
[root@dmdsc1 bin]# systemctl start DmCSSServicerac //启动CSS服务
#对于节点2
[root@dmdsc2 dm]# systemctl start DmCSSServicerac //启动CSS服务
```

登录实例查看验证的命令如下。此时也可以查看日志。

```
[root@dmdsc1 log]# pwd //查看当前路径
/dm/dmdbms/log
[root@dmdsc1 log]# ls   //查看当前路径下的文件
DmAPService.log          dm_CSS0_202001.log        dm_dmasmtool_202001.log           install_ant.log
dmasm01_202001.log       DmCSSServicerac.log       dmmonitor_20191230170736.log      install.log
dm_ASM0_202001.log       dm_dmap_201912.log        DmMonitorServicedw.log
dmasm_202001.log         dm_dmap_202001.log        dm_RAC0_202001.log
dm_CSS0_00.log           dm_dmasmcmd_202001.log    dm_unknown_202001.log
 [root@dmdsc1 log]# tail -f dm_RAC0_202001.log   //实时监控日志信息
2020-01-05 01:41:09.513 [INFO] database P0000019617 T0000140542918485824
Update DM8_DCT_VERSION from 8 to 8, rebuild dynamic tables begin...
2020-01-05 01:41:09.513 [INFO] database P0000019617 T0000140542918485824
Update DM8_DCT_VERSION from 8 to 8, rebuild dynamic tables end.
2020-01-05 01:41:09.526 [INFO] database P0000019617 T0000140542918485824
EP(0) slot ctl page(1, 0, 16) trxid[4010], pseg_state[1]
2020-01-05 01:41:09.527 [INFO] database P0000019617 T0000140542918485824nsvr_process_ before_open success.
2020-01-05 01:41:09.552 [INFO] database P0000019617 T0000140542918485824 backup control file +DMDATA/data/rac/dm.ctl to file +DMDATA/data/rac/dm_20200105014109_528783.ctl
2020-01-05 01:41:09.552 [INFO] database P0000019617 T0000140542918485824 ctl_write_to_ile file: +DMDATA/data/rac/dm.ctl
2020-01-05 01:41:09.563 [INFO] database P0000019617 T0000140542918485824 backup
```

```
control file +DMDATA/data/rac/dm.ctl to file +DMDATA/data/rac/ctl_bak/dm_20200105014109_553308.ctl succeed
    2020-01-05 01:41:09.568 [INFO] database P0000019617 T0000140542918485824 local instance name is RAC0, mode is NORMAL, status is OPEN.
    2020-01-05 01:41:09.568 [INFO] database P0000019617 T0000140542918485824 SYSTEM IS READY.
```

通过日志可以看出，实例已经正常启动。

查询验证的命令如下。

```
[dmdba@dmdsc1 ~]$ disql SYSDBA/SYSDBA //用SYSDBA用户连接数据库
服务器[LOCALHOST:5236]:处于普通打开状态
登录使用时间: 4.768(毫秒)
disql V8
SQL>  select * from v$dsc_ep_info; //查看数据库实例信息

行号  EP_NAME  EP_SEQNO  EP_GUID    EP_TIMESTAMP  EP_MODE       EP_STATUS
---------- ------- ----------- ------------------- ------------------- ------------ ---------
1     RAC0     0         937940659  937940728     Control Node  OK
2     RAC1     1         937940377  937940447     Normal Node   OK

已用时间: 10.761(毫秒). 执行号:1.
```

至此，2 节点的 DMDSC 完全搭建结束。

当然，在搭建 DMDSC 环境的过程中，也可能遇到如下错误，具体参考 CNDBA 社区中达梦数据库的相关文章。

6.5　DMDSC 连接的故障重连

当应用连接到 DMDSC 时，实际也是连接到某个节点的实例。如果在连接的过程中，这个节点上的实例发生异常中断，那么用户的连接会转移到其他正常的节点上。这种转移对用户是透明的，用户的增删改查继续返回正确结果，不会感觉到异常。这个就是 DMDSC 的故障重连功能，但要使用该功能，必须通过连接服务名来连接实例。

6.5.1　配置连接服务名

达梦数据库的配置服务名在/etc/dmsvc.conf 文件中进行配置。在安装达梦数据库软件时会自动生成该文件。

dmsvc.conf 的配置选项较多，下面介绍两个与 DMDSC 有关的参数。

（1）SWITCH_TIME：在数据库实例故障时，检测接口在服务器之间切换的次数；当超过设置次数且没有连接到有效数据库时，断开连接并报错。有效值范围为 1～9223372036854775807，默认值为 3。

（2）SWITCH_INTERVAL：在服务器之间切换的时间间隔，单位为毫秒，有效值范围为 1～9223372036854775807，默认值为 200。

根据已搭建的测试环境，连接服务名的配置如下。

```
[root@dmdsc1 ~]# cat /etc/dm_svc.conf    //查看配置文件内容
TIME_ZONE=(480)
LANGUAGE=(cn)

cndba=(192.168.74.131:5236,192.168.74.132:5236)
SWITCH_TIME=(3)
SWITCH_INTERVAL=(200)
```

6.5.2 测试故障自动重连

连接到 DMDSC 的命令如下。

```
[dmdba@dmdsc1 ~]$ disql SYSDBA/SYSDBA@cndba    //用SYSDBA用户连接数据库
服务器[192.168.74.132:5236]:处于普通打开状态
登录使用时间: 17.137(毫秒)
disql V8
SQL> set timing on
SQL> select * from v$dsc_ep_info;    //查看数据库实例信息

行号 EP_NAME    EP_SEQNO    EP_GUID    EP_TIMESTAMP    EP_MODE    EP_STATUS
---------- ------- ----------- -------------------- -------------------- ------------ ---------
1    RAC0    0    937940659    937952137    Control Node    OK
2    RAC1    1    966297571    966297680    Normal Node    OK

已用时间: 3.891(毫秒). 执行号:1.
SQL> select name from v$instance;    //查看当前用户已经连接到的实例

行号    NAME
---------- ----
1    RAC1

已用时间: 2.819(毫秒). 执行号:2.
```

当前的连接是 RAC1 实例，也就是节点 2。

在节点 2 上直接 kill RAC1 实例的命令如下。

```
[root@dmdsc2 ~]# ps -ef|grep dm.ini    //查看当前数据库实例
dmdba    19578    1    1    16:18    ?    00:00:02    /dm/dmdbms/bin/dmserver
path=/home/data/rac1_config/dm.ini dcr_ini=/home/data/dmdcr.ini
root    19778    19233    0    16:21    pts/1    00:00:00    grep --color=auto dm.ini
[root@dmdsc2 ~]# kill -9 19578    //kill该实例对应的进程号
```

在之前的会话中继续查询，会有一个 60 秒左右的较长等待过程，SQL 语句如下。

```
SQL> select name from v$instance;    //查看当前用户已经连接到的实例
```

```
[-70065]:连接异常,切换当前连接成功.

服务器[192.168.74.131:5236]:处于普通打开状态
SQL> select name from v$instance;   //查看当前用户已经连接到的实例

行号        NAME
---------- ----
1          RAC0

已用时间: 3.519(毫秒). 执行号:3.
```

注意这里的重连时间，由于是直接通过 kill 进程的方式操作的，所以等待时间较长。因为 CSS 的心跳容错时间 DCR_GRP_DSKCHK_CNT 默认配置的是 60 秒，所以通过直接 kill 进程的方式无法让 CSS 及时知道实例的真实状态，而必须要等待心跳容错时间，CSS 才会发现实例异常，然后执行故障重连。

如果要快速完成故障重连，可以在 DMCSSM 监视器中使用 ep halt GRP_RAC.RAC1 命令退出程序，从而在几秒内完成故障重连。

同时要注意，DCR_GRP_DSKCHK_CNT 配置参数一般建议至少配置为 60 秒以上，避免在系统极度繁忙的情况下，由于操作系统调度导致的误判实例故障。

6.6 DMDSC 信息查看

在数据守护章节能够了解到有两种方式可以查看数据守护集群的信息，一种是通过监视器，另一种是直接查询视图。在 DMDSC 中也采用同样的方式。

6.6.1 DMCSSM 监视器

1. 配置 DMCSSM 监视器

DMCSSM 监视器可以查看和管理 DMDSC，在使用之前需要先配置 DMCSSM 的配置文件 dmcssm.ini。在 DMDSC 中，最多可以启动 10 个监视器，建议在独立的机器上部署。在第三台监控主机上部署 DMCSSM，监控主机只需要安装达梦数据库软件即可，不需要创建实例。

在/dm/dmdbms/data 目录下创建 dmcssm.ini 文件，添加以下内容。

```
[dmdba@dscmonitor data]$ pwd   //查看当前的路径
/dm/dmdbms/data
[dmdba@dscmonitor data]$ cat dmcssm.ini   //查看该配置文件内容
CSSM_OGUID = 63635      #在与DMCSS 通信校验时使用，和 dmdcr_cfg.ini 中的 DCR_OGUID 保持一致
#配置所有CSS的连接信息，dmdcr_cfg.ini中CSS配置项的DCR_EP_HOST和DCR_EP_PORT保持一致
CSSM_CSS_IP = 192.168.222.131:5237
CSSM_CSS_IP = 192.168.222.132:5237
```

```
CSSM_LOG_PATH =/dm/dmdbms/log/            #监视器日志文件存放路径
CSSM_LOG_FILE_SIZE = 64                   #每个日志文件最大为32MB
CSSM_LOG_SPACE_LIMIT = 0                  #不限定日志文件总占用空间
```

因为达梦数据库的监视器在后台执行时无法接受命令，所以这里不用将 DMCSSM 注册成服务。在使用时直接用命令行启动即可。

2．DMCSSM 命令说明

启动 DMCSSM 监视器后，可以用 help 查看帮助。

```
[dmdba@dscmonitor data]$ dmcssm INI_PATH=/dm/dmdbms/data/dmcssm.ini    //启动DMCSSM监视器
[monitor]         2020-01-05 17:30:36: CSS MONITOR V8
[monitor]         2020-01-05 17:30:36: CSS MONITOR SYSTEM IS READY.

[monitor]         2020-01-05 17:30:36: Wait CSS Control Node choosed...
[monitor]         2020-01-05 17:30:38: Wait CSS Control Node choosed succeed.

help
DMCSSM使用说明:
show命令中可以通过指定group_name获取指定组的信息，如果没有指定，则显示所有组的信息
----------------------------------------------------------------------------------------
1.help                                  --显示帮助
2.show [group_name]                     --显示指定的组信息
3.show config                           --显示配置文件信息
4.show monitor                          --显示当前连接的监视器信息
5.set group_name auto restart on        --打开指定组的自动拉起功能(只修改DMCSS内存值)
6.set group_name auto restart off       --关闭指定组的自动拉起功能(只修改DMCSS内存值)
7.open force group_name                 --强制OPEN指定的ASM组或DB组
8.ep startup group_name                 --启动指定的ASM组或DB组
9.ep stop group_name                    --停止指定的ASM组或DB组
10.ep halt group_name.ep_name           --强制退出指定组的指定节点
11.extend node                          --扩展集群节点
12.ep crash group_name.ep_name          --设定指定节点故障
13.check crash over group_name          --检查指定组故障处理是否结束
14.exit                                 --退出监视器

----------------------------------------------------------------------------------------
```

（1）show monitor 命令：显示当前连接到主 CSS 的所有监视器信息，因为这里只有一个监视器，所以选择一行。

```
show monitor
==========================================================

Get monitor connect info from css(seqno:0, name:CSS0).
The first line is self connect info.
```

```
CONN_TIME              MID           MON_IP                        FROM_NAME
2020-01-05 17:30:36    1578216636    ::ffff:192.168.222.130        dmcssm

=============================================================
```

（2）show config 命令：显示 dmdcr_cfg.ini 的配置信息。

```
monitor current time:2020-01-05 17:36:51
=============================================================
DCR_N_GRP                    = 3
DCR_VTD_PATH                 = /dev/raw/raw2
DCR_OGUID                    = 63635
[GRP]
DCR_GRP_TYPE                 = CSS
DCR_GRP_NAME                 = GRP_CSS
DCR_GRP_N_EP                 = 2
DCR_GRP_DSKCHK_CNT           = 60
[GRP_CSS]
DCR_EP_NAME                  = CSS0
DCR_EP_HOST                  = 192.168.222.131
DCR_EP_PORT                  = 5237
[GRP_CSS]
DCR_EP_NAME                  = CSS1
DCR_EP_HOST                  = 192.168.222.132
DCR_EP_PORT                  = 5237
……
```

（3）show [group_name]命令：显示指定的组信息，若没有指定 group_name，则显示所有组信息。

```
show GRP_ASM

monitor current time:2020-01-05 17:38:30
============= group[name = grp_asm, seq = 1, type = ASM, Control Node = 0] ==========

n_ok_ep = 2
ok_ep_arr(index, seqno):
(0, 0)
(1, 1)

sta = OPEN, sub_sta = STARTUP
break ep = NULL
recover ep = NULL

crash process over flag is TRUE
```

```
ep:
css_time              inst_name    seqno     port        mode           inst_status
vtd_status            is_ok        active    guid        ts
2020-01-05 17:38:30   ASM0         0         5238        Control Node   OPEN
WORKING               OK           TRUE      391316045   391332216
2020-01-05 17:38:30   ASM1         1         5238        Normal Node    OPEN
WORKING               OK           TRUE      400135790   400150829

==========================================================================
```

（4）set group_name auto restart on|off 命令：打开/关闭指定组的自动拉起功能。可以通过查看 CSS 组的信息来查看状态。

```
show GRP_CSS

monitor current time:2020-01-05 17:46:06
========== group[name = grp_css, seq = 0, type = CSS, Control Node = 0] ============

[CSS0] global info:
[ASM0] auto restart = TRUE
[RAC0] auto restart = TRUE

[CSS1] global info:
[ASM1] auto restart = TRUE
[RAC1] auto restart = TRUE

#将DB的自动拉起功能关闭。
set GRP_RAC auto restart off
[monitor]         2020-01-05 17:47:48: 通知CSS(seqno:0)关闭节点(RAC0)的自动拉起功能
[monitor]         2020-01-05 17:47:49: 通知CSS(seqno:0)关闭节点(RAC0)的自动拉起功能成功
[monitor]         2020-01-05 17:47:49: 通知CSS(seqno:1)关闭节点(RAC1)的自动拉起功能
[monitor]         2020-01-05 17:47:49: 通知CSS(seqno:1)关闭节点(RAC1)的自动拉起功能成功
[monitor]         2020-01-05 17:47:49: 通知当前活动的CSS执行清理操作
[monitor]         2020-01-05 17:47:50: 清理CSS(0)请求成功
[monitor]         2020-01-05 17:47:50: 清理CSS(1)请求成功
[monitor]         2020-01-05 17:47:50: 关闭CSS自动拉起功能成功

show GRP_CSS

monitor current time:2020-01-05 17:47:55
============== group[name = grp_css, seq = 0, type = CSS, Control Node = 0] =======

[CSS0] global info:
[ASM0] auto restart = TRUE
```

```
[RAC0] auto restart = FALSE   #这里改为FALSE

[CSS1] global info:
[ASM1] auto restart = TRUE
[RAC1] auto restart = FALSE
……
```

（5）open force group_name 命令：在启动 ASM 组或 DB 组时，如果某个节点故障一直无法启动，可借助此命令将 ASM 组或 DB 组强制打开。执行此命令之前要确保 CSS 正常运行，否则会执行失败。

（6）ep startup | stop group_name：启动/关闭指定的 ASM 组或 DB 组。注意此命令会改变自动拉起功能的状态。

```
ep stop GRP_RAC
[monitor]         2020-01-05 17:54:04: 通知CSS(seqno:0)关闭节点(RAC0)的自动拉起功能
[monitor]         2020-01-05 17:54:04: 通知CSS(seqno:0)关闭节点(RAC0)的自动拉起功能成功
[monitor]         2020-01-05 17:54:04: 通知CSS(seqno:1)关闭节点(RAC1)的自动拉起功能
[monitor]         2020-01-05 17:54:04: 通知CSS(seqno:1)关闭节点(RAC1)的自动拉起功能成功
[monitor]         2020-01-05 17:54:04: 关闭CSS自动拉起功能成功
[monitor]         2020-01-05 17:54:04: 通知CSS(seqno:0)执行EP STOP(GRP_RAC)
[monitor]         2020-01-05 17:54:14: 通知当前活动的CSS执行清理操作
[monitor]         2020-01-05 17:54:17: 清理CSS(0)请求成功
[monitor]         2020-01-05 17:54:17: 清理CSS(1)请求成功
[monitor]         2020-01-05 17:54:17: 命令EP STOP GRP_RAC执行成功

show GRP_CSS

monitor current time:2020-01-05 17:55:04
============ group[name = grp_css, seq = 0, type = CSS, Control Node = 0] ==========

[CSS0] global info:
[ASM0] auto restart = TRUE
[RAC0] auto restart = FALSE

[CSS1] global info:
[ASM1] auto restart = TRUE
[RAC1] auto restart = FALSE
……

ep startup GRP_RAC
[monitor]         2020-01-05 17:55:19: 通知CSS(seqno:0)执行EP STARTUP(RAC0)
[monitor]         2020-01-05 17:55:26: 通知CSS(seqno:0)执行EP STARTUP(RAC0)成功
[monitor]         2020-01-05 17:55:26: 通知CSS(seqno:1)执行EP STARTUP(RAC1)
[monitor]         2020-01-05 17:55:35: 通知CSS(seqno:1)执行EP STARTUP(RAC1)成功
```

```
[monitor]        2020-01-05 17:55:35: 通知CSS(seqno:0)打开节点(RAC0)的自动拉起功能
[monitor]        2020-01-05 17:55:36: 通知CSS(seqno:0)打开节点(RAC0)的自动拉起功能成功
[monitor]        2020-01-05 17:55:36: 通知CSS(seqno:1)打开节点(RAC1)的自动拉起功能
[monitor]        2020-01-05 17:55:36: 通知CSS(seqno:1)打开节点(RAC1)的自动拉起功能成功
[monitor]        2020-01-05 17:55:36: 打开CSS自动拉起功能成功
[monitor]        2020-01-05 17:55:36: 通知当前活动的CSS执行清理操作
[monitor]        2020-01-05 17:55:37: 清理CSS(0)请求成功
[monitor]        2020-01-05 17:55:38: 清理CSS(1)请求成功
[monitor]        2020-01-05 17:55:38: 命令EP STARTUP GRP_RAC执行成功
```

（7）ep halt group_name.ep_name：强制退出指定组的指定节点。

当ASM节点或DB节点故障时，如果CSS的心跳容错时间DCR_GRP_DSKCHK_CNT的配置值很大，那么在容错时间内，CSS不会调整故障节点的active标记，会保持active标记一直是TRUE，CSS认为故障EP仍然处于活动状态，不会自动执行故障处理，并且不允许手动执行故障处理。此时可以执行如下命令强制退出指定节点。

```
ep halt GRP_RAC.RAC0
[monitor]        2020-01-05 18:00:34: 通知CSS(CSS0, seqno:0)执行EP HALT GRP_RAC.RAC0
[monitor]        2020-01-05 18:00:38: 通知当前活动的CSS执行清理操作
[monitor]        2020-01-05 18:00:38: 清理CSS(0)请求成功
[monitor]        2020-01-05 18:00:38: 清理CSS(1)请求成功
[monitor]        2020-01-05 18:00:38: 命令EP HALT GRP_RAC.RAC0执行成功

[CSS0]              [DB]: 设置命令[EP_CRASH_STEP1], 目标站点 RAC1[1], 命令序号[170]
[CSS0]              [DB]: 设置命令[NONE], 目标站点 RAC1[1], 命令序号[0]
[CSS0]              [DB]: 命令[EP_CRASH_STEP1]处理结束
[CSS0]              [DB]: 设置命令[EP_CRASH_STEP2], 目标站点 RAC1[1], 命令序号[173]
[CSS0]              [DB]: 设置命令[NONE], 目标站点 RAC1[1], 命令序号[0]
[CSS0]              [DB]: 命令[EP_CRASH_STEP2]处理结束
[CSS0]              [CSS]: 设置命令[CONFIG VIP], 目标站点 CSS1[1], 命令序号[6]
[CSS0]              [CSS]: 设置命令[NONE], 目标站点 CSS1[1], 命令序号[0]
[CSS0]              [DB]: 设置命令[CONFIG VIP], 目标站点 RAC1[1], 命令序号[180]
[CSS0]              [DB]: 设置命令[NONE], 目标站点 RAC1[1], 命令序号[0]
[CSS0]              [DB]: 命令[CONFIG VIP]处理结束
[CSS0]              [DB]: 上次故障处理未真正完成，不允许故障EP重加入
```

（8）check crash over group_name：检查指定组故障处理是否结束。

```
check crash over GRP_RAC
[monitor]        2020-01-05 18:32:27: 检查故障处理是否结束


[CSS0]           Group crash process over flag: TRUE
[monitor]        2020-01-05 18:32:28: 通知当前活动的CSS执行清理操作
[monitor]        2020-01-05 18:32:29: 清理CSS(0)请求成功
[monitor]        2020-01-05 18:32:30: 清理CSS(1)请求成功
[monitor]        2020-01-05 18:32:30: 命令CHECK CRASH OVER grp_rac执行成功
```

（9）ep crash group_name.ep_name：设定指定节点故障，当节点处于活动状态时无法标记，并且 CSS 组也不能进行操作。

```
ep crash GRP_RAC.RAC1
[monitor]        2020-01-05 18:35:04: 通知CSS(CSS0, seqno:0)执行EP CRASH GRP_RAC RAC1
[monitor]        2020-01-05 18:35:07: CSS(seqno: 0)执行失败, code = -1101, msg:([CSS]: 节点
                 (RAC1)仍然是活动状态，不允许执行此命令)
[monitor]        2020-01-05 18:35:07: 指定节点仍然处于活动状态，不允许执行此命令

[monitor]        2020-01-05 18:35:07: 通知当前活动的CSS执行清理操作
[monitor]        2020-01-05 18:35:09: 清理CSS(0)请求成功
[monitor]        2020-01-05 18:35:09: 清理CSS(1)请求成功
[monitor]        2020-01-05 18:35:09: 通知CSS(CSS0, seqno:0)执行EP CRASH GRP_RAC RAC1
                 失败
```

6.6.2　集群相关的动态视图

DMDSC 提供一系列动态视图来查看当前的系统运行信息。

除了通过 DMCSSM 监视器查看 DMDSC 的信息，还可以通过达梦数据库的视图来查询。DM8 中的 DSC 常用视图如表 6-3 所示。

表 6-3　DSC 常用视图

视　图	说　明
V$DSC_EP_INFO	显示实例信息
V$DSC_GBS_POOL	显示 GBS 控制结构的信息
V$DSC_GBS_POOLS_DETAIL	显示分片的 GBS_POOL 详细信息
V$DSC_GBS_CTL	显示 GBS 控制块信息。多个 pool，依次扫描
V$DSC_GBS_CTL_DETAIL	显示 GBS 控制块详细信息。多个 pool，依次扫描
V$DSC_GBS_CTL_LRU_FIRST	显示 GBS 控制块 LRU 链表首页信息。多个 pool，依次扫描
V$DSC_GBS_CTL_LRU_FIRST_DETAIL	显示 GBS 控制块 LRU 链表首页详细信息。多个 pool，依次扫描
V$DSC_GBS_CTL_LRU_LAST	显示 GBS 控制块 LRU 链表尾页信息。多个 pool，依次扫描
V$DSC_GBS_CTL_LRU_LAST_DETAIL	显示 GBS 控制块 LRU 链表尾页详细信息。多个 pool，依次扫描
V$DSC_GBS_REQUEST_CTL	显示等待 GBS 控制块的请求信息。多个 pool，依次扫描
V$DSC_LBS_POOLS_DETAIL	显示分片的 LBS_POOL 详细信息。多个 pool，依次扫描
V$DSC_LBS_CTL	显示 LBS 控制块信息。多个 pool，依次扫描
V$DSC_LBS_CTL_LRU_FIRST	显示 LBS 的 LRU_FIRST 控制块信息。多个 pool，依次扫描
V$DSC_LBS_CTL_LRU_LAST	显示 LBS 的 LRU_LAST 控制块信息。多个 pool，依次扫描
V$DSC_LBS_CTL_DETAIL	显示 LBS 控制块详细信息。多个 pool，依次扫描
V$DSC_LBS_CTL_LRU_FIRST_DETAIL	显示 LBS 的 LRU_FIRST 控制块详细信息。多个 pool，依次扫描
V$DSC_LBS_CTL_LRU_LAST_DETAIL	显示 LBS 的 LRU_LAST 控制块详细信息。多个 pool，依次扫描
V$DSC_GTV_SYS	显示 GTV 控制结构的信息
V$DSC_GTV_TINFO	显示 TINFO 控制结构的信息
V$DSC_GTV_ACTIVE_TRX	显示全局活动事务信息

（续表）

视　图	说　明
V$DSC_LOCK	显示全局活动的事务锁信息
V$DSC_TRX	显示所有活动事务的信息。通过该视图可以查看所有系统中所有事务及相关信息，如锁信息等
V$DSC_TRXWAIT	显示事务等待信息
V$DSC_TRX_VIEW	显示当前事务可见的所有活动事务视图信息。根据达梦多版本规则，通过该视图可以查询系统中自己所见的事务信息；可以通过与 V$DSC_TRX 表的连接查询该表所见事务的具体信息
V$ASMATTR	如果使用 ASM 文件系统，可通过此视图查看 ASM 文件系统相关属性
V$ASMGROUP	如果使用 ASM 文件系统，可通过此视图查看 ASM 磁盘组信息
V$ASMDISK	如果使用 ASM 文件系统，可通过此视图查看所有的 ASM 磁盘信息
V$ASMFILE	如果使用 ASM 文件系统，可通过此视图查看所有的 ASM 文件信息
V$DCR_INFO	查看 DCR 配置的全局信息
V$DCR_GROUP	查看 DCR 配置的组信息
V$DCR_EP	查看 DCR 配置的节点信息
V$DSC_REQUEST_STATISTIC	统计 DSC 环境内 TYPE 类型请求时间
V$DSC_REQUEST_PAGE_STATISTIC	统计 lbs_XX 类型最耗时的前 100 页地址信息

部分视图的查询演示如下。

```
SQL> select group_name,n_disk,au_size,total_size,free_size from v$asmgroup;  //查询ASM磁盘组信息

行号       GROUP_NAME    N_DISK    AU_SIZE     TOTAL_SIZE  FREE_SIZE
---------- ---------- ----------- ----------- ----------- -----------
1          DMLOG         1         1048576     1023        244
2          DMDATA        1         1048576     4095        2612
3          VOTE          1         1048576     204         180
4          DCR           1         1048576     204         180

已用时间: 34.277(毫秒). 执行号:9.
SQL> select group_id,disk_name,disk_path,size from v$asmdisk;  //查询ASM磁盘信息

行号       GROUP_ID   DISK_NAME      DISK_PATH      SIZE
---------- ----------- ---------- ------------- -----------
1          0          DMASMLOG0      /dev/raw/raw3  1023
2          1          DMASMDATA0     /dev/raw/raw4  4095
3          125        DMASMvote      /dev/raw/raw2  204
4          126        DMASMdcr       /dev/raw/raw1  204

已用时间: 18.644(毫秒). 执行号:10.
SQL> select group_name,ep_name,ep_seqno,ep_host,ep_port from v$dcr_ep;  //查看DCR磁盘配置的节点信息
```

```
行号      GROUP_NAME    EP_NAME    EP_SEQNO    EP_HOST          EP_PORT
---------- ---------- ------- ----------- --------------- -----------
1         GRP_CSS       CSS0       0           192.168.222.131  5237
2         GRP_CSS       CSS1       1           192.168.222.132  5237
3         GRP_ASM       ASM0       0           192.168.222.131  5238
4         GRP_ASM       ASM1       1           192.168.222.132  5238
5         GRP_RAC       RAC0       0                            5236
6         GRP_RAC       RAC1       1                            5236

6 rows got

已用时间: 97.990(毫秒). 执行号:11.
SQL>  select * from v$dcr_group;    //查看DCR磁盘配置的组信息

行号      GROUP_TYPE  GROUP_NAME    N_EP    DSKCHK_CNT    NETCHK_TIME
---------- ---------- ---------- ---------- ---------- ----------
1         CSS         GRP_CSS       2       60            0
2         ASM         GRP_ASM       2       60            0
3         DB          GRP_RAC       2       60            0

已用时间: 49.522(毫秒). 执行号:12.
```

6.7 DMDSC 的启动与关闭

6.7.1 DMDSC 的启动/关闭流程

DMDSC 有 3 个组件：DMCSS、DMASMSVR、DMSERVICE。它们之前存在相互依赖关系，启动和关闭必须按顺序执行。正常顺序如下。

（1）启动顺序：DMCSS→DMASMSVR→DMSERVICE。

（2）关闭顺序：DMSERVICE→DMASMSVR→DMCSS。

在搭建 DMDSC 时，就已经将这 3 个组件注册到系统服务里，因此可以直接利用服务来启动这些组件。如果在 CSS 中配置了 ASM 组和 DB 组的自启动服务，那么只需要启动 CSS 即可，ASM 组和 DB 组会自动启动。

如果节点 1 的 DMCSS 退出或者故障，活动 DMCSS 会给节点 1 上监控的 ASMSVR 和 DMSERVER 发送 halt 命令，以确保节点 1 上的 ASMSVR 和 DMSERVER 自动退出。也就是说可以通过直接关闭 DMCSS 的方式来关闭 DMDSC。

服务的注册这里不再进行说明，注册过服务后可以利用服务进行控制，命令如下。

```
systemctl start|stop|status DmCSSServicerac
systemctl start|stop|status DmASMSvrServicerac
systemctl start|stop|status DmServicerac
```

在 DMCSSM 监视器中，用户可以对 ASM 组和 DB 组进行启停，具体命令参考 6.6.1 节。

6.7.2 在节点故障的情况下启动 DMDSC

在启动 DMDSC 时必须注意一点，就是在某个节点异常，比如硬件故障导致系统无法启动时，DMDSC 是无法正常启动的，需要单独进行处理。

在 DMDSC 正常启动时，DMCSS 必须在监控到所有节点都启动后，才会执行正常的数据库启动流程。如果某个节点因硬件故障无法启动，那么 DMDSC 也无法自动启动。在这种情况下，用户需要在 DMCSSM 监视器中使用 open force 命令强制启动 ASM 组和 DB 组。

下面演示只启动一个节点的情况。

（1）关闭节点 2 的操作系统。

```
[root@dmdsc2 ~]# shutdown -h now
```

（2）重启节点 1 的操作系统。

```
[root@dmdsc1 ~]# reboot
```

（3）启动节点 1 上的 DMCSS。

```
[root@dmdsc1 log]# systemctl start DmCSSServicerac
```

在监视器中查看，发现节点 1 上的 DB 组无法启动，查看命令如下。

```
show

monitor current time:2020-01-05 19:59:12, n_group:3
================ group[name = GRP_CSS, seq = 0, type = CSS, Control Node = 0] ============

[CSS0] global info:
[ASM0] auto restart = TRUE
[RAC0] auto restart = TRUE

[CSS1] global info:
Connect to [CSS1] failed, please check the network or the CSSM_CSS_IP config in [/dm/dmdbms/data/dmcssm.ini] .

ep:
css_time            inst_name   seqno       port        mode            inst_status
vtd_status          is_ok       active      guid        ts
2020-01-05 19:59:12 CSS0        0           5237        Control Node    OPEN
WORKING OK          TRUE        404957999               404958323
2020-01-05 19:59:12 CSS1        1           5237        Normal Node     OPEN
SHUTDOWN            OK          FALSE       391302308   391326360

=============== group[name = GRP_ASM, seq = 1, type = ASM, Control Node = 255] ==========

n_ok_ep = 2
ok_ep_arr(index, seqno):
```

```
(0, 0)
(1, 1)

sta = OPEN, sub_sta = STARTUP
break ep = NULL
recover ep = NULL

crash process over flag is FALSE
ep:
css_time             inst_name    seqno    port         mode          inst_status
vtd_status           is_ok        active   guid         ts
2020-01-05 19:59:12  ASM0         0        5238         Normal Node   INVALID
EP STATUS            WORKING      OK       TRUE         404973386     404973636
2020-01-05 19:59:12  ASM1         1        5238         Normal Node   OPEN
WORKING              OK           FALSE    400135790    400158647

================ group[name = GRP_RAC, seq = 2, type = DB, Control Node = 255] ============

n_ok_ep = 1
ok_ep_arr(index, seqno):
(0, 0)

sta = OPEN, sub_sta = STARTUP
break ep = NULL
recover ep = NULL

crash process over flag is FALSE
ep:
css_time      inst_name    seqno    port         mode    inst_status    vtd_status
is_ok         active       guid     ts
2020-01-05    19:59:12     RAC0     0            5236    Normal Node    OPEN
SYSHALT       OK           FALSE    969645505            969651921
2020-01-05    19:59:12     RAC1     1            5236    Normal Node    OPEN
SYSHALT       ERROR        FALSE    969434308            969441104

==========================================================================
```

此时查看日志会提示节点 1 上的 ASM 实例状态错误，如下。

```
2020-01-05    19:49:16.031    [INFO]    database    P0000024132    T0000140062821406464
[!!!DSC INFO!!!] suspend worker thread end. used time: 1.623s
2020-01-05    19:49:17.922    [FATAL]    database    P0000024132    T0000140063588755264
sigterm_handler receive signal 15
2020-01-05    19:49:17.922    [FATAL]    database    P0000024132    T0000140063588747008
hpc_heart_beat_dsk_thread halt, sys_status:OPEN, vtd_status:SYSHALT
```

```
2020-01-05 19:49:17.922 [FATAL] database P0000024132 T0000140063588747008
VTD_CMD_SYS_HALT
2020-01-05 19:49:17.922 [INFO] database P0000024132 T0000140063588747008
total 2 rfil opened!
2020-01-05 19:49:38.092 [INFO] database P0000007645 T0000140314553853760
version info: develop
2020-01-05 19:49:38.092 [ERROR] database P0000007645 T0000140314553853760
ctl file:[+DMDATA/data/rac/dm.ctl] is on asm file system, please check the dcr_ini parameter is correct or
dmasmsvr is active, then try again.
2020-01-05 19:49:38.092 [FATAL] database P0000007645 T0000140314553853760
ctl file info get failed
2020-01-05 19:59:01.683 [INFO] database P0000010124 T0000140512703186752
version info: develop
2020-01-05 19:59:01.683 [ERROR] database P0000010124 T0000140512703186752
ctl file:[+DMDATA/data/rac/dm.ctl] is on asm file system, please check the dcr_ini parameter is correct or
dmasmsvr is active, then try again.
2020-01-05 19:59:01.683 [FATAL] database P0000010124 T0000140512703186752
ctl file info get failed
```

在监视器中使用 open force 命令打开 ASM 组，如下。

```
open force GRP_ASM
[monitor]         2020-01-05 20:05:02: 通知CSS(CSS0, seqno:0)执行OPEN FORCE GRP_ASM
[monitor]         2020-01-05 20:05:02: 通知当前活动的CSS执行清理操作
[monitor]         2020-01-05 20:05:03: 清理CSS(0)请求成功
[monitor]         2020-01-05 20:05:03: 通知CSS(CSS0, seqno:0)执行OPEN FORCE GRP_ASM成
                  功，请等待CSS处理完成

[CSS0]            [ASM]: 设置命令[START NOTIFY], 目标站点 ASM0[0], 命令序号[2]
[CSS0]            [ASM]: 设置命令[EP START], 目标站点 ASM0[0], 命令序号[3]
[CSS0]            [ASM]: 设置命令[NONE], 目标站点 ASM0[0], 命令序号[0]
[CSS0]            [ASM]: 设置命令[EP OPEN], 目标站点 ASM0[0], 命令序号[7]
[CSS0]            [ASM]: 设置命令[NONE], 目标站点 ASM0[0], 命令序号[0]
[CSS0]            [CSS]: 重启本地DB实例，命令：[/dm/dmdbms/bin/dmserver path=/home/data/
                  rac0_config/dm.ini dcr_ini=/home/data/dmdcr.ini]
[CSS0]            [DB]: 设置EP RAC0[0]为控制节点
[CSS0]            [DB]: 设置命令[START NOTIFY], 目标站点 RAC0[0], 命令序号[2]
[CSS0]            [DB]: 设置命令[DCR_LOAD], 目标站点 RAC0[0], 命令序号[3]
[CSS0]            [DB]: 设置命令[NONE], 目标站点 RAC0[0], 命令序号[0]
[CSS0]            [DB]: 设置命令[EP START], 目标站点 RAC0[0], 命令序号[5]
[CSS0]            [DB]: 设置命令[NONE], 目标站点 RAC0[0], 命令序号[0]
[CSS0]            [DB]: 设置命令[EP START2], 目标站点 RAC0[0], 命令序号[9]
[CSS0]            [DB]: 设置命令[NONE], 目标站点 RAC0[0], 命令序号[0]
[CSS0]            [DB]: 设置命令[EP OPEN], 目标站点 RAC0[0], 命令序号[13]
```

```
[CSS0]                  [DB]: 设置命令[NONE], 目标站点 RAC0[0], 命令序号[0]
[CSS0]                  [DB]: 设置命令[EP REAL OPEN], 目标站点 RAC0[0], 命令序号[15]
[CSS0]                  [DB]: 设置命令[NONE], 目标站点 RAC0[0], 命令序号[0]
```

节点 1 上的 CSS 组、ASM 组、DB 组都正常启动，如下。

```
show

monitor current time:2020-01-05 20:06:12, n_group:3
================ group[name = GRP_CSS, seq = 0, type = CSS, Control Node = 0] ============

[CSS0] global info:
[ASM0] auto restart = TRUE
[RAC0] auto restart = TRUE

[CSS1] global info:
Connect to [CSS1] failed, please check the network or the CSSM_CSS_IP config in [/dm/dmdbms/
data/dmcssm.ini] .

ep:
css_time              inst_name    seqno    port         mode            inst_status
vtd_status            is_ok        active   guid         ts
2020-01-05 20:06:11   CSS0         0        5237         Control Node    OPEN
WORKING               OK           TRUE     404957999    404958741
2020-01-05 20:06:11   CSS1         1        5237         Normal Node     OPEN
SHUTDOWN              OK           FALSE    391302308    391326360

============= group[name = GRP_ASM, seq = 1, type = ASM, Control Node = 0] ==============

n_ok_ep = 1
ok_ep_arr(index, seqno):
(0, 0)

sta = OPEN, sub_sta = STARTUP
break ep = NULL
recover ep = NULL

crash process over flag is TRUE
ep:
css_time              inst_name    seqno    port         mode            inst_status
vtd_status            is_ok        active   guid         ts
2020-01-05 20:06:11   ASM0         0        5238         Control Node    OPEN
WORKING               OK           TRUE     404973386    404974054
2020-01-05 20:06:11   ASM1         1        5238         Normal Node     OPEN
WORKING               ERROR        FALSE    400135790    400158647
```

```
================ group[name = GRP_RAC, seq = 2, type = DB, Control Node = 0] ================

n_ok_ep = 1
ok_ep_arr(index, seqno):
(0, 0)

sta = OPEN, sub_sta = STARTUP
break ep = NULL
recover ep = NULL

crash process over flag is TRUE
ep:
css_time             inst_name   seqno   port        mode           inst_status
vtd_status           is_ok       active  guid        ts
2020-01-05 20:06:11  RAC0        0       5236        Control Node   OPEN
WORKING              OK          TRUE    973638590   973638644
2020-01-05 20:06:11  RAC1        1       5236        Normal Node    OPEN
SYSHALT              ERROR       FALSE   969434308   969441104

==========================================================================================
```

（4）启动节点 2 的操作系统。

启动系统之后，启动 DMCSS 的命令如下。

```
[root@dmdsc2 ~]# systemctl start DmCSSServicerac
```

观察 DMDSC 的情况，发现已全部恢复正常，如下。

```
show

monitor current time:2020-01-05 20:23:26, n_group:3
================ group[name = GRP_CSS, seq = 0, type = CSS, Control Node = 0] ================

[CSS0] global info:
[ASM0] auto restart = TRUE
[RAC0] auto restart = TRUE

[CSS1] global info:
[ASM1] auto restart = TRUE
[RAC1] auto restart = TRUE

ep:
css_time             inst_name   seqno   port        mode           inst_status
vtd_status           is_ok       active  guid        ts
2020-01-05 20:23:26  CSS0        0       5237        Control Node   OPEN
WORKING              OK          TRUE    404957999   404959773
```

```
2020-01-05 20:23:26  CSS1        1          5237          Normal Node      OPEN
WORKING              OK          TRUE       405167092     405167863

============ group[name = GRP_ASM, seq = 1, type = ASM, Control Node = 0] =============

n_ok_ep = 2
ok_ep_arr(index, seqno):
(0, 0)
(1, 1)

sta = OPEN, sub_sta = STARTUP
break ep = NULL
recover ep = NULL

crash process over flag is TRUE
ep:
css_time             inst_name   seqno      port          mode             inst_status
vtd_status           is_ok       active     guid          ts
2020-01-05 20:23:26  ASM0        0          5238          Control Node     OPEN
WORKING              OK          TRUE       404973386     404975087
2020-01-05 20:23:26  ASM1        1          5238          Normal Node      OPEN
WORKING              OK          TRUE       405182451     405183149

=============== group[name = GRP_RAC, seq = 2, type = DB, Control Node = 0] ============

n_ok_ep = 2
ok_ep_arr(index, seqno):
(0, 0)
(1, 1)

sta = OPEN, sub_sta = STARTUP
break ep = NULL
recover ep = NULL

crash process over flag is TRUE
ep:
css_time             inst_name   seqno      port          mode             inst_status
vtd_status           is_ok       active     guid          ts
2020-01-05 20:23:26  RAC0        0          5236          Control Node     OPEN
WORKING              OK          TRUE       973638590     973639677
2020-01-05 20:23:26  RAC1        1          5236          Normal Node      OPEN
WORKING              OK          TRUE       973859646     973860324

=====================================================================================
```

6.8 DMDSC 的 DCR 磁盘/VOTE 磁盘/磁盘组管理

6.8.1 添加测试磁盘

在 6.4 节中仅添加了几个必要的磁盘，下面再添加 6 个 300MB 的共享磁盘进行测试。共享磁盘的创建、UDEV 和裸设备的映射参考 DMDSC 搭建环节。

操作完成后得到如下结果。

```
[root@dmdsc1 ~]# ll /dev/dm-disk* //查看dm_disk开头的信息
brw-rw----  1  dmdba  dmdba 8,   16  1月   5 21:15  /dev/dm-diskb
brw-rw----  1  dmdba  dmdba 8,   32  1月   5 21:15  /dev/dm-diskc
brw-rw----  1  dmdba  dmdba 8,   48  1月   5 21:15  /dev/dm-diskd
brw-rw----  1  dmdba  dmdba 8,   64  1月   5 21:15  /dev/dm-diske
brw-rw----  1  dmdba  dmdba 8,   80  1月   5 21:23  /dev/dm-diskf
brw-rw----  1  dmdba  dmdba 8,   96  1月   5 21:23  /dev/dm-diskg
brw-rw----  1  dmdba  dmdba 8,   112  1月  5 21:23  /dev/dm-diskh
brw-rw----  1  dmdba  dmdba 8,   128  1月  5 21:23  /dev/dm-diski
brw-rw----  1  dmdba  dmdba 8,   144  1月  5 21:23  /dev/dm-diskj
brw-rw----  1  dmdba  dmdba 8,   160  1月  5 21:23  /dev/dm-diskk

[root@dmdsc2 ~]# ll /dev/raw/raw*   //查看裸设备的信息
crw-rw----  1  dmdba  dmdba   162, 1  1月  5 21:22  /dev/raw/raw1
crw-rw----  1  dmdba  dmdba   162, 2  1月  5 21:22  /dev/raw/raw2
crw-rw----  1  dmdba  dmdba   162, 3  1月  5 21:22  /dev/raw/raw3
crw-rw----  1  dmdba  dmdba   162, 4  1月  5 21:22  /dev/raw/raw4
crw-rw----  1  dmdba  dmdba   162, 5  1月  5 21:32  /dev/raw/raw5
crw-rw----  1  dmdba  dmdba   162, 6  1月  5 21:32  /dev/raw/raw6
crw-rw----  1  dmdba  dmdba   162, 7  1月  5 21:32  /dev/raw/raw7
crw-rw----  1  dmdba  dmdba   162, 8  1月  5 21:32  /dev/raw/raw8
crw-rw----  1  dmdba  dmdba   162, 9  1月  5 21:32  /dev/raw/raw9
crw-rw----  1  root   disk    162, 0  1月  5 21:22  /dev/raw/rawctl
```

6.8.2 DMASMCMD 工具

DMASMCMD 工具是 DMASM 文件系统的初始化工具，用于将裸设备格式化为 DMASM 磁盘，并初始化 DCR 磁盘、VOTE 磁盘。格式化 DMASM 磁盘就是在裸设备的头部写入 DMASM 磁盘特征描述符号，包括 DMASM 标识串、DMASM 磁盘名，以及 DMASM 磁盘大小等信息。其中，VOTE 磁盘和 DCR 磁盘也会被格式化为 DMASM 磁盘。

1. dmasmcmd 命令帮助

```
[dmdba@dmdsc2 ~]$ dmasmcmd   //调用DMASMCMD工具
DMASMCMD V8
ASM>help  // 查看dmasmcmd命令的帮助手册
```

```
Format:    create emptyfile file_path size(M) num
Usage:     create emptyfile '/data/asmdisks/disk0.asm' size 100

Format:    create asmdisk disk_path disk_name [size(M)]
Usage:     create asmdisk '/data/asmdisks/disk0.asm' 'DATA0'
Usage:     create asmdisk '/data/asmdisks/disk0.asm' 'DATA0' 100

Format:    create dcrdisk disk_path disk_name [size(M)]
Usage:     create dcrdisk '/data/asmdisks/disk0.asm' 'DATA0'
Usage:     create dcrdisk '/data/asmdisks/disk0.asm' 'DATA0' 100

Format:    create votedisk disk_path disk_name [size(M)]
Usage:     create votedisk '/data/asmdisks/disk0.asm' 'DATA0'
Usage:     create votedisk '/data/asmdisks/disk0.asm' 'DATA0' 100

Format:    init dcrdisk disk_path from ini_path identified by password
Usage:     init dcrdisk '/data/asmdisks/disk0.asm' from '/data/dmdcr_cfg.ini' identified by 'aaabbb'

Format:    init ddfsdcr ddfs_dcr_path from disk_path
Usage:     init ddfsdcr '$/dameng/dsc/asmdisks/disk0.asm' from '/data/asmdisks/disk0.asm'

Format:    init ddfsvtd ddfs_vtd_path from disk_path
Usage:     init ddfsvtd '$/dameng/dsc/asmdisks/disk0.asm' from '/data/asmdisks/disk0.asm'

Format:    export dcrdisk disk_path to ini_path
Usage:     export dcrdisk '/data/asmdisks/disk0.asm' to '/data/dmdcr_cfg.ini'

Format:    import dcrdisk ini_path to disk_path
Usage:     import dcrdisk '/data/dmdcr_cfg.ini' to '/data/asmdisks/disk0.asm'

Format:    extend dcrdisk disk_path from ini_path
Usage:     extend dcrdisk '/data/asmdisks/disk0.asm' from '/data/dmdcr_cfg.ini'

Format:    init votedisk disk_path from ini_path
Usage:     init votedisk '/data/asmdisks/disk0.asm' from '/data/dmdcr_cfg.ini'

Format:    check dcrdisk disk_path
Usage:     check dcrdisk '/data/asmdisks/disk0.asm'

Format:    clear dcrdisk err_ep_arr disk_path group_name
Usage:     clear dcrdisk err_ep_arr '/data/asmdisks/disk0.asm' 'GRP_RAC'
```

```
Format:     listdisks path
Usage:      listdisks '/data/asmdisks/'
```

2. 操作示例

1）显示指定路径下的磁盘属性

语法：listdisks path。

示例如下。

```
ASM>listdisks '/dev/raw/'   //显示磁盘信息
[/dev/raw//raw9]: normal disk
[/dev/raw//raw8]: normal disk
[/dev/raw//raw7]: normal disk
[/dev/raw//raw6]: normal disk
[/dev/raw//raw5]: normal disk
[/dev/raw//raw4]: used ASM disk, name:[DMASMDATA0], size:[4095M], group_id:[1], disk_id:[0]
[/dev/raw//raw3]: used ASM disk, name:[DMASMLOG0], size:[1023M], group_id:[0], disk_id:[0]
[/dev/raw//raw2]: used ASM disk, name:[DMASMvote], size:[204M], group_id:[125], disk_id:[0]
[/dev/raw//raw1]: used ASM disk, name:[DMASMdcr], size:[204M], group_id:[126], disk_id:[0]
Used time: 1.821(ms).
```

显示路径下所有磁盘的信息，分为以下 3 种类型。

（1）Normal Disk：普通磁盘。

（2）Unused Asmdisk：已经初始化但未使用的 ASM 磁盘。

（3）Used Asmdisk：已经使用的 ASM 磁盘。

2）校验 DCR 磁盘

语法：check dcrdisk disk_path。

示例如下。

```
ASM>check dcrdisk '/dev/raw/raw1'
ASMCMD check DCRDISK success.
Used time: 3.106(ms).
```

如果这里指定的是非 DCR 磁盘，则会报错，如下。

```
ASM>check dcrdisk '/dev/raw/raw2'
ASMCMD check DCRDISK failed, code: -11017, err_desc: 该类型磁盘禁止此操作.
[code: -11017], 该类型磁盘禁止此操作
```

3. 创建 DMASM 磁盘

在创建磁盘组或将磁盘添加到磁盘组之前，必须先对磁盘进行初始化，然后才能进行相关的磁盘组操作。磁盘的初始化操作就是创建磁盘。

同样，如果某个磁盘失效了，也可以使用该命令对磁盘进行重新的初始化，清除无效的信息，然后便可以加入到磁盘组中。

语法：create asmdisk disk_path disk_name [size(MB)]。

使用磁盘的全部空间进行初始化，示例如下。

```
ASM>create asmdisk '/dev/raw/raw5' 'CNDBA0'    //创建CNDBA0磁盘组
[Trace]The ASM initialize asmdisk /dev/raw/raw5 to name DMASMCNDBA0
Used time: 0.604(ms).
```

若指定的初始化大小超过磁盘实际大小，则会报错，如下。

```
ASM>create asmdisk '/dev/raw/raw5' 'CNDBA0' 400    //创建CNDBA0磁盘组指定大小为400MB。
write error in os_file_write_by_offset!: File exists
create asmdisk /dev/raw/raw5 name CNDBA0 failed!
[code: -11040], 磁盘大小无效
```

还需要注意，在达梦数据库的 DMDSC 中，初始化的磁盘必须是裸设备，不能直接使用 UDEV 绑定的磁盘，使用 UDEV 绑定的磁盘会提示文件路径无效。

```
ASM>create asmdisk '/dev/dm-diskh' 'dave'    //创建DAVE磁盘组
create asmdisk /dev/dm-diskh name dave failed!
[code: -2191], 无效的文件路径[/dev/dm-diskh]
```

4. 创建 DCR 磁盘

将裸设备格式化为 DCR 磁盘时，会在裸设备头部写入 DCR 磁盘标识信息。size 取值最小为 32MB。

语法：create dcrdisk disk_path disk_name [size(MB)]。

```
ASM>create dcrdisk '/dev/raw/raw6' 'dcr1'    //创建dcr1磁盘组
[Trace]The ASM initialize dcrdisk /dev/raw/raw6 to name DMASMdcr1
Used time: 6.095(ms).
```

5. 创建 VOTE 磁盘

将裸设备格式化为 VOTE 磁盘，会在裸设备头部写入 VOTE 标识信息。size 取值最小为 32MB。

语法：create votedisk disk_path disk_name [size(MB)]。

```
ASM>create votedisk '/dev/raw/raw7' 'votedisk0'    //创建votedisk0磁盘组
[Trace]The ASM initialize votedisk /dev/raw/raw7 to name DMASMvotedisk0
Used time: 23.435(ms).
```

在以上 3 个命令中 size 参数可以省略，程序会计算 disk_path 的大小；但是某些操作系统在计算 disk_path 大小时会失败，这时候还是需要用户指定 size 信息。

6. 初始化 DCR 磁盘

初始化 DCR 磁盘就是将 dmdcr_cfg.ini 配置文件的内容写入到 DCR 磁盘中，该操作还可以指定登录 ASM 文件系统的密码，密码要用单引号括起来。在搭建 DMDSC 时已经执行过该命令。

语法: init dcrdisk disk_path from ini_path identified by password。

这里需要注意，初始化使用的磁盘必须是之前已经创建的 DCR 磁盘，没有创建的磁盘不能直接使用。若是新搭建的集群环境则没有限制；若是已经搭建好的集群环境，则需要重新初始化，必须先停止所有节点的 DMCSS 服务才可以初始化，否则会报如下错误。

```
ASM>init dcrdisk '/dev/raw/raw6' from '/home/data/dmdcr_cfg.ini' identified by 'dave@cndba'    //初始化
DCR磁盘
```

```
[Trace]DG 126 allocate 4 extents for file 0xfe000002.
Used time: 28.266(ms).
ASM>init dcrdisk '/dev/raw/raw6' from '/home/data/dmdcr_cfg.ini' identified by 'dave@cndba'
[Trace]DG 126 allocate 4 extents for file 0xfe000002.
init /dev/raw/raw6 from /home/data/dmdcr_cfg.ini failed!
[code: -11034], 磁盘[/dev/raw/raw6]正在使用中
```

这里提示用户 raw6 正在使用，所以必须停止所有节点的 DMCSS 才可以进行初始化，命令如下。

```
[root@dmdsc1 ~]# systemctl stop DmCSSServicerac
[root@dmdsc2 ~]# systemctl stop DmCSSServicerac
```

初始化 DCR 磁盘的命令如下。

```
ASM>init dcrdisk '/dev/raw/raw6' from '/home/data/dmdcr_cfg.ini' identified by 'dave@cndba'
[Trace]DG 126 allocate 4 extents for file 0xfe000002.
Used time: 00:00:09.705.
```

7. 初始化 VOTE 磁盘

同初始化 DCR 磁盘一样，初始化 VOTE 磁盘也是将 dmdcr_cfg.ini 配置文件的内容写入指定磁盘的操作。与初始化 DCR 磁盘不同，dmdcr_cfg.ini 配置文件里明确指定了 DCR_VTD_ PATH 参数，如果使用其他磁盘来初始化，那么需要使用新的配置文件。下面复制一份配置文件，并修改该参数指向/dev/raw/raw7，命令如下。

```
[root@dmdsc1 data]# cat dmdcr_cfg2.ini |grep DCR_VTD_PATH   //在dmdcr_cfg2.ini文件中过滤查找
DCR_VTD_PATH
DCR_VTD_PATH = /dev/raw/raw7
```

语法：init votedisk disk_path from ini_path。

```
ASM>init votedisk '/dev/raw/raw7' from '/home/data/dmdcr_cfg2.ini'     //初始化VOTE磁盘
[Trace]DG 125 allocate 4 extents for file 0xfd000002.
Used time: 10.621(ms).
```

8. 导出 DCR 磁盘的配置文件

将 DCR 磁盘中的内容导出到指定文件，这也是反初始化的过程。

语法：export dcrdisk disk_path to ini_path。

示例如下。

```
ASM>export dcrdisk '/dev/raw/raw6' to '/tmp/dmdcr_cfg.ini'
ASMCMD export DCRDISK success.
Used time: 1.587(ms).

[root@dmdsc1 data]# cat /tmp/dmdcr_cfg.ini     //查看dmdcr_cfg.ini文件内容信息
# the file is auto-created by system, self edit is invalid!
#DCR HDR
DCR_N_GRP                = 3
DCR_VTD_PATH             = /dev/raw/raw2
DCR_OGUID                = 63635
```

```
[GRP]
DCR_GRP_TYPE              = CSS
DCR_GRP_NAME              = GRP_CSS
DCR_GRP_N_EP              = 2
DCR_GRP_EP_ARR            = {0,1}
DCR_GRP_N_ERR_EP          = 0
DCR_GRP_ERR_EP_ARR        = {}
DCR_GRP_DSKCHK_CNT        = 60
......
```

导出的内容就是之前导入 dmdcr_cfg.ini 文件的内容。

9．导入 DCR 磁盘的配置文件

根据配置文件 dmdcr_cfg.ini 的内容，将修改导入 DCR 磁盘。通过导出导入的方式可以对 DCR 配置文件的参数值进行修改，但是 DCR_N_GRP、DCR_GRP_N_EP、DCR_GRP_ NAME、DCR_GRP_TYPE、DCR_GRP_EP_ARR、DCR_EP_NAME、EP 所属的组类型、checksum 值和密码不可修改。

DCR 磁盘的导出导入与 clear 都是清理指定组的故障节点信息，重新初始化 DMDSC 库的方法。导出导入过程允许用户对参数进行修改。

与初始化过程相同，DCR 磁盘也需要停止所有节点的 DMCCS 后才可以导入。

语法：import dcrdisk ini_path to disk_path。

```
ASM>import dcrdisk '/home/data/dmdcr_cfg.ini' to '/dev/raw/raw6'
ASMCMD import DCRDISK success.
Used time: 00:00:09.683.
```

首先启动两个节点的 DMCSS，命令如下。

```
[root@dmdsc1 ~]# systemctl start DmCSSServicerac
[root@dmdsc2 ~]# systemctl start DmCSSServicerac


ASM>check dcrdisk '/dev/raw/raw1'
ASMCMD check DCRDISK success.
Used time: 2.004(ms).
ASM>check dcrdisk '/dev/raw/raw6'
ASMCMD check DCRDISK success.
Used time: 1.546(ms).

SQL> select * from v$dcr_info;   //查看DCR信息

行号  VERSION   N_GROUP  VTD_PATH       UDP_FLAG   UDP_OGUID   DCR_PATH
---------- ----------- ----------- ------------- ----------- -------------------- -------------
1     259       3        /dev/raw/raw2  0          63635       /dev/raw/raw1
```

```
已用时间: 18.941(毫秒). 执行号:1.
```

上述操作仅仅是将 dmdcr_cfg.ini 配置文件的内容写入裸设备，并没有改变 DMDSC 的 DCR 磁盘和 VOTE 磁盘。DCR 磁盘和 VOET 磁盘的路径是写在 dmdcr.ini 和 dmdcr_cfg.ini 文件中的，不可修改。要更改路径需要修改这两个文件，更换 DCR 裸设备和 VOTE 裸设备的过程将在 6.8.3 节进行说明。

10. 清理指定组的故障节点信息

在 DMSERVER 发生异常时，DMCSS 会根据配置的心跳时间来确认节点故障，并写故障信息到 DCR 磁盘中，然后执行对应的故障处理或故障恢复操作。对于 DMSERVER 节点全部故障的情况，若想重新初始化数据库，则需要手动清理 DCR 磁盘中的故障信息，注意这里仅仅是故障信息，DCR 磁盘本身没有重新初始化，清理之后可以避免 DMCSS 对新初始化的库再次执行故障处理。

clear 命令用来清理指定组的故障节点信息，重新初始化 DMDSC 库。通过导出导入 DCR 磁盘也可以实现该功能。

clear 操作必须停止所有节点的 DMCSS 后才可以操作。

语法：clear dcrdisk err_ep_arr disk_path group_name。

注意，这里的 group_name 是要清理的组，clear 命令会清理 DCR 磁盘中 group_name 的故障节点信息，即 DCR_GRP_N_ERR_EP 和 DCR_GRP_ERR_EP_ARR 的值，清理成功后，group_name 的 DCR_GRP_N_ERR_EP 值为 0，DCR_GRP_ERR_EP_ARR 的内容为空。

清理 GRP_RAC 组中故障节点信息的示例如下。

```
ASM>clear dcrdisk err_ep_arr '/dev/raw/raw1' 'GRP_RAC'
Used time: 00:00:09.719.
```

6.8.3 裸设备路径变化

1. 操作说明

DMDSC 中所有存储都是基于裸设备进行的，如果裸设备故障或者重新进行了规划，可能会导致磁盘对应的裸设备名发生变化，从而导致 DMASM 环境配置可能需要改变。

DMASM 文件系统是自描述系统，会自动扫描/dev/raw/下的所有裸设备，根据头信息来获取信息，与裸设备的路径没有关系。

但 DCR 磁盘和 VOTE 磁盘的路径必须指定，如果 DCR 磁盘和 VOTE 磁盘的路径发生了改变，则需要用 DMASMCMD 工具重新格式化 DCR 磁盘和 VOTE 磁盘，该操作不会影响其他 DMASM 磁盘，也不影响已经存在的 DMASM 文件。

格式化后还需要对 DCR 磁盘和 VOTE 磁盘进行初始化，初始化操作如下。

（1）如果保存了原始的 dmdcr_cfg.ini 文件，则修改 dmdcr_cfg.ini 的 DCR_VTD_PATH 路径信息，再用 DMASMCMD 工具初始化即可。

（2）如果没有保存原始的 dmdcr_cfg.ini 文件，可以用 DMASMCMD 工具先导出一份

dmdcr_cfg.ini 文件，再修改其中的 DCR_VTD_PATH 路径信息，最后重新进行初始化。

2. 更换 DCR 磁盘和 VOTE 磁盘的裸设备路径

1）当前环境

```
ASM>listdisks '/dev/raw/' //查看裸设备的磁盘信息
[/dev/raw//raw9]: normal disk
[/dev/raw//raw8]: normal disk
[/dev/raw//raw7]: used ASM disk, name:[DMASMvotedisk0], size:[307M], group_id:[125], disk_id:[0]
[/dev/raw//raw6]: used ASM disk, name:[DMASMdcr1], size:[307M], group_id:[126], disk_id:[0]
[/dev/raw//raw5]: unused ASM disk, name:[DMASMCNDBA0], size:[306M]
[/dev/raw//raw4]: used ASM disk, name:[DMASMDATA0], size:[4095M], group_id:[1], disk_id:[0]
[/dev/raw//raw3]: used ASM disk, name:[DMASMLOG0], size:[1023M], group_id:[0], disk_id:[0]
[/dev/raw//raw2]: used ASM disk, name:[DMASMvote], size:[204M], group_id:[125], disk_id:[0]
[/dev/raw//raw1]: used ASM disk, name:[DMASMdcr], size:[204M], group_id:[126], disk_id:[0]
Used time: 1.418(ms).
```

根据之前的查询，可以了解到当前环境的裸设备关系如下。

```
dcr disk：/dev/raw/raw1
Voting disk:/dev/raw/raw2
```

将上述裸设备关系改为如下形式。

```
dcr disk：/dev/raw/raw6
Voting disk:/dev/raw/raw7
```

2）更改 dmdcr.ini 和 dmdcr_cfg.ini 文件

所有 DMDSC 的 DCR_VTD_PATH 配置文件和 DMDCR_PATH 配置文件都需要修改，使用新的 DCR 磁盘和 VOTE 磁盘替换旧值。

```
[root@dmdsc1 data]#   head -4 dmdcr_cfg.ini   //查看dmdcr_cfg.ini文件的前4行
DCR_N_GRP = 3
DCR_VTD_PATH = /dev/raw/raw7
DCR_OGUID = 63635

[root@dmdsc1 data]# head -4 dmdcr.ini   //查看dmdcr.ini文件的前4行
DMDCR_PATH = /dev/raw/raw6
DMDCR_MAL_PATH =/home/data/dmasvrmal.ini
DMDCR_SEQNO = 0
```

3）初始化新设备

（1）在所有节点停止 DMCSS。

```
[root@dmdsc1 ~]# systemctl stop DmCSSServicerac
[root@dmdsc2 ~]# systemctl stop DmCSSServicerac
```

（2）格式化磁盘。

```
ASM>create dcrdisk '/dev/raw/raw6' 'dcr'   //创建DCR磁盘组
```

```
[/dev/raw/raw6]: used ASM disk, name:[DMASMdcr1], size:[307M], group_id:[126], disk_id:[0]
Do you want to continue?: (y/n)y
[Trace]The ASM initialize dcrdisk /dev/raw/raw6 to name DMASMdcr
Used time: 00:00:14.048.
ASM>create votedisk '/dev/raw/raw7' 'vote'   //创建VOTE磁盘组
[/dev/raw/raw7]: used ASM disk, name:[DMASMvotedisk0], size:[307M], group_id:[125], disk_id:[0]
Do you want to continue?: (y/n)y
[Trace]The ASM initialize votedisk /dev/raw/raw7 to name DMASMvote
Used time: 00:00:11.097.
```

这两个磁盘在之前有被使用过，所以出现了确认提示。

（3）初始化数据。

```
ASM>init dcrdisk '/dev/raw/raw6' from '/dm/dmdbms/data/dmdcr_cfg.ini' identified by 'dave@cndba'
init /dev/raw/raw6 from /dm/dmdbms/data/dmdcr_cfg.ini failed!
[code: -2405], 文件或目录[/dm/dmdbms/data/dmdcr_cfg.ini]不存在
ASM>init dcrdisk '/dev/raw/raw6' from '/home/data/dmdcr_cfg.ini' identified by 'dave@cndba'
[Trace]DG 126 allocate 4 extents for file 0xfe000002.
Used time: 00:00:09.649.
ASM>init votedisk '/dev/raw/raw7' from '/home/data/dmdcr_cfg.ini'
[Trace]DG 125 allocate 4 extents for file 0xfd000002.
Used time: 00:00:09.646.
```

4）启动环境验证

（1）启动两个节点的 DMCSS。

```
[root@dmdsc1 ~]# systemctl start DmCSSServicerac
[root@dmdsc2 ~]# systemctl start DmCSSServicerac
```

（2）连接 DISQL 验证。

```
[dmdba@dmdsc1 ~]$ disql SYSDBA/SYSDBA@CNDBA   //用SYSDBA用户连接数据库

服务器[192.168.74.132:5236]:处于普通打开状态
登录使用时间: 14.643(毫秒)
disql V8
SQL> select * from v$dsc_ep_info;   //查看数据库实例信息

行号  EP_NAME  EP_SEQNO  EP_GUID     EP_TIMESTAMP  EP_MODE       EP_STATUS
---------- ------- ---------- ------------------- ------------------- ----------- ---------
1     RAC0     0         979604733   979604788     Control Node  OK
2     RAC1     1         979604658   979604713     Normal Node   OK

已用时间: 5.416(毫秒). 执行号:1.
SQL> select * from v$dcr_info;   //查看DCR配置信息

行号  VERSION  N_GROUP  VTD_PATH   UDP_FLAG  UDP_OGUID  DCR_PATH
---------- ----------- ----------- ------------- ----------- ------------------- -------------
```

```
1       259         3               /dev/raw/raw7    0            63635            /dev/raw/raw6

已用时间: 8.486(毫秒). 执行号:2.
```

DCR 磁盘和 VOTE 磁盘替换成功。

6.8.4 DMASMTOOL 工具

1．dmasmtool 命令帮助

DMASMTOOL 工具是 DMASM 文件系统管理工具。DMASMTOOL 工具使用 DMASMAPI 连接到 DMAMSVR，并调用相应的 DMASMAPI 函数，实现创建、复制、删除等各种文件操作命令；DMASMTOOL 工具还支持 DMASM 文件和操作系统文件的相互复制。

另外，DMASMCMD 工具和 DMASMTOOL 工具的两个提示符都是 ASM>，在实际操作中要注意工具的正确使用。

```
[dmdba@dmdsc1 ~]$ dmasmtool dcr_ini=/home/data/dmdcr.ini    //调用DMASMTOOL工具
DMASMTOOL V8
ASM>help
Format:     create diskgroup name asmdisk file_path
Usage:      create diskgroup 'DMDATA' asmdisk '/home/data/asmdisks/disk0.asm'

Format:     alter diskgroup name add asmdisk file_path
Usage:      alter diskgroup 'DMDATA' add asmdisk '/home/data/asmdisks/disk1.asm'

Format:     drop diskgroup name
Usage:      drop diskgroup 'DMDATA'

Format:     create asmfile file_path size num(M)
Usage:      create asmfile '+DMDATA/sample.dta' size 20

Format:     alter asmfile file_path extend to num(M)
Usage:      alter asmfile '+DMDATA/sample.dta' extend to 20

Format:     alter asmfile file_path truncate to num(M)
Usage:      alter asmfile '+DMDATA/sample.dta' truncate to 20

Format:     delete asmfile file_path
Usage:      delete asmfile '+DMDATA/sample.dta'

Format:     spool file_path [create|replace|append]
Usage:      spool /home/data/asmdisks/spool.txt
```

```
Format:    spool off
Usage:     spool off

Format:    cd [path]
Usage:     cd +DMDATA/test

Format:    cp [-rf] src_file_path dst_file_path
Usage:     cp '+DMDATA/a/sample.dta' '+DMDATA/a/b.dta'
           cp -r '+DMDATA/a/newfile.dat' '+DMDATA/b'
           cp -f '+DMDATA/a/*' '+DMDATA/c'

Format:    rm [-f] file_path
           rm -r[f] directories
Usage:     rm '+DMDATA/a/sample.dta'
           rm -r '+DMDATA/a/'

Format:    mkdir [-p] dir_path
Usage:     mkdir '+DMDATA/a'
           mkdir -p '+DMDATA/a'

Format:    find path file_name
Usage:     find +DMDATA/a 'sample.dta'

Format:    ls [-lr] [dir_path]
Usage:     ls
           ls -l
           ls -r b*

Format:    df
Usage:     df

Format:    pwd
Usage:     pwd

Format:    lsdg
Usage:     lsdg

Format:    lsdsk
Usage:     lsdsk

Format:    lsattr
Usage:     lsattr
```

```
Format:    lsall
Usage:     lsall

Format:    password
Usage:     password
```

2. 创建磁盘组/添加磁盘/删除磁盘组

根据 DMASMTOOL 工具的帮助，下面介绍具体的操作示例。

1）创建磁盘组

语法：create diskgroup name asmdisk file_path。

在 6.8.3 节已使用了 raw6 和 raw7，加上替换后的设备，现在有 raw1、raw2、raw5、raw8、raw9 可以使用。

（1）创建的磁盘必须是由 DMASMCMD 工具初始化之后的磁盘，否则会报错。创建磁盘的命令如下。

```
[dmdba@dmdsc1 ~]$ dmasmtool dcr_ini=/home/data/dmdcr.ini    //调用DMASMTOOL工具
DMASMTOOL V8
ASM>create diskgroup 'CNDBA' asmdisk '/dev/raw/raw9'    //创建CNDBA磁盘组
[code : -11040]  磁盘大小无效
```

这里的 raw9 是没有进行初始化的。

（2）在 DMASMCMD 工具中执行磁盘初始化操作。

```
[dmdba@dmdsc1 ~]$ dmasmcmd    //调用DMASMCMD工具
DMASMCMD V8
ASM>create asmdisk '/dev/raw/raw5' 'CNDBA0'     //创建磁盘组CNDBA0
[Trace]The ASM initialize asmdisk /dev/raw/raw5 to name DMASMCNDBA0
Used time: 12.857(ms).
ASM>create asmdisk '/dev/raw/raw8' 'CNDBA1'    //创建磁盘组CNDBA1
[Trace]The ASM initialize asmdisk /dev/raw/raw8 to name DMASMCNDBA1
Used time: 3.148(ms).
ASM>create asmdisk '/dev/raw/raw9' 'CNDBA2'    //创建磁盘组CNDBA2
[Trace]The ASM initialize asmdisk /dev/raw/raw9 to name DMASMCNDBA2
Used time: 4.661(ms).
```

（3）在 DMASMTOOL 工具中创建磁盘组。

```
[dmdba@dmdsc1 ~]$ dmasmtool dcr_ini=/home/data/dmdcr.ini
DMASMTOOL V8
ASM>create diskgroup 'CNDBA' asmdisk '/dev/raw/raw5'     //创建磁盘组CNDBA
Used time: 168.339(ms).
ASM>lsdg
total 5 groups......
......
3 disk_group:
```

```
        name: CNDBA
        id: 3
        au_size: 1.00 MB
        extent_size: 4
        total_size: 306.00 MB
        free_size: 296.00 MB
        total_file_num: 1
......
```

2）添加磁盘

已创建的磁盘组中只有 1 个磁盘，下面给 CNDBA 磁盘组添加两个磁盘。

语法：alter diskgroup name add asmdisk file_path。

示例如下。

```
ASM>alter diskgroup 'CNDBA' add asmdisk '/dev/raw/raw8' //给磁盘组CNDBA添加磁盘raw8
Used time: 104.196(ms).
ASM>alter diskgroup 'CNDBA' add asmdisk '/dev/raw/raw9'   //给磁盘组CNDBA添加磁盘raw9
Used time: 160.849(ms).
ASM>lsdsk   //磁盘信息
......
group CNDBA include 3 disks......
NO.1 disk :
        name: DMASMCNDBA0
        path: /dev/raw/raw5
        size: 306.00 MB
        create_time: 2020-01-05 23:24:04
        modify_time: 2020-01-05 23:25:09
        belong group: CNDBA
NO.2 disk :
        name: DMASMCNDBA1
        path: /dev/raw/raw8
        size: 306.00 MB
        create_time: 2020-01-05 23:24:10
        modify_time: 2020-01-05 23:27:01
        belong group: CNDBA
NO.3 disk :
        name: DMASMCNDBA2
        path: /dev/raw/raw9
        size: 306.00 MB
        create_time: 2020-01-05 23:24:15
        modify_time: 2020-01-05 23:27:11
        belong group: CNDBA
......
```

3）删除磁盘组

如果磁盘组不再需要，直接删除即可。

语法：drop diskgroup name。

示例如下。

```
ASM>drop diskgroup 'CNDBA'    //删除磁盘组CNDBA
Used time: 12.022(ms).
```

3．创建文件/扩展文件/截断文件/删除文件

1）创建文件

语法：create asmfile file_path size(MB)。

示例如下。

```
ASM> create asmfile '+CNDBA/dave.dbf' size 50    //创建文件的大小为50MB
Used time: 77.580(ms).

ASM>ls -lr '+CNDBA/dave.dbf'    //查看文件的详细信息
file :
                    name: dave.dbf
                    id: 0x87000002
                    size: 50.00 MB (52428800 Bytes)
                    group_id: 7
                    disk_id: 0
                    auno: 4
                    offset: 1536
                    create_time: 2020-01-06 00:09:10
                    modify_time: 2020-01-06 00:09:10
Used time: 1.571(ms).
```

2）扩展文件

语法：alter asmfile file_path extend to size(MB)。

示例如下。

```
ASM>alter asmfile    '+CNDBA/dave.dbf'    extend to 100    //扩展文件的大小为100MB
Used time: 55.220(ms).

ASM>ls -lr '+CNDBA/dave.dbf'    //查看文件的详细信息
file :
                    name: dave.dbf
                    id: 0x87000002
                    size: 100.00 MB (104857600 Bytes)
                    group_id: 7
                    disk_id: 0
                    auno: 4
                    offset: 1536
```

```
                        create_time: 2020-01-06 00:09:10
                        modify_time: 2020-01-06 00:10:57
Used time: 0.753(ms).
```

3）截断文件

语法：alter asmfile file_path truncate to size(MB)。

示例如下。

```
ASM>alter asmfile  '+CNDBA/dave.dbf'  truncate to 20  //截断文件
Used time: 6.554(ms).
ASM>ls -lr '+CNDBA/dave.dbf'   //查看文件的详细信息
file :
                        name: dave.dbf
                        id: 0x87000002
                        size: 20.00 MB (20971520 Bytes)
                        group_id: 7
                        disk_id: 0
                        auno: 4
                        offset: 1536
                        create_time: 2020-01-06 00:09:10
                        modify_time: 2020-01-06 00:11:26
Used time: 0.756(ms).
```

4）删除文件

语法：delete asmfile file_path。

示例如下。

```
ASM>delete asmfile '+CNDBA/dave.dbf'   //删除文件
Used time: 7.030(ms).
```

6.9 DMDSC 的备份与恢复

6.9.1 远程归档

1. 远程归档说明

在 DMDSC 中，每个节点都可以进行事务操作，也就是说每个节点都会产生归档数据。达梦数据库中表的备份不依赖归档数据，但对于表空间和数据库备份，在恢复时为了保证一致性，必须依赖归档文件。在 DMDSC 中的每个节点都有事务日志，所以在 DMDSC 中，在备份节点上需要能够访问到所有节点的归档日志。远程归档就是解决这个问题的方法。

配置远程归档后可以将写入本地归档的 REDO 日志信息发送到远程节点的指定归档目录中。注意，这里是在写入本地归档日志文件的同时，通过 MAL 系统将 REDO 日志发送给指定的数据库实例，没有先后顺序。配置完成后就可以保证在任意一个节点的本地磁盘中都能够找到 DMDSC 所有节点产生的完整的归档日志文件。

达梦数据库在本地归档失败与远程归档失败时的处理策略是不同的。

（1）当本地归档失败，比如磁盘空间不足时，系统将会挂起。

（2）当远程归档失败时，远程归档将失效，不再发送 REDO 日志到指定数据库实例。当节点间网络恢复或者远程节点重启成功后，系统会自动检测并恢复远程归档，继续发送新写入的 REDO 日志，但不会主动补齐故障期间的 REDO 日志。此时需要手工从远程节点的本地归档复制缺失的归档到本地节点。

2. 配置远程归档

在 DMDSC 中远程归档必须进行双向配置，如果配置单向远程归档时目标实例不接收归档日志，则归档状态也是无效状态。配置完成后可以通过 V$DM_ARCH_INI、V$ARCH_STATUS 视图查看归档配置，以及归档状态等相关信息。

这里直接通过 SQL 语句启动本地归档和远程归档。

1）使用 SQL 语句配置归档

（1）分别在两个节点创建归档目录。

```
[dmdba@dmdsc1 ~]$ mkdir /dm/dmarch_rac1
[dmdba@dmdsc1 ~]$ mkdir /dm/dmarch_rac2
```

（2）配置本地归档和远程归档，这里不能通过服务名连接 DISQL，必须直接连接对应的实例。

```
#对于节点1
[dmdba@dmdsc1 ~]$ disql SYSDBA/SYSDBA   //用SYSDBA用户连接数据库

服务器[LOCALHOST:5236]:处于普通打开状态
登录使用时间: 14.269(毫秒)
disql V8
SQL> select instance_name from v$instance;   //查看当前实例信息

行号        INSTANCE_NAME
---------- -------------
1           RAC0

已用时间: 20.070(毫秒). 执行号:1.
SQL> alter database mount;   //将数据库启动到MOUNT状态
操作已执行
已用时间: 00:00:01.792. 执行号:0.
SQL> alter database add archivelog 'DEST=/dm/dmarch_rac1,TYPE=local,FILE_SIZE=128,space_
limit=0';  //设置数据库归档路径、类型、文件大小、空间大小不受限制
操作已执行
已用时间: 12.218(毫秒). 执行号:0.
SQL> alter database add archivelog 'DEST=RAC1,TYPE=REMOTE,INCOMING_PATH=/dm/dmarch_
rac2,FILE_SIZE=128,space_limit=0';  //设置数据库归档路径、类型、文件大小、空间大小不受限制
```

```
操作已执行
已用时间: 11.426(毫秒). 执行号:0.
SQL> alter database archivelog;    //开启数据库归档
操作已执行
已用时间: 8.689(毫秒). 执行号:0.
SQL> select arch_name,arch_type,arch_dest,arch_file_size from v$dm_arch_ini;  //查看归档日志文件信息

行号      ARCH_NAME          ARCH_TYPE   ARCH_DEST         ARCH_FILE_SIZE
---------- ------------- --------- -------------- --------------
1         ARCHIVE_LOCAL1     LOCAL       /dm/dmarch_rac1   128
2         ARCH_REMOTE1       REMOTE      RAC1              128

已用时间: 1.729(毫秒). 执行号:2.
SQL> alter database open;  //打开数据库
操作已执行
已用时间: 00:00:01.975. 执行号:0.

#对于节点2
[dmdba@dmdsc2 ~]$ disql SYSDBA/SYSDBA   //用SYSDBA用户连接数据库

服务器[LOCALHOST:5236]:处于普通打开状态
登录使用时间: 4.440(毫秒)
disql V8
SQL> select instance_name from v$instance;    //查看当前实例信息

行号        INSTANCE_NAME
---------- ------------
1           RAC1

已用时间: 26.009(毫秒). 执行号:7.
SQL> alter database mount;  //将数据库启动到MOUNT状态
操作已执行
已用时间: 00:00:01.805. 执行号:0.
SQL> alter database add archivelog 'DEST=/dm/dmarch_rac2,TYPE=local,FILE_SIZE=128,space_limit=0';  //设置数据库归档路径、类型、文件大小，并设置空间大小不受限制
操作已执行
已用时间: 0.610(毫秒). 执行号:0.
SQL> alter database add archivelog 'DEST=RAC0,TYPE=REMOTE,INCOMING_PATH=/dm/dmarch_rac1,FILE_SIZE=128,space_limit=0';   //设置数据库归档路径、类型、文件大小、空间大小不受限制
操作已执行
```

```
已用时间: 0.635(毫秒). 执行号:0.
SQL>  alter database archivelog;      //开启数据库归档
操作已执行
已用时间: 10.390(毫秒). 执行号:0.
SQL> select arch_name,arch_type,arch_dest,arch_file_size from v$dm_arch_ini;      //查看归档日志文件信息

行号      ARCH_NAME          ARCH_TYPE      ARCH_DEST          ARCH_FILE_SIZE
---------- ------------- --------- -------------- -------------
1         ARCHIVE_LOCAL1     LOCAL          /dm/dmarch_rac2    128
2         ARCH_REMOTE1       REMOTE         RAC0               128

已用时间: 38.647(毫秒). 执行号:8.
SQL> alter database open;      //打开数据库
操作已执行
已用时间: 00:00:01.804. 执行号:0.
SQL> select * from V$ARCH_STATUS;   //查看归档状态

行号      ARCH_TYPE   ARCH_DEST          ARCH_STATUS      ARCH_SRC
---------- --------- -------------- ----------- --------
1         LOCAL       /dm/dmarch_rac2    VALID            RAC1
2         REMOTE      /dm/dmarch_rac1    VALID            RAC0

已用时间: 1.809(毫秒). 执行号:9.
```

这里两个节点的 LOCAL 路径和 REMOTE 路径正好相反。

2）查看归档文件

生成的配置文件放置在 DMDSC 的 DB 配置目录下的 rac0_config 目录和 rac1_config 目录中。

```
#对于节点1
[root@dmdsc1 rac0_config]# pwd   //查看当前路径
/home/data/rac0_config
[root@dmdsc1 rac0_config]# cat dmarch.ini     //查看归档配置文件内容

ARCH_WAIT_APPLY              = 1

[ARCHIVE_LOCAL1]
ARCH_TYPE                    = LOCAL
ARCH_DEST                    = /dm/dmarch_rac1
ARCH_FILE_SIZE               = 128
ARCH_SPACE_LIMIT             = 0

[ARCH_REMOTE1]
```

```
ARCH_TYPE                = REMOTE
ARCH_DEST                = RAC1
ARCH_INCOMING_PATH       = /dm/dmarch_rac2
ARCH_FILE_SIZE           = 128
ARCH_SPACE_LIMIT         = 0

#对于节点2
[root@dmdsc2 rac1_config]# pwd    //查看当前路径
/home/data/rac1_config
[root@dmdsc2 rac1_config]# cat dmarch.ini    //查看归档配置文件内容

ARCH_WAIT_APPLY          = 1

[ARCHIVE_LOCAL1]
ARCH_TYPE                = LOCAL
ARCH_DEST                = /dm/dmarch_rac2
ARCH_FILE_SIZE           = 128
ARCH_SPACE_LIMIT         = 0

[ARCH_REMOTE1]
ARCH_TYPE                = REMOTE
ARCH_DEST                = RAC0
ARCH_INCOMING_PATH       = /dm/dmarch_rac1
ARCH_FILE_SIZE           = 128
ARCH_SPACE_LIMIT         = 0
```

3）测试

（1）在节点 2 上切换日志。

```
SQL> alter system switch logfile;
操作已执行
已用时间: 16.024(毫秒). 执行号:0.
SQL> alter database archivelog current;    //切换REDO日志文件
操作已执行
已用时间: 33.018(毫秒). 执行号:0.
```

（2）查看节点 2 的本地归档。

```
[root@dmdsc2 rac1_config]# ll /dm/dmarch_rac2
总用量 696
-rw-r--r-- 1 dmdba dmdba 709120 1月    6 11:44 ARCHIVE_LOCAL1_0x56DCC1C4[1]_2020-01-06_11-42-12.log
```

（3）在节点 1 上查看节点 2 的远程归档。

```
[root@dmdsc1 rac0_config]# ll /dm/dmarch_rac2
总用量 131772
```

```
-rw-r--r--  1  dmdba  dmdba  259584  1月6  11:44  ARCH_REMOTE1_
0x56DCC1C4[1]_2020-01-06_11-42-12.log
-rw-r--r--  1  dmdba  dmdba  453632  1月6  11:44  ARCH_REMOTE1_
0x56DCC1C4[1]_2020-01-06_11-44-49.log
-rw-r--r--  1  dmdba  dmdba  134217728  1月6  11:45  ARCH_REMOTE1_
0x56DCC1C4[1]_2020-01-06_11-45-21.log
```

6.9.2　表的备份与恢复

1. 模拟数据

创建表，并在两个节点上分别插入数据，SQL 语句如下。

```
#节点2操作
SQL>  select instance_name from v$instance;     //查看当前实例信息

行号         INSTANCE_NAME
---------- -------------
1            RAC1

已用时间: 1.663(毫秒). 执行号:10.
SQL> create table cndba as select * from sysobjects where 1=2;   //创建表
操作已执行
已用时间: 26.425(毫秒). 执行号:12.
SQL>  insert into cndba select * from sysobjects where rownum<20;   //插入数据
影响行数 19

已用时间: 22.048(毫秒). 执行号:13.
SQL> commit;  //事务提交
操作已执行
已用时间: 0.886(毫秒). 执行号:14.

#节点1操作
SQL> select instance_name from v$instance;     //查看当前实例信息

行号         INSTANCE_NAME
---------- -------------
1            RAC0

已用时间: 108.472(毫秒). 执行号:3.
SQL>  insert into cndba select * from sysobjects where rownum<20; //插入数据库
影响行数 19
```

```
已用时间: 25.367(毫秒). 执行号:4.
SQL> commit;   //事务提交
操作已执行
已用时间: 2.142(毫秒). 执行号:5.
```

2．备份表

在节点 1 上备份表 CNDBA 的 SQL 语句如下。

```
SQL> backup table cndba backupset '/dm/dmbak/cndba_01';
操作已执行
已用时间: 00:00:01.308. 执行号:6.
SQL> host ls -lh /dm/dmbak/cndba_01    //查看表备份信息
总用量 84K
-rw-r--r--   1   dmdba   dmdba   21K   1月   6   11:50   cndba_01.bak
-rw-r--r--   1   dmdba   dmdba   60K   1月   6   11:50   cndba_01.meta
```

3．恢复表

```
SQL> delete from cndba;   //清空表数据
影响行数 38

已用时间: 25.262(毫秒). 执行号:7.
SQL> commit;   //事务提交
操作已执行
已用时间: 15.002(毫秒). 执行号:8.
SQL> restore table cndba from backupset '/dm/dmbak/cndba_01';   //还原表
操作已执行
已用时间: 128.024(毫秒). 执行号:9.
SQL>   select count(1) from cndba;   //统计表行数

行号        COUNT(1)
---------- --------------------
1          38

已用时间: 2.386(毫秒). 执行号:10.
```

6.9.3 数据库的备份与恢复

1．备份数据库

```
SQL> backup database backupset '/dm/dmbak/rac_bak_01';
操作已执行
已用时间: 00:00:01.887. 执行号:26.
SQL> host ls -lh /dm/dmbak/rac_bak_01    //查看备份集信息
总用量 78M
```

```
-rw-r--r--  1  dmdba  dmdba   15K      1月      6  12:09  rac_bak_01_1.bak
-rw-r--r--  1  dmdba  dmdba   78M      1月      6  12:09  rac_bak_01.bak
-rw-r--r--  1  dmdba  dmdba   81K      1月      6  12:09  rac_bak_01.meta
```

分别在两个节点进行事务操作的 SQL 语句如下。

```
#节点1
SQL> create table dave1 as select * from sysobjects;   //创建表
操作已执行
已用时间: 16.180(毫秒). 执行号:29.

#节点2
SQL>   insert into dave1 select * from sysobjects;   //插入数据
影响行数 1285

已用时间: 12.913(毫秒). 执行号:16.
SQL> commit;   //事务提交
操作已执行
已用时间: 8.060(毫秒). 执行号:17.
```

2. 恢复数据库

（1）在 DMCSSM 监视器中关闭实例自启动服务后再关闭实例。

```
set GRP_RAC auto restart off
[monitor]         2020-01-06 12:13:41: 通知CSS(seqno:0)关闭节点(RAC0)的自动拉起功能
[monitor]         2020-01-06 12:13:41: 通知CSS(seqno:0)关闭节点(RAC0)的自动拉起功能成功
[monitor]         2020-01-06 12:13:41: 通知CSS(seqno:1)关闭节点(RAC1)的自动拉起功能
[monitor]         2020-01-06 12:13:41: 通知CSS(seqno:1)关闭节点(RAC1)的自动拉起功能成功
[monitor]         2020-01-06 12:13:41: 通知当前活动的CSS执行清理操作
[monitor]         2020-01-06 12:13:42: 清理CSS(0)请求成功
[monitor]         2020-01-06 12:13:42: 清理CSS(1)请求成功
[monitor]         2020-01-06 12:13:42: 关闭CSS自动拉起功能成功

ep stop GRP_RAC
[monitor]         2020-01-06 12:13:53: 组(GRP_RAC)中节点对应的CSS自动拉起标记已经处于关
                  闭状态


[monitor]         2020-01-06 12:13:53: 通知CSS(seqno:0)执行EP STOP(GRP_RAC)
[monitor]         2020-01-06 12:14:02: 通知当前活动的CSS执行清理操作
[monitor]         2020-01-06 12:14:04: 清理CSS(0)请求成功
[monitor]         2020-01-06 12:14:04: 清理CSS(1)请求成功
[monitor]         2020-01-06 12:14:04: 命令EP STOP GRP_RAC执行成功
```

（2）还原数据库。

```
[dmdba@dmdsc1 bin]$ ./dmrman dcr_ini=/home/data/dmdcr.ini
dmrman V8
```

```
RMAN>restore database '/home/data/rac0_config/dm.ini' from backupset '/dm/dmbak/rac_bak_01';
restore database '/home/data/rac0_config/dm.ini' from backupset '/dm/dmbak/rac_bak_01';
checking if the DSC database under system path [+DMDATA/data/rac] is running with vote disk....
EP [0] is checking....
EP [1] is checking....
RESTORE DATABASE CHECK......
RESTORE DATABASE,dbf collect......
RESTORE DATABASE,dbf refresh ......
RESTORE BACKUPSET [/dm/dmbak/rac_bak_01] START......
total 6 packages processed...
total 7 packages processed...
RESTORE DATABASE,UPDATE ctl file......
RESTORE DATABASE,REBUILD key file......
RESTORE DATABASE,CHECK db info......
RESTORE DATABASE,UPDATE db info......
total 7 packages processed...
total 7 packages processed!
CMD END.CODE:[0]
restore successfully.
time used: 00:00:07.689
```

（3）利用归档继续恢复。

```
RMAN>    recover database '/home/data/rac0_config/dm.ini' with archivedir '/dm/dmarch_rac1', '/dm/dmarch_rac2';
recover database '/home/data/rac0_config/dm.ini' with archivedir '/dm/dmarch_rac1' , '/dm/dmarch_rac2';
checking if the DSC database under system path [+DMDATA/data/rac] is running with vote disk....
EP [0] is checking....
EP [1] is checking....
Database mode = 0, oguid = 0
EP[0]'s cur_lsn[150867]
EP[1]'s cur_lsn[150867]
EP[0] adjust cur_lsn from [150867] to [150867]
EP:0 total 3 pkgs applied, percent: 11%
EP:0 total 6 pkgs applied, percent: 23%
EP:0 total 9 pkgs applied, percent: 34%
EP:0 total 12 pkgs applied, percent: 46%
EP:0 total 15 pkgs applied, percent: 57%
EP:0 total 18 pkgs applied, percent: 69%
EP:1 total 1 pkgs applied, percent: 16%
EP:1 total 2 pkgs applied, percent: 33%
EP:0 total 21 pkgs applied, percent: 80%
EP:1 total 3 pkgs applied, percent: 50%
```

```
EP:1 total 4 pkgs applied, percent: 66%
EP:1 total 5 pkgs applied, percent: 83%
EP:0 total 24 pkgs applied, percent: 92%
EP:1 total 6 pkgs applied, percent: 100%
EP:0 total 26 pkgs applied, percent: 100%
Recover from archive log finished, time used:0.065s.
EP(0) slot ctl page(1, 0, 16) trxid[4010], pseg_state[0]
EP(1) slot ctl page(1, 0, 17) trxid[26073], pseg_state[0]
EP[0]'s apply_lsn[151713] >= end_lsn[150871]
EP[1]'s apply_lsn[151713] >= end_lsn[150867]
recover successfully!
time used: 00:00:06.332
```

（4）更新数据库。

```
RMAN> recover database '/home/data/rac0_config/dm.ini' update db_magic;
recover database '/home/data/rac0_config/dm.ini' update db_magic;
checking if the DSC database under system path [+DMDATA/data/rac] is running with vote disk....
EP [0] is checking....
EP [1] is checking....
Database mode = 0, oguid = 0
EP[0]'s cur_lsn[151713]
EP[1]'s cur_lsn[151713]
EP[0] adjust cur_lsn from [151713] to [151713]
EP[0]'s apply_lsn[151713] >= end_lsn[150871]
EP[1]'s apply_lsn[151713] >= end_lsn[150867]
EP(0) slot ctl page(1, 0, 16) trxid[4010], pseg_state[0]
EP(1) slot ctl page(1, 0, 17) trxid[26073], pseg_state[0]
recover successfully!
time used: 00:00:07.053
```

（5）启动数据库并验证。

```
set GRP_RAC auto restart on
[monitor]         2020-01-06 12:23:55: 通知CSS(seqno:0)打开节点(RAC0)的自动拉起功能
[monitor]         2020-01-06 12:23:55: 通知CSS(seqno:0)打开节点(RAC0)的自动拉起功能成功
[monitor]         2020-01-06 12:23:55: 通知CSS(seqno:1)打开节点(RAC1)的自动拉起功能
[monitor]         2020-01-06 12:23:55: 通知CSS(seqno:1)打开节点(RAC1)的自动拉起功能成功
[monitor]         2020-01-06 12:23:55: 通知当前活动的CSS执行清理操作
[monitor]         2020-01-06 12:23:56: 清理CSS(0)请求成功
[monitor]         2020-01-06 12:23:58: 清理CSS(1)请求成功
[monitor]         2020-01-06 12:23:58: 打开CSS自动拉起功能成功

ep startup GRP_RAC
[monitor]         2020-01-06 12:24:11: 组(GRP_RAC)中节点(RAC0)对应的CSS(CSS0)配置有自动
```

```
                拉起，且监控处于打开状态，请等待CSS自动拉起EP(RAC0)

[monitor]       2020-01-06 12:24:11: 组(GRP_RAC)中节点(RAC1)对应的CSS(CSS1)配置有自动
                拉起，且监控处于打开状态，请等待CSS自动拉起EP(RAC1)

[monitor]       2020-01-06 12:24:11: 组[GRP_RAC]中的EP已处于ACTIVE状态（只收集活动CSS
                对应的EP），或者CSS配置有自动重启，请等待CSS自动检测重启


[dmdba@dmdsc1 bin]$ disql SYSDBA/SYSDBA    //用SYSDBA用户连接数据库

服务器[LOCALHOST:5236]:处于普通打开状态
登录使用时间: 5.103(毫秒)
disql V8
SQL> select * from v$dsc_ep_info;    //查看数据库实例信息

行号    EP_NAME    EP_SEQNO    EP_GUID      EP_TIMESTAMP    EP_MODE        EP_STATUS
---------- ------- ----------- ------------------- ------------------- ------------ ---------
1       RAC0       0           1005487170   1005487195      Control Node   OK
2       RAC1       1           1005487216   1005487241      Normal Node    OK

已用时间: 10.578(毫秒). 执行号:1.
SQL> select count(1) from dave1;

行号       COUNT(1)
---------- --------------------
1          2570

已用时间: 1.876(毫秒). 执行号:4.
```